JN225025

# キューポラの町の民俗学

## ―近代鋳物産業と民俗―

宇田　哲雄

目次

## 第一章　鋳物工場社会の研究

## 第二章　近代鋳物職人と産業地域社会

## 第三章　近代鋳物産業の民俗技術

# はじめに

日本社会のためになる実学を目指す柳田國男は、農業を主体とした工業、商業が一体となった地方産業を発展させることを理想として考えており、その地域経済計画を策定するための「文化基準」を確立させるため、職人や商人の発祥地でもある農村社会の生活文化や民衆の心意を研究する民俗学を切り開いていった。柳田は、明治八年（一八七五）に生まれ昭和三七年（一九六二）に死去しているから、西欧新技術が移入され新産業が発展し、工業地域と産業構造の形成、人口移動、敗戦、復興、高度経済成長、庶民生活の変化と、まさに日本が近代化を成し遂げためまぐるしい時代に生きたのである。そして民俗学は、日本が近代化を果たしていく時代に確立していったのである。

しかし、二一世紀も早や二〇年になろうとする今日、世の中のために生活を研究する民俗学は、現代社会を築いてきた近代産業とその社会や生活についても、研究が展開されるべきである。そこにも、前代から継承され変化され、新生された民俗が存在するのである。昭和五〇年代には、この社会構造変化に対応しようと、都市民俗研究なる領域も示されたが、近代産業を対象とした研究はまだまだこれからである。

すでに隣接の歴史学や技術史の研究では、幕末から昭和にかけてなされた我が国の近代化には、外来西洋技術の移入だけでなく、日本の在来技術や職人の活躍が重要であったとの成果があがっており、大いに参考となるであろう。

本書は、江戸時代の昔より培われ、外来新技術を導入し近代化を成し遂げ、近代資本主義に基づく鋳物産業として発展し今日に至っている、埼玉県川口市の鋳物産業を対象とした、民俗学的な近代産業研究の序論である。それも近代産業を、これまでも取り上げられてきた技術的な側面だけでなく、社会的側面からも捉えていくため、

「工場」と「地域社会」をそれぞれ章立てし、そして「民俗技術」の三章構成とした。本書が、将来様々な地域産業の発展への参考や、また民俗学をはじめとする近代産業研究の参考となれば幸甚である。

# 序章　民俗学における近代産業研究の重要性

# 第一節　民俗学における産業研究の沿革と近代産業研究

## 一、序

「産業」とは、「生産を営む仕事、すなわち自然物に労働を加えて使用価値を創造し、またこれを増大するためその形態を変更し、もしくはこれを移転する経済的行為」とされている[1]。しかるにこの「産業」という表現は、民俗学においてはこれまで殆ど用いられてこなかった言葉である。民俗学においては、従来より、辞書的に言えば「生活のための仕事」[2]を意味する「生業」という言葉が多く用いられている。

これは、生産またはこれに関わる労働というものを、家社会や村社会を単位とし、家や村をささえる仕事として見ているためであろうか、経済的側面として実際に扱っている内容は農業・漁業・林業・商工業等の地域の産業であるにもかかわらず、民俗調査・記録では、生業あるいは生産生業という項目の中で稲作・畑作・狩猟・諸職などとして調査・記述されている。これは何故であろうか。いみじくも民俗学は、前近代的な文化や事象のみを対象としているかのようではないであろうか。

しかし、家や地域の生業という観点からの調査では、そこに伝承されてきた伝統的な技術や経営は調査記録されたとしても、ともすれば例えばその経済的民俗事象がもっている、家や地域を超えた社会関係や流通関係に関わる事象や視点を見落としてしまっているのではないか。とくに江戸時代後期以降に各地で発達をとげた近代産業については、いまだに民俗学としてどう位置づけていくか定められてはいない。

また例えば、かねてより鉄工業の町や織物の町、造船の町などと称されてきた地域や、鉱山町、町工場地帯、企業城下町などと呼ばれてきた地域に存在する民俗的事象については、どのように捉えていくべきであるのか。こうした不明確さは、社会変動と生活様式の変化が著しい現代社会を対象としようとした時、その調査研究方法にいまだ模索状態が続いている一つの原因となっているのではないか。

そこで本稿では、これまで埼玉県の川口鋳物産業にかかわる民俗的事象を研究してきた者として、従来の民俗学における産業とそれにかかわる民俗への取り扱いを整理するとともに、各地に発達した近代産業とそれを支える地域社会への民俗学的研究の重要性を論じ、広くご批判を仰ぎたいと思う。

## 二、柳田國男の産業観

先に指摘したように、何故民俗学は、「産業」ではなく、「生業」をその調査研究の対象としてきたのか。その第一の理由としては、家社会を日本人の生産・消費・生活に関わる経営体の単位として捉えることに意義をおいているからであろう。そして第二の理由には、その原点として、柳田國男によって民俗学が創成されていく背景にも、その一端を伺うことができるのである。ここではまず、明治四三年（一九一〇）に刊行された『時代ト農政』と昭和四年（一九二九）の『都市と農村』、昭和六年（一九三一）の『明治大正史・世相篇』から、柳田國男が産業をどのように捉えていたかを見ておく。なお、この問題に関わるところでは、すでに太田一郎が柳田の地方産業観について論じており[3]、川田稔も思想史の立場から、柳田の地域論および地域改革構想論として論じていることから[4]、併せて参考とする。

柳田は、産業に眼を向けていなかったわけではない。しかし、当初は農商務省に勤務し農政学を専攻していたこともあって、「国家的見地から見ますれば、小地主自作農主義即ち地持ち小農の主義が適當だといふことでありますか。[5]」と言っており、小地主自作農が自立することにその目的や政策の主眼を置いていた。つまり柳田が注目した「産業」とは、あくまでも農業を主体としたものであった。

農政学としての著書『時代ト農政』によれば、柳田は、まず当時は商業の影響で都市に工業が発達したことを認めるが、近年は交通の発達により、原料と労働力が確保できる地方に工業が発達してきたことを高く評価している。そして、農村を衰微させないためにも、「新資本・新頭脳」を輸入し工業を地方に招致し、農民が工業を兼ねることを奨励している。[6] 次に「町の経済的使命」の項では、大きく三種類ある町の中でも、例え小規模であっても、地方の原料と勤労を利用して工業を地方分権し、「都鄙農工の結合」が精巧となる「製造業の町」たるべきことを推薦している。[7] つまり柳田は、農業を主体とし、これを助ける工業との一体化を理想として考えていたのである。

これは、民俗学を確立してゆく時期に書かれた次の『都市と農村』でもその基本姿勢は変わらず、ここでは「大多数の常民は本来ただ農のために土着したもので、タミといふ語は元は確かに田に働く者の意味であった。即ち工であれ商であれはた士であれ、曾ては副業でなかったものは無いのだが、」と言い、日本人は本来その大多数が農業を主として工業・商業・武士をもその副業としており、古くから純農村はなかったという。[8] また諸外国においても、「悉く土地の生産を基礎として、出来る限りの商工業務を以て、生活を充実し且つ繁栄せしむるの必要に迫られて居るのである。[9]」と言い、農業を主体とした工業及び商業とを連係させた考え方の正当性を示している。それに対して、外部資本の導入によって不自然に純農化し、農が次第に工商と別れ対立していく姿に憂いを表明している。[10]

そして、商人も職人もその発祥地は農村であり、奉公や出稼ぎなど都市への移住によって、地方が都市を創立し改造してきたことを指摘した後、[11] 農民や社会に役立つという実学的な学問を重要視する柳田は、「予言よりも計画」の項において、その弊害を免れ地方分権のもと両者がより良く発展するために、地方が土地に応じた「生産計画」を確立するとともに、それぞれが「消費計画」つまり「文化基準」を確立することの必要性と重要性を説いているのである。[12]

続く『明治大正史・世相篇』では、柳田は、「家永続の願ひ」において、「今日の結果から見て行くと、事実農民に転じ得られなかった職業は一つも無かった。（中略）海や鉱山や機械場などの丸きり知らなかった技術にも携わって居る」として、農民は年季奉公などの移住を通じて全ての業態に転職し参加しており、これが家の永続に新たな問題を提出していることを指摘している。[13] そして「生産と商業」では、「少なくとも今日は工業は商業によって統制せられて居る」として、単調な生産業の重複と浪費があったことを指摘し、消費生活の整理を計画し、不用に帰した労力と智慮と資本を次の必要な企業に応用するべきであると説いている。[14]

柳田のこのような視点と問題意識が、民俗学の創生に到達していったのだと指摘されている。太田一郎は、地域経済史の立場から柳田の地方産業観を研究しているが、柳田は、農工商を一体として捉えており、小生産者の経済的自立が必要であると考えていたと指摘し、その地方工業を発展させ地域経済計画を策定するための消費経済の価値基準、つまり先に見た「文化基準を確立」するために、農村社会の生活文化や民衆の心意を研究する民俗学が創成されていったと言っているのである。[15]

また、柳田を思想史の立場から研究した川田稔も、柳田は、「自作小農」すなわち自由な小土地所有農民を最も理想的なものと考え、その自立的小農経営を軸として形成した農業と農村工業の小市場と地方的中小都市（中小資本）が結合し自立した再生産圏を構成していくという地域改革構想を持っていたという。そしてやはり、その実現のための出発点として、農村における消費計画と生産計画を設定するための「生活基準」（生活方法）を確立していくうえで、農村の生活様式や社会的諸関係、その背景をなしている思考、習俗、慣習、信仰、価値意識等の変遷を明らかにする学問として、自己省察の学としての民俗学を創成していったことを指摘しているのである。[16]

以上のように、柳田は、民俗学創成期においては、「生業」よりもむしろ「産業」や「工業」、「商業」、「資本」といった言葉を積極的に用いて論理を展開していたことがわかる。しかし、柳田が産業について、農業を主体とした工業や商業を一体としたものとして捉えており、また本来は工業も商業も都市も農民から転じて行ったものであるとすることから、当初よりとくに農民に主眼が置かれていたことは明確である。また、その「消費計画」や「文化基準」の確立という目的意識により、民俗学が構想されていったという。そして、その後の民俗学は、工業や商業、資本といった村を超えた産業という観点からの調査研究については、あまり進展はしなかったのである。

## 三、宮本常一の地域産業史研究

一方、柳田國男以外の研究者が全て産業という視点を持っていなかったわけではない。ただ一人、広い地域を視野に入れ、漁業や農業の地域産業史を調査研究した民俗学者がいた。宮本常一である。

宮本は、奈良本辰也から「社会経済史的視点を持った唯一の民俗学者」であると評されているという[17]。

宮本は、「泉佐野における産業の展開過程の概要」という稿のなかで、大商業都市大阪の近隣で早くから市場町として成立した泉佐野について、漁業と廻船業が発達し、さらに棉や甘藷などの栽培という換金作物農業の発展により木綿織や砂糖くり業が発達し、資本家が出現・盛衰し、商業資本の中から繊維工業を中心とした工業資本が生まれ、自家消費のための家内工業から独立手工業、問屋制家内工業、工場制手工業へと展開した、今日の工業都市形成の歴史的背景を指摘している[18]。また宮本は、大阪府産業史研究という大きな研究テーマを持っており、これがその一環をなしているというのである[19]。その他宮本は、『日本産業史体系』の執筆者でもあり[20]、漁業について、技術や漁法などとともに社会制度や経営的観点からの地域的展開過程を扱った著作も見られる[21]。

宮本常一は、多くの地域を調査し、多くの著作を残し、地域振興にも積極的に提言し、多彩で膨大な調査資料と学問業績を残し[22]、近年ではその学問の実践性も評価されている[23]。

これに対して、現在の筆者は、宮本の民俗学について言及する術は持たないのであるが、聞き書きや古文書に関する地域調査の方法に根ざしながらも、広い視野から、商業・工業・資本・企業・経営などといった視点をもち、調査地の古文書に見える関わりのあった地域や産業の流通地においても現地調査を行うなど[24]、地域産業史の地域に根ざした調査研究を実施していたということは、民俗学において極めて注目されるべきと考える。またこのような視点や手法は、今後も近代産業とそれを支える地域社会への研究にも参考にされるべきであろう。

## 四、産業と都市民俗研究

昭和三〇年代の高度経済成長による社会変動は、都市への人口集中とともに多くの新興の都市を発生させた。その現象は、柳田國男が民俗学の必要性を説いた昭和一〇年頃に比べると、かなり大きな社会変化と言えよう。それは、例えば昭和一〇年頃は、日本の全人口のうち約九割までが農民たちであったからである。昭和五〇年代になると、このような社会状況を踏まえて、民俗学も都市を調査研究の対象とするようになった。これは、柳田が唱えていた都鄙連続体論とは異なり、都市にはムラにはない独自のライフスタイルや行動様式、生活規範等があるという視点に基づくものであった[25]。

小林忠雄は、都市の性格を「地域における政治活動の中心で、不特定多数の雑多な職業を営むヒト（旅行者を含む）を集め、モノ（物資）・ハナシ（情報）を集積させ、また関連した様々な技術（産業技術・生活技術）が蓄積され、さらに相互に名前を知り得ない匿名的な社会であって、人々は常に変化を求めつづける競争社会であり、同時に洗練された雅びで華やかな感覚文化を誇る地域社会（傍線筆者）」と規定している[26]。また職人町の基本的性格について「産業技術の歴史には、伝統技術の蓄積と先端技術の導入という、時代の流れを敏感に嗅ぎわけ、技術の改良を常に求める都市職人の性格が如実に示されている（傍線筆者）。[27]」とし、産業における技術が都市（民俗）の特色を示す重要な要素の一つとして捉えている。

そして小林は、近世において既に都市化した都市と、明治以降に都市化した都市では、都市成立のプロセスに微妙な違いがあると指摘しながらも、[28] 石川県金沢を例に血縁集団・地縁集団・生業集団・信仰集団・文化集団の五つの伝承母体的集団が日常的にはバラバラに重層的に構成されていることや、農村の同一生業形態に対する都市の種々の職業者による複合社会であることなど、都市における様々な特徴を指摘している。[29]

このような都市民俗研究の中で、『都市民俗生活誌第二巻　都市の活力』の「I路地裏と職人」では、都市社会を底辺から支え、日本における産業の近代化を支えてきた職人や町工場の職工たちの、前近代的な社会制度や職人気質、技術伝承といった生活習慣が描かれた実際の職工による生活誌が集成され、解説されている。[30] このように未だ途についたばかりではあるが、都市特有な民俗の研究という都市民俗研究の中で、機械業の町工場など一部の近代産業が報告されているのである。

都市民俗研究において、現代社会の動きを見つめ研究するという立場は評価される。しかし、もちろん産業発展によって形成された都市は都市民俗の対象とされるであろうが、逆に都市民俗研究は、産業に関わる民俗や生活について充分に研究できるのであろうか。また現在の都市民俗研究では、近代産業の発達によって成立した産業都市の研究は、いまだ進展してはいない。それどころか都市形成の歴史的経緯によって、都市にいくつかの類型や個性が存在することが指摘されてはいるが、[31] まだ全国の都市における共通部分への視角に止まっており、それぞれの都市の形成過程を視野に入れたうえで、そこに存在する民俗の違いや特色までを扱った研究はなされてはいないのである。また、産業は必然的に都市を形成するということも言えないのではないかと思われる。

## 五、近代産業における町工場と職工の研究

次に、とくに近代以降に発達した金属加工業等の分野において、職人やその技術が発展・変化した民俗的事象を対象にした、工業や産業に関わる研究がある。

自らを「川口の鋳物屋の娘として生を受けた」[32]と称する三田村佳子は、全国的に知られている埼玉県川口の鋳物業における製作技術と生活について詳細に調査研究しているが、川口鋳物業の歴史と明治の技術革新、製品・製作工程の変化を視野に入れ、伝統的な焼型法による天水桶・鉄瓶・鍋・釜の製作工程だけでなく、西洋から移入された西洋式生型法による鉄管の製作工程を詳細に報告し、また明治以降生産工程の分業化によって現れた焚屋・割屋・カジヤの技術についても対象とし調査報告している[33]。

これは、ある時代までの川口鋳物業の実態について、製作技術を中心として詳細に調査報告したことで高く評価されるだけでなく、例えば鳥取県倉吉の鋳物業や大阪府枚方の鋳物業と比較すると[34]、明らかに川口鋳物業は近代化や分業化が進展・遂行されていることは明白なのであり、職人研究の延長として捉えながらも、川口の近代化されていった鋳物業における技術を対象としている点で注目されるであろう。また川口の鋳物関連産業である木型業についても、埼玉県立民俗文化センターによって報告されている[35]。

一方、東京都大田区の町工場を対象とした北村敏は、その歴史と存在形態や概要を報告し[36]、数多い業種を有する大田区の町工場の中で、金属加工業のとくに切削業において、現代に行われている金属工業製品への刻印という作業について、手先でタガネを微細に扱う技術と、金属の加工技術と道具を多様な注文に応じて他の製品作りや部品加工に応用させる能力の二つの技能が存在することを指摘している[37]。また自治体史においても、『板橋区史』では、町工場における住工混合の生活が報告されている[38]。

これらの研究背景には、必ずしも民俗学研究者による研究ではないが、森清や先項にても取り上げた大田区の旋盤工・小関智弘による著作による技術や職工や町工場社会の詳細な報告があることも指摘しておかなければならない[39]。

なお近年では中島順子が、近代になって外国から導入され定着した滋賀の手縫い製靴業において、工場における職工としてではなく、請負制が行われ、技術修得を重視した職人社会が形成されていたことを報告しており、近代産業において形成されてきた職人社会の研究の重要性を指摘している[40]。

しかし筆者は、このような町工場や職工に関する研究成果から、改めて「近代化がなされた資本主義産業」としての川口鋳物産業を研究する意義を確信するに至った。とくに三田村の研究を経つつもなおも残された課題と、また民俗学としてそれらをどのように方向付けるべきかについて、筆者は以下の点を提起する。

一、川口における鋳物業は、それに付帯する様々な関連業種とともに鋳物関連産業体系を形成し、これらによって「産業地域社会」が形成されている。すなわち、近代化がはかられた工場にも手作業や職工の「カン」が存在し、これが古くからの技術を継承している可能性があること。またこれは、技術だけに留まらず、産業地域社会における家社会や工場社会、住生活、信仰生活や気質などをも含めた一つの文化大系として把握されるべきであると考える[41]。

一、こうした「産業地域社会」において、とくに日本の近代において新たに出現した工場社会について、中でも大工場の下請けである町工場や中小企業については、日本の近代化に果たした重要な役割を認識し、これを民俗的な背景からもあらためて調査・整理し研究するべきである[42]。

一、とくに具体的な民俗的事象としては、川口の鋳物産業における民俗的技術だけではなく、工場の創設や展開過程、工場における屋号や家印、産業地域社会の政治的特色、住生活の特徴、職人・職工の生き方や精神史にいたるまでの実情を調査・整理し研究するべきである[43]。

先に見てきたように、職人研究から発展した民俗学における産業研究は、近代産業の研究もなされてきたが、対象とする地域も限定され、業種もほぼ金属加工業を中心としたものに留まり、いわば緒についたばかりであると言ってよい。しかし、日本民俗学の目的実現のためには、また例えば近代工場における熟練技術を民俗的に位置づけてゆくためには、より広い視野からそれを支えてきた社会や慣行についても調査研究することが、避けては通ることのできない切実な課題なのである。

## 六、隣接科学における近代産業研究と「産業地域社会」への視角

ここでは、隣接科学における研究成果から、とくに近代産業研究の現況とそれらの研究の視座という点について、整理・確認しておきたい。

まず歴史学の分野を挙げるならば、遠藤元男は、日本職人史の研究において、資本主義産業発展にともなって職人の手工業は解体に向かうが、手工業的生産は、いかにオートメーション化や技術革新が叫ばれても滅びることはないとして、戦中・戦後の産業における手工業の研究課題を指摘している[44]。

鈴木淳は、江戸時代末期以来、殖産興業政策により、大資本を背景とした各藩や幕府、明治新政府が積極的に西欧の近代工業技術と機械設備を導入した移植産業と、零細ながら民間資本が在来の技術と部分的に新しい技術や材料、機械を用いて発展させた在来産業が、並存して飛躍的に発達していったとしている[45]。

ここで言う在来産業とは、農間余業や職人の生業に端を発し、地域に根ざした原材料や技術、市場が結びついた中小工場を中心とする地場産業のことである。

また田村均も、織物業の近代化は、輸入毛織物の流行に対抗した在来織物業における技術革新が極めて重要であったとしている[46]

中岡一郎は、紡績業と織物業では、移植産業と在来産業の二つの異質な流れがダイナミックに絡みあって、日本の近代化が成し遂げられたと言っている[47]。

また尾高煌之助は、西欧の機械技術の導入にあたっては、鋳造・熱処理・鍛造・溶接・機械加工などの技能と経験を持った日本の職人達が重要な役割を果たしたと指摘している[48]。

以上見てきたように、これらの近年の歴史学における研究は、それまでの日本の近代化という歴史的現象を単なる西洋化とみなす態度に対する大きな反論であった。すなわち日本における産業の近代化つまり近代産業の発展は、西欧からの新技術や機械設備の導入だけでは成し遂げられず、元来我が国に存在してきた在来産業やそれを支える職人たちの活躍が極めて重要であったという見解に至っていることは注目すべきである[49]。

なおこれらに刺激された斎藤修は、工場発明家の個人履歴の分析を通じて、戦前の町工場における技能形成には、町場の自営業出身者が自家修業をへる経路と、農村から徒弟奉公あるいは工場見習をへて技能を習得した経路とがあり、このうち農家出身の職工を目指した人達は強い起業志向をも有していたとして、町工場世界の起源としては、量的に見ても農村が重要であったと言っている[50]。

次に社会学の中野卓は、日本の工業化のある時期ある領域において、同族組織と親方子方関係がその発展を支えてきたとして、石川県能登部町の織物業における同族関係、埼玉県川口鋳物業の鋳物工場における親方子方的関係と家族的関係、川口鋳物工場労組における親方子方的関係、東京都三鷹市機械工業における親工場・子工場の関係を調査研究している[51]。

次に、より大きく世界史的な視野に立つ文化人類学者梅棹忠夫は、比較文明論の立場から、やはり日本の近代化を西欧化と捉えるのではなく、むしろ日本近代文明と西欧近代文明は、様々な条件が似ていたために、一種の平行的な進化の道を歩んだものであるとの興味深い見解を示している[52]。つまり梅棹は、そもそも日本文明を、西洋文明とは別種のもので、独自のコースをたどって発展した文明として捉えていることから、日本の近代化は、西洋文化によってもたらされたのではなく、鎖国状態であった一八世紀末から一九世紀はじめにはすでに開始されていた、たとえ西洋文化との接触がなくとも独自の路線によって進行したものであるという[53]。そして産業革命についても、自然に成し遂げられて後に政治改革や社会変化の原因となったイギリスの産業革命に対して、日本のそれは、軍事面とともに経済的にも国力を強めようとした明治新政府の政策の結果であり、両者は根本的に異なるものであるとしている[54]。梅棹のこの見解は、研究対象と論理展開のスケールが異なるにもかかわらず、日本の近代化に我が国に特有なものを見出している基本的な方向性は、先に見た歴史学における日本近代化論にも通じる部分があると考えられる。筆者は、梅棹の日本文明論は、今後改めて日本文化論を展開していくうえでも注目されるべきであると考える。

このように日本近代化論は重要な研究テーマであるが、いずれにしろこのようにして発展していった我が国の近代産業は、資本・労働力・市場をそなえ、ムラ社会を超えた広い地域において展開していった。そして、従来からの家社会だけでなく、「工場」や「企業」といった社会を創造し、これらが材料商・機械工具屋・下請業者・販売業者などの生産・流通システムをも形成していったのである。

一方、工業地理学では、竹内淳彦は、東京を中心とした大都市内部の住工混在地域について、とくに城南の大田区と城東の墨田区における、工場専用建物・住宅工場併用建物・住宅商業併用建物・住宅専用建物等を指標にした詳細な土地利用調査と実態調査を踏まえ、工業とその経営者・従業者の居住が地域的に一体化し、それらに依存する商業やサービス業を含めて、職・住一体のコミュニティーを形づくっていることを指摘し、これを「産業地域社会」と定義した[55]。そして竹内は、その重要性を指摘し、この産業地域社会こそが、大都市の下町の下部構造として、その象徴である浅草寺、亀戸天神、柴又帝釈天などの寺社の存続、祭、門前町のにぎわいを支え、下町情緒を連綿として支えてきた原動力であるという[56]。これは、工業や産業を地域の社会生活や信仰生活、文化生活とも関連させて捉えている点で興味深い。

しかしこの概念は、地理学においても、いまだ研究者によってその内容に違いが見られる。岩間英夫は、「産業地域社会」を、産業を基盤として、産業活動と住民の地域生活が密接に、かつ有機的に結びついて形成される地域社会と定義し、地場産業や零細企業中心の地域社会から、例えば日立製作所の茨城県日立市、トヨタ自動車の愛知県豊田市などといった特定の大企業・大工場を中心とする「企業城下町」までをも含む広義なものとして捉えている[57]。そして、主として鉱工業地域社会の事例研究を通して、それを生産地域・商業地域・居住地域に分け、事務所・工場・社宅・居住地・病院・グランド・劇場等を指標とした土地利用調査と実態調査により、その内部構造と形成過程などを明らかにしている[58]。

しかし、これら地理学における産業地域社会の研究は、基本的に地域における土地利用や建物配置とその変化を分析する方法を用いており、まだその地域社会における慣習や社会生活その他の文化的生活などの内容の分析にまでは至っていない。

次に、竹内淳彦の指摘に刺激された松井一郎は、地域経済学の立場から、鋳物工業の発展で有名な埼玉県川口市を「産業地域社会」であるとして、その独自性について、①中小企業が集団をなし地域を形成していること、②鋳物工場とそれに関連する機械工場、木型工場、原材料（銑鉄・コークス・副資材）問屋、製品販売（日用品・建築用資材）問屋などが集団をなし、地場産業関連産業として有機的に関連していること、③鋳物工場とその関連企業の経営者、その家族、従業員等が地域に居住しコミュニティーを形成し、このコミュニティーに必要なリーダーの提供や資金の供給などを鋳物工場の経営者が担っていること、④鋳物工業の経営者層が市の政治の主導権を握っていることなどを指摘している[59]。松井の研究は、鋳物工業の産業地域社会における社会的な特色についても分析を行っており、注目される。

## 七、民俗学における近代産業研究の重要性

「産業地域社会」の概念は、実際の地理学や経済学において、まだ十分に評価が定まっていない部分もあるが、産業をささえまた産業にささえられる地域社会の存在を指摘した点で注目される。つまり、民俗学において従来あまり扱われていなかった工業や産業にも、これをささえている地域社会があることを改めて気づかせてくれたことは重要である。このような工業や産業、あるいは企業にささえられ規制されて存在する地域社会にも、当然のことながら生活や慣習、儀礼、伝統的技術、そして生き方などが存在しているのである。つまり筆者は、民俗学が今後その研究目的を遂行していくためには、「産業地域社会」という概念を、先に見た地理学や経済学におけるそれではなく、「産業をささえ、これにささえられる人々が生活し、民俗的事象を保有する社会」として活用していくことが有効なのではないかと考える。

とすれば、産業地域社会の民俗とはいかなるものであろうか。従来の民俗学は、主として稲作や畑作など農林水産業の地域社会を研究してきたと言えるのである。そして、これらの産業を背景として、一年の生活サイクルや社会関係、年中行事や信仰儀礼などの民俗が、世代を超えた長い年月にわたって培われてきたことは極めて重要なことである。これらが日本人のものの考え方や精神性の形成に、大きく影響を及ぼしていることは明らかである。しかし、それらの研究と同様に、例えば近代以降発達した工業や鉱業、商業などの産業を主産業とする地域社会における、従来の民俗を改変させたり新たに創出させるなどしてそこに存在する民俗的事象についても、調査研究していく必要があると考えるのである。

このように考えると、柳田國男は何故に農業を重要視して、工業や産業を研究しなかったのかという疑問が、改めて思い起こされる。つまり柳田は、先に見たように、工業や商業を視野に入れていなかったのではなく、こ

れについて積極的に発言し、昭和恐慌が激しさを増していた時代にも、農工商を一体のものとして捉えたうえで、小規模農業経営の確立を基礎とする商工業の発達を構想していた。そして、その「生活基準」を確立する必要性を説き[60]、自己省察の学としての民俗学を創成させたとされるのである。

それでは何故柳田は、すでに都市における工業の発達を見ていながら、小農を主体として考えただけでなく、後に民俗学の思想につながっていく農民の「生活基準」の確立を目指したのであろうか。柳田は、若い頃から「農民は何故に貧しいのか」という問題意識を抱いていたことは知られているところであり、その問題意識により、農政学そして民俗学へと展開し、その学問も実学としての性格を有するものであった。とすれば、当時大半を占めていた農民の生活が豊かになるためという目的意識もあったのであろう。しかし筆者は、おそらくそれだけではなく、当時の柳田が各所で指摘しているように、工業も商業もまた都市についても、過去に農民が創造したものであり、農村社会の生活文化を研究することこそが「日本人」を解明することに最短につながると考えていたのではないかと思うのである。そして当時は、現実に目の前に大変多くの農村社会が存在していたのである。

しかし、それから八十数年経過した今日、農村社会も大きな変貌を遂げ、めまぐるしく都市化が進展した現代において、都市をその社会構造の主軸としている現代社会を、やはり研究の対象としていくべきである。そして当然のことながら、工場や企業といった近代新たに出現した社会と、それらが結びついて重層的に構成され、相互的に補完し合って存在している産業社会についても対象とされるべきである。今日私達が自分達の生活の成り立ちを充分に説明するうえでも、また日本人のものの考え方や感情を解明し[61]、将来の社会に貢献するという民俗学の目的実現のためにも、現代の都市形成に大きな役割を果たしてきた工業化や産業の発達とそれをささえてきた企業や地域社会についても、調査研究していかなければならない[62]。つまり、産業の発達によって、先人たちが新しく受容し変化させながらも培い、今日を築いてきた、なりわいや伝統的技術、社会慣行や生活文化、価値観や生き方などの精神文化とその歴史についてまでも、調査研究する必要があるのではないかと考えるのである。

産業地域社会にも、柳田が言うように、農村社会に由来する慣習も存在することは充分に予測されるし、他にも職人社会に由来するものや都市に特有な慣習、一時的な時代の浅いものも存在するであろう。実際にそれらがどのような形で存在しているのであろうか。例えば、企業という社会についてもどのように捉えるべきなのであろうか。日本では、家業の発展したものが企業形態という衣を身にまとっているにすぎないという経営学における指摘もあるのである[63]。

## 八、結語

以上、少々抽象的な議論に終始してしまったが、本稿では、民俗学における産業とそれをささえる地域社会に関わる民俗研究の沿革を整理するとともに、隣接科学の研究成果を参考としながら、近代産業の研究の必要性と重要性を論じた。

現代社会における私達の生活の成り立ちや、現代日本が技術大国と言われるところの企業社会が形勢されてきた理由を充分に説明していくためにも、また将来私たちの生活をより良いものにしていくためにも、近代資本主義産業により形成された、工場や企業と生産構造、それをささえる産業地域社会における経済生活、伝統的技術、社会的慣行、信仰・儀礼生活や精神文化などにわたって、調査研究がなされなければならないと考えるのである。そしてまた、それらを包括する「産業民俗論」なる研究領域の進展を望むものである。

## 第二節　工場社会研究の意義

### 一、序　―大工場と中小工場―

ここでは、鋳物工場社会を民俗学的に研究していくにあたり、まず先行の研究や報告を踏まえ、工場社会についての研究意義を論じる。

「工場」とは、近代以降大多数を占めているところの何らかの工程を経てつくりだされる商品の生産の基本単位であるとともに、労働全般における人間関係を規定する基本単位でもある。中岡哲郎は、工場による生産を支配している原理を「分業にもとづく協業」であると捉えており[64]、尾高煌之助は、工場を「分業にもとづく協業」の原理にもとづいて集団的生産作業を行う組織であるとした[65]。このような工場制度あるいは工場労働という新たな労働形態は、わが国においては、幕末の幕府や各藩による軍事工業、明治新政府の官営工場などによって導入され、定着してきたのである[66]。

その中で工場は、大きく大企業と中小企業、つまり大資本を擁しオートメーション化を志向した大工場と、大工場に協力関係を持ちながら存在する中小工場に大別される。そして、一般的には、東京や大阪などの工業地帯に隣接した、下町などの居住地域に存在している、従業員二、三人～一〇人の小規模の工場、あるいは職人的労働者が中心となっている一〇〇人位までの規模の工場を「町工場」と呼んでいる[67]。

町工場や中小工場は、大工場の下請けとなり、工場として技術革新をはかりながら、明治から昭和にかけての日本の近代工業発展とともに生活の近代化をささえてきたものであり、現在もなお、大企業も含めた工業生産全体と、私たちの生活をささえる存在である。また、後に見るように、そこには、大工場の部分的作業の下請けという構造や工場の規模などの理由から、中小工場としての役割があり、結果として近年まで、前近代的あるいは手工業的な熟練技術や労働慣行が受け継がれてきたことが、すでに研究者たちによって指摘され、報告されてきたところである。また現代では、大企業の海外進出や産業の空洞化がすすむ中で、このような中小工場の持っていた技術の重要性が改めて認識されるようになった。

民俗学としても、その目的遂行と今後の社会発展のために、ことにその産業を担っていく人々の「生きがい」や「働きがい」といった精神的な支柱を形成していく必要性のうえからも、工場という社会において先人たちが培ってきた民俗的世界を改めて振り返り、それらの歴史的意味と大切さを再認識する必要があるのではないか。そこで本節では、工場をめぐる民俗的事象の領域を概観し、その研究の重要性を指摘するものである。

## 二、日本の産業革命と工場の誕生

明治新政府は、文明開化・富国強兵・殖産興業のスローガンにより、急速に日本の近代化を押し進めていった。ことに産業化政策という点では、幕末以来幕府や諸藩によってその基礎的な部分は形成されつつあったが、新政府は、より積極的に西欧の近代工業技術と機械設備の導入をはかっていった。それは、具体的に見ると、製鉄所・造船所・軍工廠など官営の大工場の設営と、外国人技師の雇用が盛んに行われたことなどである。

このような工業化初期の日本にあって、機械工場労働力の一部に基幹工として利用されたのは、鋳造・熱処理・鍛造・溶接・機械加工などの技能と経験を持った日本の職人たちであった。彼らは、旧来の経験的蓄積を土台として、西欧の機械技術を吸収し、一般生産工程従事者に伝え監督するという極めて重要な役割を担った。つまり工業化初期において、日本の西欧近代工業技術の導入には、それを受け継ぐことのできる技能や経験を持つ旧来の職人たちの存在が、必要不可欠であったのである。[68] そしてまた、西洋近代技術を吸収し高い技術を身につけた官営工場の職工長や職人たちは、後に民間の工場に流れていき、技術を伝えることによって、町工場や中小工場にも重要な役割を果たしたのである。[69]

このようにして誕生した民間工場のうち最も古いものに属する工場が、明治五年（一八七二）に工部省電信寮で働いていた田中久重が東京芝に起こした田中製作所（現在の株式会社東芝）である。[70] その後、日本の産業革命、すなわち機械制工業の定着による産業や社会の大変革が、明治十九年（一八八六）から二三年にかけての「企業勃興期」からはじまったとされている。この時期に、機械を利用した民間設営の工場が数多く誕生したのである。

しかしこれは、産業の全ての部門において外国の機械が導入されたわけではなく、それぞれの部門の技術的経済的な条件によって、さまざまな産業成長が見られ、その総体が産業革命なのであった。つまり、業種によって、また同じ業種の中でも、大資本を背景として西欧直輸入の技術と最新の機械を用いて行う産業（「移植産業」）と、零細な民間資本が在来の技術と部分的に安価な機械を用いて生産した産業（「在来産業」）とが並存したことが、我が国の産業革命の特徴なのである。[71]

また、移植産業には株式会社形態や政府の保護を受けた大企業が多く、これに対して在来産業には中小の個人経営による企業が多い。このような日本の産業の二類型が生じたのは、先進国との技術格差のためであると言われているが、就業者数としては在来産業の方が多かったことから、雇用を通じて社会に及ぼした影響は、在来産業の方が大きかったのだという。[72]

このような事情から、当時の町工場では、職人たちによって輸入された機械の模倣製作が積極的に行われたのである。その代表的製品は、明治末頃から町工場でつくられた石油発動機と呼ばれる小型内燃機関で、河川や沿海で使用される小型漁船や精米機などに用いられ、それぞれの産業に一種の技術革新的効果をもたらしたのである。[73]

一方、川口の鋳物工場を例に、民間工場の誕生について見れば、当時の様子を示す古文書に、近世から明治初年頃までの鋳物作業場が示されているが、これには「細工所」と記され、火を扱うことから、土蔵などをはさんで住居から離して設置されている（図1参照）。江戸時代頃の細工所（または「細工場」とも称した）は、川添いなどに建てられることも多く、三〇～五〇坪の規模の作業場を葦簀か矢来で囲った程度のものであったという[74]。おそらくかつては、鋳造作業のことを「細工」と言っていたのであり、細工場が近代化とともに規模が大きくなり、工場と呼ばれるようになっていったと推察される。

これは、あくまで鋳物工場の例であるが、近代になっても見られる町工場の職住が接近している形態を示すものと言えよう。

以上見てきたように、日本の近代工業発展は、大資本による西欧移植産業の大工場と、民間零細資本による在来技術を受け継いだ中小工場の、互いに関わり合いながらも双方における個別の発展を遂げたことによって実現したのである。そして、今日存在し活動している民間工場の多くは、明治から大正にその源流を求めることができるのだという。それら中小工場や町工場は、鍛冶業から転じた工場、農民・武士・商人が転身した工場などさまざまであり、またその形態や規模も多様ではあるが、いずれも近代日本の工業化をささえてきたのである[75]。

図1．近世の鋳物屋平面図
（『川口市史・通史編上巻』より）

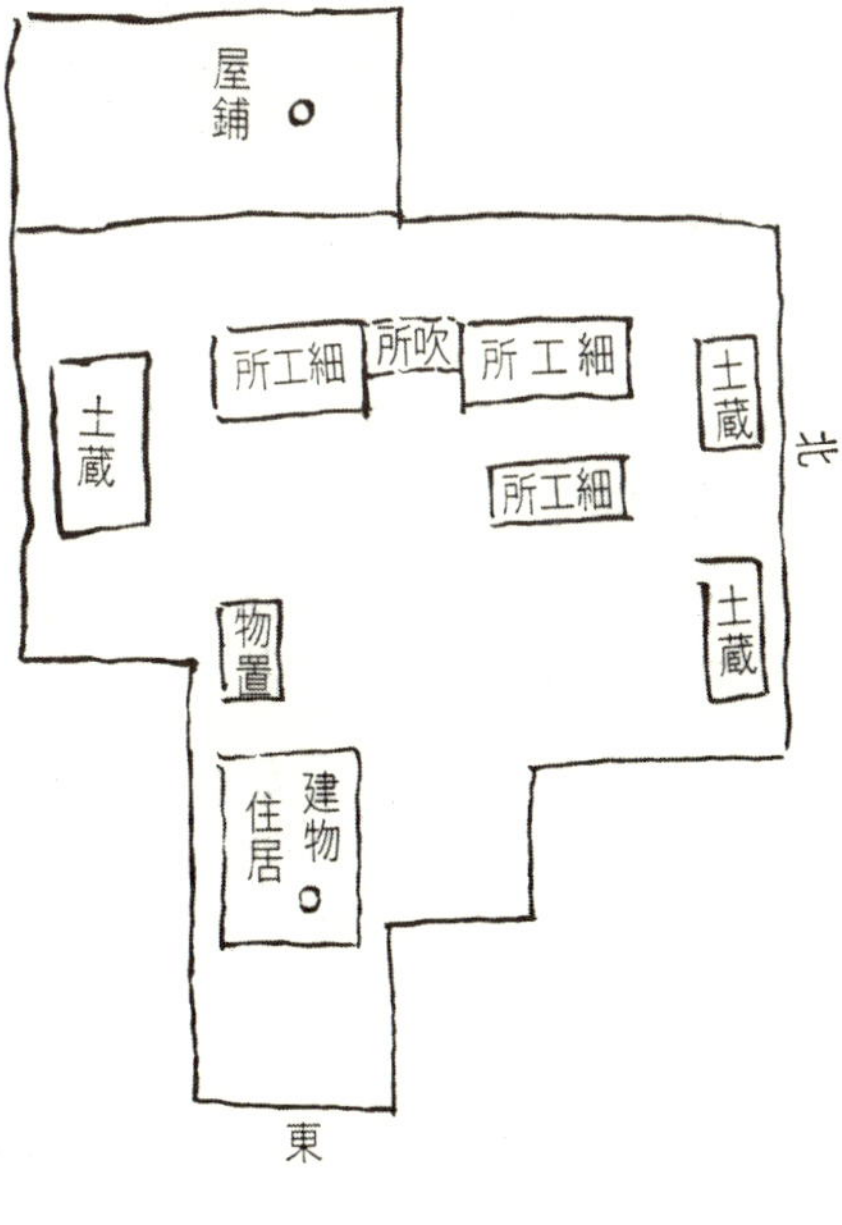

## 三、町工場・中小工場の伝承性

前節において見たように、金属加工業や機械器具工業は、欧米から技術と設備を移植した大工場と、在来の技術に部分的に新技術を導入して製品をつくる中小工場が、互いに交流しながらも並行して発展してきた。それは、第一次世界大戦頃から、大工場が中央集権的な労務管理体制を導入するようになると、両者の境界は一層明確となった。一方、町工場にしてみると、規模を拡大し近代的工場を目指して努力を重ねてきたのにもかかわらず、高度経済成長を経てもなお、全体としてはそれほど近代化を実現できなかった。むしろ逆に、強行に近代化を推し進めた町工場は没落したという。つまり、そこには日本の近代工業発展の頃から続いている町工場（中小工場）を大企業（大工場）の緩衝壁として位置づけようとする、構造的な問題が存在している[76]。

また先に示したように、大工場が生産工程のオートメーション化をはかっても、自動化にそぐわない工程、すなわち手作業や熟練を必要とする工程や危険を伴う部分作業については、町工場などに下請けする。大工場と中小工場が協力しながら成長できる時代や業種ならよいが、成長が難しいとすれば、町工場には、永久ではないが、古くからの生産や労働の形態を続けざるを得ない状況がある。ここに、大工場においては第一次大戦頃に姿を消した職人が、町工場では高度成長期頃にもまだ存在していた要因の一つがあるのである[77]。

次に、森清によれば、明治以降の金属加工業の工場は、官営の大工場をはじめとして、西欧から導入した新しい技術を核として、近代工場を目指して発生したことから、当時の時代の要請や事業者たちの意識からであろうか、鍛冶屋職人の伝承社会からは一つの断絶があるのだという。しかし実際の町工場には、その日常生活や技術の基盤という面において、鍛冶屋から伝承されてきているものを見出すことができるのだともいう[78]。小関智弘も、近代産業の中にも、江戸時代の技術・技能はたくさん残存していると言っている[79]。それはまた、例えば鋳物工場のように、在来産業としての歴史が古く、後に技術革新によって大企業の下請けとして、機械部品鋳造として発展するにいたった産業においては、古くから伝承してきた技術や日本人的な労働慣行などが、少なくとも数十年前まで残されていたということもあるのである[80]。

以上のように、町工場や中小工場には、結果として、現実的な歴史・経済・産業構造などの要因から、かつての時代の労働や生活が後世に残存することがあるのではないか。

## 四、工場組織と家社会

これからは、とくに中小工場に伝えられた具体的な内容を見ながら、その伝承性と民俗学的研究の可能性を考えていく。

まず、川口の鋳物工場を例に工場内の職種について見ておく。図2は、戦前期の鋳物工場の一般的な職種である。工場主（親方）は、経営者であるが、現場仕事に携わる者が多かった。番頭は、事務や営業を行うが、ハタラキ番頭と呼ばれる者は雑役なども行った。職長（セキニン）は、腕の良い職人がまかされ、職人たちの取りまとめと仕事の手配を行い、型込めなどの仕事もした。造型工とも称される鋳物工（イモノシ）は型込めを行う。中子工（中子取り）は、量産品の中子を造る仕事で、さほど熟練を要さず、女

図2. 鋳物工場役割分担図（『川口市民俗文化財調査報告書第一集「生き方のフォークロアー小山巳之助（上）」』より

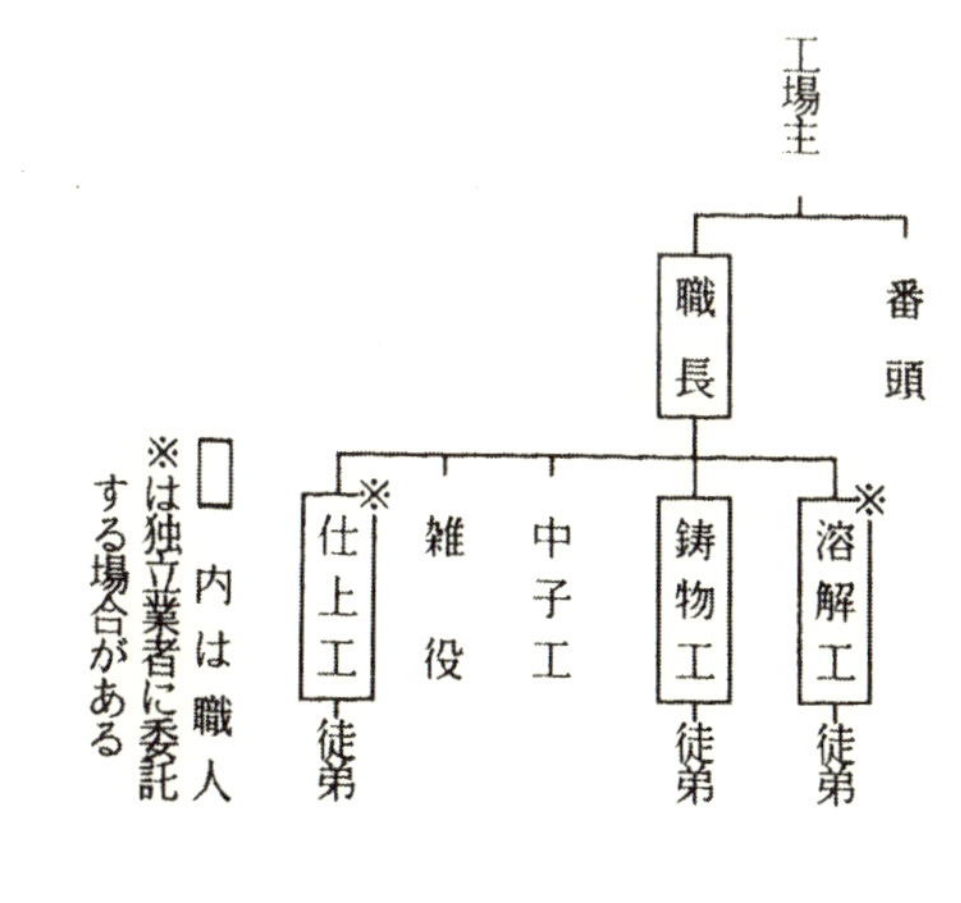

性が携わることもあった。雑役（ハタラキ）は、職人たちのテコマイ（手伝い）を行い、仕上工（カジヤ）は、鋳あがった品物のビリをとり仕上げを行う。溶解工（タキヤ・スミタキ）は、キューポラやコシキ炉の準備と溶解作業に携わった。これら職人と呼ばれる人々の下には、年季奉公の徒弟がつき、テコマイをしながら技術を習得した。なお、溶解工と仕上工は、工場で雇用せず独立業者に委託する場合もあった[81]。

また、職人たちの間には、熟練度と仕事の複雑度を評価基準とする階層が形成され、賃金差にもとづく上下差が存在し、指導者と被指導者、監督者と被監督者などの人間関係の上下差も存在した。ただし、大きく見ると徒弟・職人・親方（＝工場主）という身分階梯的な向上の方途があり、その間にはある連続性も存在していた。しかし中小工場では、工場主は、自ら現場で作業する場合が多く、労働者たちと面接的関係が存在することから、労働者との階級的対立はきわめて少なかったのである。

鋳物工場の工場主として多いタイプは、工場の一角に住むかあるいは住居の一部に工場を設け、たえず現場に顔を出し、工員の身の上のことまでよく心得て面倒を見、工員とともに働き、鋳物工として腕を持っていて直接工員を指導するような人である。住み込んでいる職人たちにとっては、雇用主と使用人の関係以上の世話を受けた「恩義ある親方」であり「親父」である。逆に工場主としては、同じ職人仲間であること、工員の職人としての腕前を重視することなどが、工場の人事管理となる。

また、工場の経営幹部や従業員に、縁故など工場主と特殊関係にある人が多いことも一つの特徴である。経営幹部に最も多く見られるのは工場主の親族である男性で、次に多いのは工場主の女性の親族であり、次に子飼いの自家徒弟出身の職長や番頭である。このように川口の鋳物工場では、中小工場の経営の貧弱さを補強するためにも、家族的・同族的・親族的な経営を行っているところが多いのである[82]。

そして、工場の分出に際しては、例えば商家などに見られるような「工場の暖簾分け」も見られ、親方は銑鉄やコークス、機械設備などを贈ったり、得意先の一部を分けてやる慣習もあった。

## 五、工場の親方子方関係と同族的結合

工場は、分業・協業し合うグループを形成することがあった。

鋳物工場は、大工場・下請け工場・孫請け工場のように、ピラミッド型に結合しているといわれている[83]。このような発注元の大工場と下請けの中小工場との上下関係においては、しばしば親方と子方の関係を形成するとされている[84]。

また、それぞれの鋳物工場が工場を存続・発展させていくためには、いくつかの工場がグループを形成し、助け合って生産性を向上させることがあった。それは、鋳物工場にはそれぞれの特色や専門性がある。つまり、技術力や人材はもちろんであるが、工場の持つ型枠の大きさや設備によって、大物・中物・小物・薄物などの得意分野があるのである。例えば、大きな鋳物製品を鋳造する工場では小さい製品をつくることができず、逆に小物専門の工場は大物をつくることができない。そこで、自分の工場でできない製品は、そのグループ（系列ともいう）の中でまわして生産し、一～二割の利潤を得るのだという。

このような工場の系列は、親方（社長）同士が親子や兄弟であったり、徒弟・修業して暖簾分けのように独立した工場の間で形成される、いわゆる同族会社であり、川口ではこれを「イッケ」と呼んだ。そして、受注した製品をイッケの中で分担して生産することを「スミワケ」といった。

例えば、辻井のイッケは、辻井製作所（大物）・ムツミ鋳工（中物）・日三鋳造（小物）であり、永瀬の系列は、永瀬留十郎工場・永幸工場・永瀬吉五郎の工場、大熊のイッケは、三ツ星鋳造・泰平鋳造・金星鋳造・精工鋳造などである。他にも、カネヘイ（永瀬鋳造所）のイッケ、千葉鋳物のイッケ、ドジョヘイ（島崎鋳工所）のイッケなどがあった。

このように、発注工場と下請け工場の上下関係とともに、工場の同族的結合が慣行的に存在していたのである。これも、ある条件の下で古来からの同族慣行を継承していると見ることができるのではないか。

## 六、工場の職人的職工と熟練技術

先に見たように、幕末から明治初期、西欧からの近代工業の導入には、職人たちが大きな貢献をした。しかし、工場労働が普及し、大量生産や流れ作業が行われるにしたがって、大工場では第一次大戦の頃、町工場や中小工場では高度成長期頃に、職人はその姿を消していったとされている。現在でも、町工場や鋳物工場では、通称あるいは自称「職人」と言う人がはいるが、厳密に言うと、工場の労働者は「職工」である。つまり、資本主義生産のもとで職人の労働形態に変化が生じ、「職人」という概念にあいまいさが生じたのである。しかし、民俗学が工場労働を扱う場合、まず両者の違いとその変化に注意しておかなければならない。

まず、職人とは、工業や建設業、または対人サービスの供給に携わる独立自営業者のことであり、①労働手段（道具・小設備）が私有されること、②職人技能の高低は生産品やサービスの成果によって客観的に測定され、それによって職人の社会的評価が決まること、③技能を経験的にかつ具体的に蓄え、その修得には少なくとも数年間の修業を要すること、④仕事において大幅な自主裁量権を有すること、⑤職務全過程に精通し、その職業能力は自己完結的である、などの特徴を持っている。

これに対して、職工は、近代工業の発達に伴って生まれてきた技能工で、必ずしも独立の作業人ではなく、他者の経済のために働くことから、①自己の労働手段を持たず、②職工の技能の高低は、企業（工場）への評価につながり、有名企業に属することが職工の評価となること、③職工の技能が高い客観性を持ち、その獲得においても、学校教育やその他の座学に重きがおかれること、④仕事において限定された決定権しか持たない、⑤互いに協力して仕事をすることが多く、職工の技能は相互に補完的である、などが指摘され、これは職人の特徴を全く満たしていない。このような職人から職工への変容については、尾高煌之助が分析を行っているが、両者の決定的な違いは、職人が自己完結的な生産者として、自分の主体性を主張するのに対して、職工は工場の組織人であることである。

また一般的に、生産技術にかかわる人々には、「技術者」と「技能者」があり、厳密に言えば、技術者はモノの生産に関する体系的・抽象的知識を有する人で、技能者はモノ生産の個別・具体的な運動能力を備えた人である。近代になって、技能者と技術者が、はっきり区別して観念されるようになったのだといわれる。つまり職人は技能者の一種なのである。[85]

中小工場や町工場では、明治以降も、高度経済成長期の初め頃まで、徒弟や見習工として職人的訓練を受けた職工たちが、企業主や現場の技能労働者の中核として活躍し、近代工業の底辺をささえていた。しかし彼らは、旧来の職人ではなく、伝来の職人的徒弟制度だけからは生まれ得ないが職人に近い部分を持っており、「職人的職工」あるいは「熟練工」と呼ばれている。

また森清によれば、町工場で働く人々は、ほとんどが自分を「職人」だと思っており、決して「職工」だとは言わない。それは、自らを職人として規定することで、自己の技術を誇り、仕事への真摯な態度を示そうとするのだという。このような考え方は、町工場の職工が、様々な点で伝統社会の職人とは異なりながらも、自分の技術とそれを駆使して働くことを、人間の仕事として大切にしたいと思う点で共通しているという。[86]そして小関智弘は、むしろ職人とは、モノをつくる道筋を考え、モノをつくる道具を工夫することのできる人間であるとも言っている。[87]

それでは、職人的職工つまり工場的職人の特徴について見ておく。まず、工場で分業制が本格化する前の近代工業において、腕が良いだけでなく、工夫して新しい製品をつくるのが好きな職人が多く見られた。これは、明治から大正にかけて工場を創業する職人のタイプである。

次に、工場の職人は、「意気に感じて」仕事をし、つい働きすぎてしまう。金のためではなく、つくりがいのある製品、やりがいのある仕事と思った時、たとえ後に自分たちが苦しくなるとわかっていても、一生懸命に働く。そして、働きすぎる職人を立派な職人と考えているのである。企業は、経営を安定・充実させるために、そうした労働者たちの潜在意欲を駆り立てようとするのである。その職人の働きを持続させたものは、貧しさからの脱出志向と、仕事を覚えて自己の成長をはかるという自立志向であったという。

仕事の手順と作業の方法を決め、必要な道具・工具をそろえることを「段取り」という。段取りは、仕事の全体がわかっていなければならず、そのための目配りも要求される。逆に職人的労働者や職長は、段取りを自分の手に握っていることで、仕事の中で主人公なのであった[88]。また「段取り八分」とは、段取りがしっかりしていればその仕事はうまくいくという意味である[89]。

また、町工場や中小工場には、職人の個人的体験にもとづくカンによるところもなかなか消えず、逆に熟練労働者たちは、自らの力を強めるために、カンの通用するシステムを確保しようともした。そして、職人たちは、腕をみがくために、より高い賃金を得るために、工場から工場を渡り歩き、自分を高く売るために、渡り職人であり続ける者も多かったという[90]。

昭和三〇年代をすぎた頃、職人の賃金体系が、請負制（あるいは出来高制）から日給制や月給制に変わっていった。請負制は、一つの仕事を一個幾らあるいは一貫幾らで請け負って、出来高払いで賃金を受け取るものである[91]。この賃金体系が変化するまでは、町工場や中小工場に職人的な価値観や技術を持った職工が多く存在していたのである。

## 七、工場における諸慣行

このように工場において受け継がれてきた様々な慣行の中でも、ある時期には工場そのものをささえてきた労働慣行があった。それは、一つには徒弟制度であり、また一つには「渡り職人」の慣行である。

徒弟制度は、職人や熟練労働者を養成する制度であり、江戸時代に城下町の商工業者によってはじまったとされる。この制度は、明治時代になっても残り、町工場や中小工場においても、重要な役割を果たしてきた。これは、仕事を請負的に教えて、技術等を習得させる代わりに安い賃金を払うか、賃金を払わずに食事を与え住み込ませる年季奉公である。つまり徒弟は、一人前の職人になるための技能訓練生であり、親方の下で生産工程に従事する低賃金労働者でもあった。

町工場では、徒弟を「コゾウ（小僧）」といい、高等小学校を出た十五歳で小僧となり、二十歳の徴兵検査頃まで五〜七年間修業し、年季があけると一年間礼奉公をし、一人前の職人となった。このように戦前の町工場は、勤労の場であり、生活の場でもあり、また教育の場でもあったのである。

鋳物工場でも、仕事は盗んで覚えるものだとされ、弟子入りした小僧たちは、丁寧に教えられることはなく、親方や職人のテコマイ（手伝い）をしながら仕事の手順を自分なりに解釈し、失敗を重ねて仕事のカンやコツを養っていった。徒弟にとって親方や職人は厳しい存在で、よくハンマーの柄で殴られたという。こうした弟子の仕込み方は、諸職や芸能における伝統的な教育方法でもあったのである。(92)

それが、第一次世界大戦で産業資本が確立し、戦後の労働基準法ができると、徒弟制度は廃止され、軍工廠や大資本の大工場を中心に、厳しい条件で採用した労働者を永久に勤続させる「永久勤続制」をとるようになった。また、徒弟養成所を設置して子飼いの青年技能工を育てるようになった。(93)これに対して町工場では、徒弟制の雇用形態と雰囲気は色濃く残り、「見習工」と称して、集団就職の若者たちを職人へと養成するための機能を残したのである[94]。

次に、先にもふれた「渡り職人」の慣行である。川口では、戦前期まで、年季の明けた鋳物職人が、腕に磨きをかけるために、親方の工場を出て渡り職人となり、他所の工場を遍歴することが、当たり前のこととして行われていた。渡り歩く工場は、東京や関東地方にとどまらず、人によっては北陸・東海・関西など日本各地におよんだ。名人として語り伝えられているような職人は、たいていこのような旅まわりを長期にわたって行っているというし、鋳物職人の移動性の高さは、一つの職場習慣として引き続き残っていたという。

## 八、工場と組仕事

金属加工業や機械工場では、明治の近代工業化初期に、集団出来高制としての「親方請負制」（工場内請負制ともいう）が行われていた。これは、親方を中心として職人や徒弟が数人から十人程度の組をつくり、これを単位として工場に入って、工場管理者から親方が一括して仕事を請け負い、生産管理・労務管理・賃金支払い等を親方が取り仕切るシステムである。これは、工場が大きくなり生産工程を分業化していくなかで、生産作業を独立させ個別完結的でしかも技能集団的な工程に分解できる場合、その一つの工程を技能的な集団に委託する方式であり、明治・大正期や工場が開業する時などには、この制度に大きく依存していたのである。

親方請負制が広く採用された要因としては、当時、工場管理の主導権を十分に握っていなかった経営者にとって、職人たちの労働意欲を引き出し、資本効率を高めるためにこの制度が便利であったこと、職人たちにとっても、自己資金を貯えるために、素手で大きく稼ぐことができるし、徒弟たちにとっても縁者がいる職場として安心できたのである。また、まだ設計図面を中心とする近代工業技術が町工場に定着しておらず、仕事上に親方の裁量権が大きく支配していたこともあげられる。[95] そして、工場にとって、好景気に熟練の労働力を調達し、不景気には後腐れなく解雇できる便利さもあり、職人にとっても、親方の間を「渡り」の慣行によって移動しながら、多くの経験を積むことができたという。[96]

親方請負制では、組の親方が、組の職人たちの労務も管理したから、大きな仕事が終わった後、親方は、必ずと言っていいほど遊郭や料理屋でかなり派手な慰労宴を催したという。これは、技能集団のハレの行事であった。[97]

また一方で、買湯制度とは、川口の鋳物業に特徴的な慣行であり、自分で注文を受けて造型作業を行うが溶解炉を持たない業者を買湯屋と言い、溶解炉を持つ鋳物屋（吹き屋）から熔湯を買って製品を鋳造した。買湯屋は、自家に小さな細工場を設けたり、吹き屋の工場の一角を借りたり、あるいは長屋の軒先を作業場にして開業した。昔の買湯屋は、天秤棒の後先に鋳型をになって、買湯させてもらっている工場に通い、その女房があとでその工場に来て勘定をしたものだという。

川口では、裸一貫の鋳物職人から工場経営者になった例も多かったが、修業を終えた職人が独立して工場主になるためには、得意先の確保や資金調達の面で様々な困難があった。そこで、最初はまず買湯業者として商売を始めることが多く、その間に得意先の信用を獲得し、資金を貯え、運がよければ晴れて自分の工場を持つことができたのである。[98] この買湯業者が工場を開業していく過程で、「組」を組織することもあったのである。

これらのことは、例えばかつての間組や熊谷組、金剛組など、土建業や建築業などにおける企業名称を見ても、ある時期に「組」が労働や業務の社会単位として機能していたことをうかがうことができるである。

## 九、工場から企業へ

次に、今日もなお操業しつづけ、広く知られているいくつかの民間工場や町工場の誕生と発展について概観する。

まず、工部省電信寮で働いていた田中久重が、明治五年（一八七二）に東京の芝におこした田中製作所（現在の東芝）は、当時としては数少ない民間の近代的大工場であった。この田中久重工場の一旋盤師であった池貝庄太郎は、明治二二年（一八八九）、東京の芝区金杉に、資金九〇円で町工場を開業した。これが池貝鉄工所のはじまりで、アメリカ人技師フランシスの指導もあり、工作機械（とくに旋盤）の製造工場へと発展した。

久保田鉄工の創立者大出権四郎は、大阪の看貫鋳物の黒尾製鋼に徒弟に入り、鋳物職人として腕をみがき、明治三〇年（一八九七）、久保田燐寸機械製造所の久保田夫妻の養子となった。その後明治三三年（一九〇〇）に立込丸吹鋳造法による鋳鉄管製造で発展し、日露戦争時には機械製造へ進出し、第一次大戦時には特殊耐熱鋳物の製品化やクボタ発動機の開発によって大きく発展した。

小石川の陸軍砲兵工廠に勤めた宮田栄助は、東京の京橋に宮田製銃工場を開業していた。栄助の次男政次郎は、大阪の陸軍砲兵工廠に勤務した後、明治三五年（一九〇二）、宮田製作所を開業、自転車製造を開始した。

東京工業学校機械科を卒業し、農商務省に勤めた山口武彦は、海軍工廠出身の多くの熟練工を中核として、日本精工を創業した。後に大正十五年（一九二六）に徒弟制を廃止し、昭和十年（一九三五）に新設した多摩川工場では、自動機械による大量生産を開始した。

熱田砲兵工廠の職長であった安井兼吉は、明治四一年（一九〇八）に安井ミシン商会をおこした。昭和七年（一九三二）、安井三兄弟は、家庭用ミシンの製作に成功し、翌年ミシン製造株式会社を設立し、「ブラザー」という商標を用いた。後に社名をブラザー・ミシンとした。

精工舎は、服部時計店の服部金太郎が、天才的機械技術者吉川鶴彦を擁し、明治二五年（一八九二）頃、時計の国産工場を設立した。昭和三年（一九二三）に新工場へ移転し、これまでの職人的な体制を解体し、近代工場へと発展していった。[99]

月島機械は、明治三八年（一九〇五）、東京帝国工科大学卒業の黒板伝作が、日本精糖機械修繕部の山谷和吉を擁し、東京月島機械製作所として創業した。当時は、熟練工も多く、親方請負制もあり、大正七年（一九一八）には徒弟養成所が設立された。後に、企業規模を拡大し、近代工場へ発展し今日に至っているが、東京の江東地区の町工場には、月島機械出身だという経営者や技術者が多いという[100]。

このように見てくると、現代においてよく耳にする有名な大企業も、もとは町工場や中小工場から発展しているものも多い。ということは、工場社会には、現代の企業社会の原初的なものが見られ、逆に企業に引き継がれていった工場の慣行や価値観が存在する可能性も考えられる。

## 一〇、結語

以上見てきたように、工場という社会は、様々な面を持っているが、歴史的に見ると、我が国の産業および生活の近代化に対して少なからず貢献している。民俗学的に見れば、家社会から受け継いだ慣行や、職人社会から受け継がれた民俗的世界を見受けることができる。また逆に、現代社会において重要な役割を果たしている企業社会へと受け継がれていったものもあるはずである。三戸公は、「日本においては家業の発展が、西欧から法制として導入されてきた合名会社・合資会社・株式会社という企業形態という衣をまとって現在に至っているとみてよい。」と言っている[101]。

また現代、昭和から平成へと著しく社会が変化している中、民俗学が、現代社会を対象とし研究していくうえで、工場社会は、大いにその研究意義が認められるのである。

また、本稿では先に中小工場に古来からの民俗的世界が残存している傾向性を指摘したが、急速な変化を遂げた大工場や大企業についても、中小工場と連携をはかりながら産業体を構成して存在していること、そこにも何かしら民俗的現象の存在する可能性があることから、やはり研究対象として考えていくべきなのである。

# 第三節　川口鋳物産業史と近代産業研究の視点

## 一、序

明治時代の職工について報告した『職工事情』によれば、各鉄工の特色について次のように記している。
「右掲ぐる各種の職工につき、鍛冶工、製缶工、鋳物工、木工、塗工の如きは従来より存在したる技術を用いることを得るが故に、その職工中にはかつて工場以外にてこれに従事したる者あり。たとえは鍛冶工は鍛冶職より、製缶工は銅壷職より、鋳物工は鋳物職より、木工は大工職より、塗工は塗職より来るが如し。しかるに旋盤、組立、仕上の如きは新たに起こりたる技術に属せるを以て、これに従事せる職工の多数は種々の社会階級より集まり来れり。彼らの間に士族の籍に属せる者あり、また往々相当の教育ある者を見る。さればこの二種の職工の間その生活思想につき、ややその趣を異にせるものあり。[102]」
と、明治時代の職工のうち、江戸時代以前から日本に存在する技術を扱う業種の職工と、それまで日本に存在しなかった技術である旋盤・組立て・仕上げの職工では、その生活思想に違いがあるというのである。

このことは、少なくともこの二種類の産業において、あるいはそれぞれの産業によっても存在すると考えられるが、その産業構造や慣習、技術など社会や文化的事象にも違いが存在することが想定される。つまり産業の研究は、まずは各産業における実態の把握からなされなければならないのであって、地道な方法ではあるが、各産業の研究蓄積の次の段階として、産業間における比較研究に展開していくことが必要であると考える。

以上のことを踏まえて本節では、川口鋳物産業研究の視点と課題を指摘しながら、民俗学における近代産業研究の視点を論じることを目的とする。

埼玉県川口市は、古くから地場産業として鋳物業が発達し、かねてより「鋳物の町」・「キューポラのある街」として全国に知られており、わが国有数の鋳物の産地となっている。それは、最盛期には工場数六六四軒（組合加入工場のみ）、年間総生産額約七三〇億円を数えており、平成七年（一九九五）当時でも工場数約二〇〇軒弱を数え[103]、全国で最も工場数が多いことが特徴にもなっている。また当時は、このような事情から、従来より社会学・地理学・歴史学の研究者たちによって注目され研究がなされてきた[104]。民俗学においては、三田村佳子の長年にわたる研究成果が刊行されており[105]、民俗学における川口鋳物業研究の一つの到達点を示すとともに、将来の研究への一つの大きな指標ともなっている。

このように様々な学問分野で研究が進展した一方で、川口鋳物業は、景気の低迷や社会変化にも伴い、工場が、閉業や転出によってマンションや駐車場、大型店舗などに変わり、従業員の数も減少し、その様態を大きく変えつつある。こうした状況にあって、川口鋳物業研究の新しい方向性として、また民俗学におけるますますの研究進展を願って、これを従来の民俗学において扱われてきたような「生業」や「諸職」という枠組みよりも、むしろ「産業」として捉え直し、当産業の歴史と特色を詳細に眺めながらその研究意義を論じ、また他の産業や産業地域社会の研究における新たな視点と方法を提示するものである。

## 二、川口鋳物産業研究の意義

ここでは、民俗学における川口鋳物業研究の意義について再整理するとともに若干の考察を行う。

この研究の意義としてまず第一に考えられることは、これまでの民俗学の研究対象である常民や庶民のなかで、「職人」が長年にわたり伝承してきた技術やその生活、生き方の研究として意義が認められることである。三田村の『川口鋳物の技術と伝承』では、まず伝統的な焼型法と近代に西洋から導入された西洋式生型法の製作技術を報告し、それだけでなく割り屋・焚き屋・鍛冶屋など、川口鋳物業が分業化していく中で現れた職人（職工）の技術と、鋳物問屋の経営、またかつての職人たちが盛んに行っていたであろう修業の過程である「タビ」の慣行や信仰生活の変化についても扱っている点が評価される。[106]しかし、本書は、主として明治・大正期を対象としていること、視点が川口鋳物業全体というよりもその中で役割を果たしている職人に注がれているから、あくまでも「職人」研究の一環であると言うことができる。三田村の研究は、そういった点で川口鋳物業研究の現状であり、一つの到達点を示すものと言って良いであろう。

また、平成九年に行われた第四九回日本民俗学会年会では、「『近代』と民俗」と題するシンポジウムが開催され、従来の民俗学がその成立上「近代」とどのように関わってきたのかを中心に議論が交わされた。その中で、民俗学はむしろ、「近代」に反するものとして「民俗」を設定し、「近代」を排除してきたのだとも指摘され、[107]今後民俗学は「近代」を捉える視点をどのように構築していくかという課題が示された。[108]これは、都市民俗学とも関連してくる分野であるとも考えられる。

このような学界の状況を踏まえて川口鋳物産業を見直すと、明治期以来の日本の近代化には、その具体的な項目として富国強兵・西洋化・国民文化の形成とともに産業振興が図られたが、[109]その中でこれは、鍋・釜・鉄瓶といった日用品の伝統産業から、様々な技術革新を取り入れつつ機械部品をつくる近代的資本主義産業へと生まれ変わった、つまり近代化に成功した極めて例の少ない産業なのである。[110]おそらくは、この歴史的な経過と特色が、今日の業態の特色であるところの工場数の増加を促し、鋳物業に関連した業種を自立させ、これらを体系的な鋳物産業にまで発達させた要因の一つとなっているのであろうと考えられる。

また、川口鋳物業だけでなく、近世後期以来、全国各地で地場産業や特産品がおこり、そのうちあるものは現代もなお発展・維持され地域の重要な産業となり、人々の生活を支えている例は多い。これらの地域産業は、ある時期に近代化やシステム化をはかり、戦争や金融恐慌を経験しながら、今日にまで至っているのである。

つまり本稿では、川口鋳物業を、従来の民俗学においてなされてきた「生業」や「諸職」という枠組みではなく、より大きな見方として地域の「産業」として捉え直すのである。このことは、三田村がまだ押さえていない職工や商売をも対象とするだけでなく、それらを「工場」という施設の内と外において関連づけて捉え、また鋳物業を背景として成り立っている地域社会そのものを対象とするものである。さらに、昭和のより近代化の進行した工場をも対象とすることにより、今後民俗学が近代あるいは近代化を取り扱ってゆく上で必要な視座や方法への道を切り開いてくれるのではないだろうか。

このように考えると、産業を支えた職人や職工たちは、もともと周辺地域の農家の次三男が多かったことから、農村の民俗から都市の民俗を生成していく過程の一端を扱うことにもなるのではないか。これが、川口鋳物産業研究のもう一つの意義であると考えるのである。

## 三、川口鋳物産業の歴史

### ①川口鋳物産業の歴史Ⅰ　―近世―

ここでは、まず川口鋳物産業の歴史の概要を見ておく。

川口鋳物業の起源については、十一種六説にもおよんでいるが、確証のある説はなく[111]、室町時代末期頃にはすでに製造が行われていたようである。川口で鋳物業が盛んになった理由としては、地元の荒川岸から鋳物に適した砂や粘土が採れたこと、日光御成道や荒川・芝川の舟運によって原料（銑鉄）・燃料（木炭やコークス）・製品の運搬が便利であったこと、江戸（東京）という大消費地や京浜工業地帯に隣接していたこと、近隣からの労働力が得やすかったことなどがあげられている[112]。

川口の鋳物師が登場する最も古い文献資料は、川口市芝の長徳寺に伝わる『寒松日暦』で、元和三年（一六一七）に鋳物師宇田川助右衛門・長瀬内蔵助など数人の名が記載されている。また、確認されている川口鋳物師最古の製品は、元和五年（一六一九）に長瀬治兵衛守久が鋳造した岩淵（現東京都北区赤羽）の正光寺の銅鐘（現存せず）といわれている[113]。このように当時の川口の鋳物製品は、梵鐘や鰐口などの青銅鋳物であり、それが後に江戸幕府の施策などにより、銑鉄鋳物に代わっていった。そのなかで代表的な鋳物製品としては、工場によっては天水桶・大砲・小銃・弾丸なども生産されたが、本来の川口鋳物の特産は、鍋・釜・鉄瓶といった日用品であった。

文政年間に記された『遊歴雑記』には、「此駅の南うら町筋に釜屋数十軒あり、但し鍋のみ鋳家あり、釜のみ作る舎あり、或は鉄瓶または銚子、或は釣、扨は蓋と、作業家々に司る処かれて両側に住宅し、見物を許せば、細工場に入ておのおのその鋳形を見る、一興といふべし。」とその様子が描写されている[114]。

これらは、伝統的な「焼型法（惣型法）」と呼ばれる鋳造技術によって行われていたものであるが、この頃川口には、その多くが半農半工であるなか、十四軒の由緒鋳物師が確認されている[115]。

そもそも鋳物（鋳造）とは、金属を溶解して鋳型に注ぎ、ある形の金属製品をつくるもので、その作業としては、設計・木型製作→鋳型づくり→溶解・注湯→仕上げの工程がある。江戸時代の川口では、もともと多くの鋳物師が農間余業を利用した半農反工であったが、江戸時代後期になると、親方のもとで職人（「鍋職」）・「並職」・「綱引」・「使走」・「小細工職」（買湯屋）などの役割に分かれ、加えて「大工」・「鳶」・「鍛冶」などの職人たちも手伝いをする経営組織があり[116]、分業化がすすみ、部分的にはマニュファクチュア（工場制手工業）経営が見られるほどに発達をしていた[117]。注目されることは、当時の川口における大規模な鋳物屋である「吹き屋」は、有力農民層に該当し、川口町の役職をも努めていたのである[110]。また流通形態については、川口の鋳物師たちは皆元禄年間以降江戸十組問屋釘店組に支配されていたが、天保年間には株仲間廃止令が出され、鍋屋平五郎など川口在住の鍋釜商人が成長していった。[119]

## ②川口鋳物産業の歴史Ⅱ　―明治期―

明治時代になると、「薬研屋」永瀬庄吉に先導されて、川口鋳物業の技術革新が行われた。まず、それまでの株組織によってあまり新規参入を許さなかった鋳物屋の体制が崩れ、川口特有といわれる買湯制の影響もあり、自由な開業によって工場数が増加した。現在でもなお鋳物工業協同組合の会員数は一三六社を数えているが、これは、背景・基礎条件ともいうべき川口鋳物業の大きな特色があると言ってよいであろう。

次に、それまでの日用品鋳物に加えて、明治新政府による殖産興業政策にともない、門扉や鉄柵、また「川口鋳物鉄管」と称された水道用鉄管などの土木建築用鋳物が多く生産されるようになった。その代表的作品が重要文化財「学習院旧正門」である。[120]また日露戦争の時（明治三七～三八年）には、生産品目も多様化し、大量の兵器製造により工場数は倍増した（表1参照）。

この大量生産を可能にしたのが技術革新であり、明治二年（一八六九）頃からそれまでの伝統的焼型法に対して西洋式生型法を導入し、明治一七年（一八八四）頃からは原料をたたら銑鉄から高炉銑鉄に換え、明治二四年（一八九一）頃から燃料を木炭からコークスに換え、また溶解作業に使用する送風機をそれまでの人力（鞴）に対して蒸気動力を導入し、溶解炉を甑炉からキューポラへと変化させていった。また、製品の出荷販路についても、明治四三年（一九一〇）の高崎線川口町駅開設にともない、それまでの関東地方中心から東北・北陸・東海・近畿や朝鮮・台湾・中国までにもおよぶようになった。[121]

この技術革新にともなって、鋳物生産工程の分業化がさらにすすみ、関連業種として木型屋や銑鉄問屋（ズク屋）を成立させていった。[122]このような鋳物産業の変化の中で、鋳物職人たちの信仰生活においても、金山様への信仰や霜月祭に代わって、稲荷信仰や初午行事が盛んになっていったのである。[123]

このように川口鋳物業は、これらの技術革新によって、江戸時代に全国各地に存在していた鋳物産地の多くがその姿を消していく中で、土木建築鋳物生産を行いながら、近代資本主義産業の一端を担う機械鋳物生産へと転換を果たしていったのである。そして、その近代的鋳造技術基盤は、明治二〇年代の前半にはほぼ確立していた。[124]

表1．川口の鋳物工場（組合加入工場）推移表
（『川口鋳物ニュース』440号より作成）

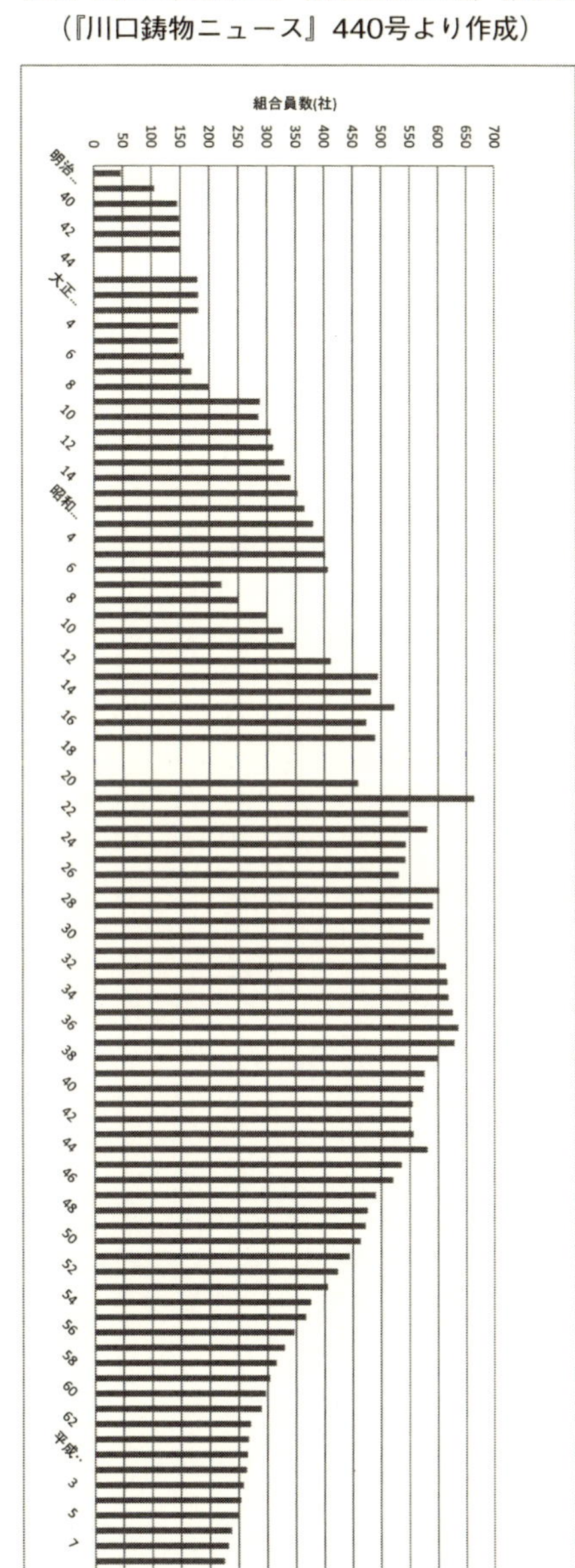


### ③川口鋳物産業の歴史Ⅲ　—大正・昭和期—

日露戦争後の飛躍的な発展の中、大正三年（一九一四）には、鋳物製造業者と鋳物販売業者が、粗製乱造の防

止・新技術の導入・生産品の研究・販路の拡張などを目指して、「川口鋳物同業組合」を設立した。この頃は、日用品鋳物が約四〇パーセントに対して、機械鋳物が約六〇パーセントであった[125]。

第一次世界大戦の頃は未曾有の好景気で、生型の造型機械が出現し、職人のカンが生きる「手込め」に代わってより大量生産へと向かった。その後、川口鋳物業は、大正一二年（一九二三）の関東大震災で鉄不足・砂不足の打撃をうけ、この時川口鋳物信用販売組合（現川口信用金庫）を設立した。次いで昭和五年（一九三〇）の世界恐慌の大打撃時には、工場の閉鎖や失業者が増加し、川口鋳物同業組合が鋳物工業振興改善調査会を設立して対応した。そして昭和八年や昭和一二年（一九三七）の日華事変の頃には、逆に軍需景気により生産が拡大した[126]。このように川口鋳物産業は、景気の変動にかなり敏感であり、戦争による発展も大きく、この時期にますます日用品鋳物から機械鋳物への転換を果たしていったとみられる。

また当時は、鋳物工場が、川口鋳物の発祥地である金山町や本町一丁目界隈から、周辺の栄町・幸町・寿町にまで存在するようになっていた。しかしまだ当時には、生型法による機械込めの造型が普及していくなかでも、高木喜道・㈡田中・山崎寅蔵・行徳部屋・伊坂さんなど「名工」と呼ばれていた伝統技術保持者も揃っており[127]、旅から旅へと修業に歩いた鋳物職人もいた[128]。「鉄瓶の盛岡」・「織機鋳物の名古屋」・「梵鐘・鰊釜の高岡」に対して「日用品鋳物の川口」と呼ばれていたように、まだ古くからの薄肉鋳物技術の伝統を伝える職人たちもいたのである[129]。

昭和一六年（一九四一）からの太平洋戦争時には、川口鋳物業も、政府からの統制をうけて企業合同が推進され、軍需工業の下請けとなった。この当時は、船舶用内燃機の鍛圧機械が盛んにつくられ、九九パーセントまでが機械部品や兵器の製造となり、日用品鋳物生産は約一パーセントであった[130]。

戦後は、まず一時的に日用品鋳物がつくられ、昭和二一年（一九四六）は、川口鋳物工業協同組合員の工場数は、ついに六六四軒にまで達した。とくに昭和二〇年代は、川口の鋳物製ストーブ生産が全国の約八〇パーセントを占めた。石炭ストーブは、川口の薄肉鋳物の伝統を継承し、要所要所に職人たちの技を活かしながら完成していく、川口日用品鋳物のある種の到達点であると言ってよいであろう。[131]

その後、高度経済成長と産業貿易にささえられて生産が伸びていき、農業や製糸業、食品加工業などの産業機械、自動車・船舶・鉄道などの運輸業関係機械の部品、医療機器など様々な機械部品がつくられるようになっていった。昭和三〇年代は、川口鋳物産業の最盛期であり、『川口鋳物ニュース』によれば、昭和三六年には、組合加入工場数六三六軒、従業員数一万七〇六八人に達している。[132] また当時は、キューポラ設置・運用とも最盛期でもあり、映画『キューポラのある街』もこの頃につくられた。

つまり川口鋳物業は、生産品目・生産体制・生産方法において様々に変化をとげ、明治期以降近代産業として発達してきたが、昭和三〇年代までは、鋳型の手込めをする職人やキューポラを操って鉄を溶解する焚き屋が多く存在し、その生産工程の要所において近代鋳物産業をささえていたのである。これ以降は、より設備の機械化がすすみ、生産額や生産量は上昇していくが、工場や従業員の数は、減少の一途を辿っていくのである。

**④川口鋳物産業の歴史Ⅳ　―昭和四〇年以降―**

昭和四〇年頃になると、徐々に組合員数も減少していくが、この頃から公害が問題となり、工場の工業団地や郊外・市外への移転が始まった。また、市の融資などもあり、昭和三〇年代から徐々になされてきた設備の機械化が、より多くの工場に普及していくのである。[133] その技術進歩は、キューポラ溶解技術の進歩、電気炉の導入、モールディング・マシン（造型機）や有機自硬型・無機自硬型の導入などに見られる鋳造材料と造型法の変化、コークスの品質改良などがあげられる。[134] その中で、ますます職人の数は減少していった。そして、昭和四八年のオイルショック以来生産の下降が続き、これにバブル経済の崩壊が拍車をかけて、マンションや駐車場にかわる工場も多く、今日に至っている。

以上のように、川口鋳物産業の歴史を概観してきたが、その歴史的な特色を見ると、近世以来の日用品鋳物に端を発し、一部でその伝統を継承しながらも、明治期の近代化を経験し分業化を促進して、近代的な鋳物産業として、土木建築用鋳物そして機械鋳物生産に転換を果たしていったことがわかる。

## 四、川口鋳物産業研究の課題

以上のような川口鋳物産業の歴史とその特色を踏まえて、近代産業としてのこれをどのように捉えていくか、いくつかその具体的な研究課題について指摘する。

まず、先にも指摘した川口鋳物産業体系の構造とそれぞれの業種における技術・慣行・生活を丹念におさえる必要がある。それが地域社会の中ではどのように機能し、どのような特色を持っているのか、そこに民俗学が研究対象とすべき伝承的あるいは日本人的な事象が存在すると思われる。

次に、このような社会におけるイエ社会のあり方、意識はどのようであるか。先にも指摘したが、川口では、以前から当地にある家が分家をして鋳物屋を行う場合や、周辺農村における農家の次三男が徒弟に入り腕を磨き、一人前になって独立して工場主になっていく場合がある。この工場主は、「一城の主」とも言われ、多くの徒弟や職人たちの人生における理想となった時代もあった。そしてまた鋳物屋は、景気不景気の波にかなり左右されることから、三代も続かないと言われた。このようなイエ社会は、農村のそれとは違うのであろうか[135]。

第三に、イエを成立させた職人は、経営者となり、「工場」という社会を創造する。これは、親方・職人・徒弟・非常勤の職人などにより構成され、鋳造作業と鋳物生産を行う経済上のひとつの社会単位で、製品や技術などに特色を有しながら存在している。また工場は、「初吹き」・「吹っ止め」・「初午」といった儀礼を行う社会単位でもある。このような工場という社会は、どのようなものであるのか。また、工場の名称を「屋号」と言うこともあるが、これらや商標は、農村社会における家の屋号や家印と何か関係があるのか、または異なるのか。[136]

第四に、一軒の家屋を持つ前の鋳物職人やその他の関連職人たちの、仕事を終えた後の生活の場は、路地裏の長屋であった。二軒から八・九軒が一棟の割り長屋であり、便所や井戸を共同で使用し、例えば「永幸長屋」のように家主の名前で呼ばれることも多かった。都市や町場では、このような長屋が多く見られたが[137]、川口では、表通りに面した長屋には雑貨屋や商家が入り、奥に入った裏長屋では、買い湯の鋳物職人が軒に鍋や釜の鋳型をならべて型込めを行ったりもした[138]。このような長屋の共同生活はどのようであったのか。

第五に、地域には鋳物職人たちの生活をささえた娯楽などもあった。例えば、職人の休憩時のおやつとして、煎餅屋によって煎餅が売られ、鋳物職人のために温度を熱めにした銭湯もあった。また、芸鼓をつかっている置屋があり、川口の職人気質として「宵越しの金は持たない」などと言って、酒を飲んだり遊んだ。他にも、「カフェー」と呼ばれた洋酒屋や米屋や八百屋など、鋳物工場が夜遅くまで創業していた頃は、それにあわせて開店していた。これらもまた、鋳物産業をささえた社会であった[139]。

第六に、三田村も研究しているが、明治期頃から鋳物屋たちの間で、それまでの金山様に対する信仰の他に、稲荷信仰が広まった。これは、もともと工場内の溶解炉の前（「吹き床」という）に棚をつくって、鋳物屋の神様である金山彦命を祀り、「初吹き」の時などに供え物をする。また、現在は川口神社境内に合祀されているが、金山神社では、かつて十一月に鋳物職人たちによる霜月祭（裸祭）が行われていた。それが、いつしか裸祭は行われなくなり、各工場の敷地には稲荷の祠が祀られ、初午には太鼓を叩くようになった。これは、「初午太鼓」と呼ばれ、もとは鋳物工場という社会の行事であり、後に川口を全国でも有数の創作太鼓グループが多い町にしていったのである[140]。何故これ程までに、鋳物屋たちの間で稲荷信仰と太鼓が隆盛したのであろうか。

第七としては、大正時代から川口では、頻繁に労働争議がおこっている[141]。これは、労働組合史として歴史学的には研究意義があるであろうが、民俗学においては、経営者と労働者が構成する工場社会の分析の一連としてもこれを取り上げ、また社会における緊張形態の一形態として、むら社会にも見られた一揆や小作争議、村はちぶなどとも関連づけて研究される必要があるのではないか[142]。

そして第八としては、社団法人日本鋳物工業会『鋳鉄鋳物工場名簿（平成十二年版）』によれば、平成一二年（二〇〇〇）当時は、日本で鋳鉄鋳物を生産している企業は、一，一一二社の一，二二〇事業所あるとされており、この名簿から都道府県別の地方鋳物業関係組合とその組合員数を表2に整理した。これを見ると、古くから南部鉄器生産で知られる岩手県水沢市や、かつて織機鋳物で知られた名古屋市の所在する愛知県、現在仏壇・仏具生産で知られる高岡市のある富山県、やはり古くからの鋳物産地である桑名市のある三重県、鋳物師の発祥地と伝えられる大阪府など、日本の鋳物業産地を把握することができる。そして鋳鉄鋳物工場数について見ると、組合工場と加入していない工場を併せて、埼玉県が一八五軒で最も多く、次に多いのは愛知県の一八七軒である。その埼玉県の中でも、とくに川口周辺には、川口鋳物工業協同組合加入工場は二〇一軒、他に確認できる非組合員の工場六九軒を加えると、実に二七〇軒の鋳物工場が川口に集中的に存在しているのである[143]。伝えられるところでは、川口では、昭和三〇年代の最も多い時で八〇〇軒もの鋳物工場が存在したとも言われているのである。川口で鋳物業が発祥・発展した一般的に言われる理由は先に見たとおりであるが、それでは何故これだけ多くの鋳物工場が一地域に集中的に立地したのであろうか。

## 五、民俗学における近代産業研究への視点

ここでは、以上見てきたような川口鋳物産業を例として、民俗学が近代産業を研究していくうえでの視点を論じる。

まず第一に、前述したように川口鋳物業は、近世以来の職人たちによる日用品鋳物生産という伝統産業が、明

表2．地方鋳鉄鋳物関連組合一覧

| 都道府県名 | 組合名（組合員数）<br>※ただし複数の組合に加入している工場あり | 日本鋳物工業会のみ加入 | 非加入工場数 |
|---|---|---|---|
| 北海道 | 北海道銑鉄鋳物工業組合（14） | | 9 |
| 青森県 | | | 2 |
| 岩手県 | 水沢鋳物工業協同組合（58） | | 11 |
| 秋田県 | 秋田県銑鉄鋳物工業組合（8） | | |
| 宮城県 | | | 1 |
| 山形県 | 山形県銑鉄鋳物工業組合（17）<br>山形鋳物工業団地協同組合（8） | | 7 |
| 福島県 | | 1 | 17 |
| 茨城県 | | 1 | 16 |
| 栃木県 | | | 12 |
| 群馬県 | 群馬県鋳物工業協同組合（8）<br>群馬県銑鉄鋳物工業組合（13） | | |
| 埼玉県 | 川口鋳物工業協同組合（201）<br>東京川口銑鉄鋳物工業組合（90） | | 84 |
| 東京都 | 東京鋳物工業協同組合（10）<br>東京川口銑鉄鋳物工業組合東京支部（10）<br>東京城南鋳物工業協同組合（10）<br>東京川口銑鉄鋳物工業組合城南支部（10） | 1 | 12 |
| 神奈川 | | 3 | 10 |
| 山梨県 | | 4 | 12 |
| 新潟県 | 中越鋳物工業協同組合（23）<br>新潟県銑鉄鋳物工業組合（23） | | 17 |
| 長野県 | 長野県鋳物工業協同組合（5）<br>長野県銑鉄鋳物工業組合（9） | | 16 |
| 静岡県 | 静岡県鋳物協同組合（12）<br>静岡県銑鉄鋳物工業組合（47） | | 7 |
| 愛知県 | 愛知県鋳物工業協同組合（60）<br>愛知県銑鉄鋳物工業組合（108） | 1 | 69 |
| 岐阜県 | 岐阜県鋳物工業協同組合（30）<br>岐阜県銑鉄鋳物工業組合（21） | 1 | 6 |
| 三重県 | 三重県鋳物工業協同組合（51）<br>三重県銑鉄鋳物工業組合（53） | 2 | 18 |
| 富山県 | 富山県鋳物工業協同組合（12）<br>富山県銑鉄鋳物工業組合（12） | 1 | 3 |
| 石川県 | 石川県鋳物工業協同組合（18）<br>石川県銑鉄鋳物工業組合（18） | | 9 |
| 福井県 | 福井県鋳物工業協同組合（11） | | 2 |

| 都道府県名 | 組合名（組合員数）<br>※ただし複数の組合に加入している工場あり | 日本鋳物工業会のみ加入 | 非加入工場数 |
|---|---|---|---|
| 滋賀県 | | | 5 |
| 京都府 | 京都府鋳物工業協同組合（18）<br>京都府銑鉄鋳物工業組合（22） | | 6 |
| 奈良県 | 奈良県鋳物工業協同組合（5）<br>奈良県銑鉄鋳物工業組合（14） | | 2 |
| 大阪府 | 大阪府鋳鉄工業組合（33）<br>浪速鋳物工業協同組合（5） | | 49 |
| 兵庫県 | 兵庫県銑鉄鋳物工業組合（3） | | 22 |
| 和歌山 | 和歌山県鋳物工業協同組合（6）<br>和歌山県銑鉄鋳物工業組合（6） | | |
| 鳥取県 | | 1 | 3 |
| 島根県 | 島根県銑鉄鋳物工業組合（13） | | |
| 岡山県 | 岡山県鋳物工業協同組合（23）<br>岡山県銑鉄鋳物工業組合（23） | | 5 |
| 広島県 | 広島県鋳物工業協同組合（10）<br>広島県銑鉄鋳物工業組合（26）<br>福山地方鋳造工業協同組合（19） | 1 | 18 |
| 山口県 | | 1 | 9 |
| 徳島県 | | | 1 |
| 香川県 | 香川県銑鉄鋳物工業組合（13） | | |
| 愛媛県 | 愛媛県銑鉄鋳物工業組合（11） | | 4 |
| 高知県 | 高知県鋳造工業協同組合（6）<br>高知県銑鉄鋳物工業組合（4） | | 7 |
| 全九州 | 全九州銑鉄鋳物工業組合（44）<br>熊本県鋳物工業協同組合（13） | | 17 |

（社団法人日本鋳物工業会『鋳鉄鋳物工場名簿（平成12年度版）』より作成）

治時代の技術革新によって、近代資本主義産業への転換に成功したという歴史的特色を有している。またこのことは、その過程において、分業化が進展し、実に様々な関連産業を生み出したのである。図3は、三田村佳子『川口鋳物の技術と伝承』および松井一郎・永瀬雅記『埼玉の地場産業』を参考にして、[144]筆者自身の調査に基づき作成した「川口鋳物産業体系図」である。つまり、川口鋳物産業として捉え直すのである。

具体的に見ると、鋳造工程を担う鋳物屋・割り屋・焚き屋・鍛冶屋の他、造型道具を製作する木型屋・種屋（金型屋）、鋳造道具をつくる鍛冶屋・篩屋・籠屋、機械設備を製作する機械工具屋・製缶屋、他に原料商・燃料商・鋳物材料屋・運送屋などが「お得意先」として結びついていた。また、川口特有とされる買湯屋や、家族の内職としての古釘屋などもあった。そして、明治期以来鋳物業の発展とともに発生し、金属を旋盤等の機械を用いて加工・組立てを行い、発注メーカーにもなり、金型屋・機械工具屋等にも関係する機械業がある。これらは、例えば農村における稲作や畑作などと比較すると、かなりのバリエイションがあると思われる。

第二にこれは、必然的に地域社会をも担っていた。つまり鋳物産業が、経済的に個々の家をささえるばかりでなく、税収として地域社会をささえ、また鋳物屋の親方（経営者）が地域社会のリーダーや役職を務め、産業自体が地域文化の形成・発展・継承者となっているのである。このような地域社会は、原材料・技術・市場の三要素を備えた「地場産業」に多く見られる特徴として、「地場産業地域社会」あるいは「産業地域社会」といわれている。[145]

つまり、ある部分従来の民俗学が、ムラ社会を稲作や畑作の原理やサイクルに基づいて、社会的にも経済的にもまた文化的にも理解しようとしたように、川口という産業地域社会では、鋳物産業が社会・経済・文化的に大きな役割をはたしてきたものとして捉えていくことができるのである。例えば、鋳物業に起因し、現代にまで伝わり普及している文化の一つが初午太鼓であろう。このように考えると、民俗学は民間習俗を通じて日本人のものの考え方や感情を研究する学問であるから、[146]この研究においても、例えば「職人気質」や「川口時間」、あるいは職人たちが夢に描いた「一城の主」などといった、鋳物業に関係したその地域社会の成員のものの考え方までもが研究されるべきであろう。

第三に、このような産業システムを形成した川口鋳物産業の内容を見ると、実際は、設備の機械化が多くの工場に普及していく昭和四〇年代までは、あるいは工場によっては現代においてもそうであるが、職工の手作業やカンによるところも大きいのである。例えば、福禄石炭ストーブの製造工程を見ると、当時株式会社福禄は、石炭ストーブ生産のトップ・メーカーであり、ストーブの設計から鋳造・組立て・出荷にいたるまでの製造システムをもっていた。それは、三つの工場を「鋳物場」・「仕上げ場」・「機械場」・「塗装・梱包」などに分け、設計屋・鋳物屋（胴屋・中物屋・小物屋）・割り屋・吹き前（焚き屋・雑役）・仕上げ屋・組立て工・直し屋・塗り屋・荷造り屋・検査係などの分業体制をとっていた。また砂屋・鋳材屋・鍛冶屋・機械工具屋・鍍金屋・板金屋・下請けの鋳物屋・

図3. 川口鋳物産業体系図

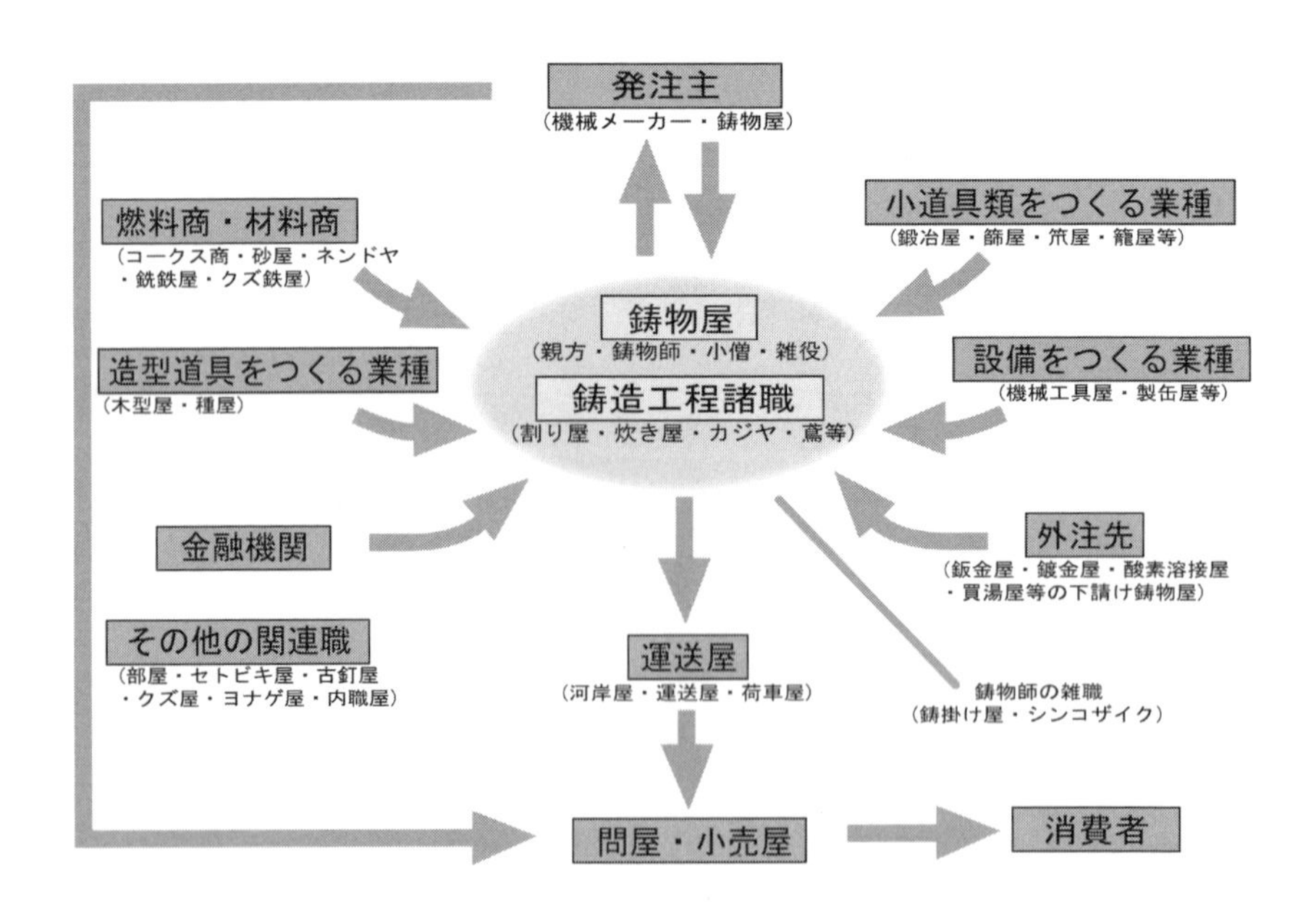

運送屋などの得意先を持ち、ストーブ製造の産業体系を形成していた。しかし、鋳物屋は生型による手込めを行い、割り屋や焚き屋、仕上げ屋の面擦りにしても、随所に職人や職工のカンによるところが大きかったのである。[147]また筆者の調査経験によれば、戦後に創立したより近代化をはかった工場においても、どこかに手仕事やカンによる部分が残されていることも多い。職人だけでなく、このような職工や商売の技術や役割をも調査・研究されるべきであろう。とすれば、民俗学にとって「工場」とは何か、「工場制手工業」とは何か。「近代化」や「近代」とともに考えていく必要があるのではないか。つまり「日本の近代化」の過程や様相を跡付けることは、民俗学においても最も重要な研究課題の一つであることに間違いはない。

ある面で日本における産業の「近代化」とは、産業システムが形成されていくその過程において、伝統を継承した手工業あるいは職人や職工のカンによるところが大きく、これなしにはありえなかったのではないか。そしてその手工業には、精神的な面においても、日本古来からの職人の気質が継承されている可能性が大きいと思われる。民俗学は、このような時代や社会に対してこそ、むしろ積極的に研究を注いでいかなければならないのではないか。

このように考えると、川口鋳物業について見ると、一つの指標としては、焚き屋が活躍したキューポラの最盛期である昭和三〇年代、あるいはその後の昭和四〇年代頃などは、積極的に研究される必要がある。ある焚き屋の話によれば、その後より以上の大量生産にむけて普及していったデジタル表示の電気炉よりも、製品によってはキューポラで溶解した鉄を使用した方が良い製品ができるのだという。筆者は、民俗学は、古来より伝承し培ってきたわざによって、新しい産業・社会を切り開いた先の日本人たちの努力や葛藤、そしてその考え方にいたるまでを調査研究し、後世に伝えていかなければならないのではないかと思うのである。

## 六、民俗学における近代産業研究の方法

これまで川口鋳物産業を例として、民俗学におけるその研究課題と産業研究の視点を論じてきたが、最後に、大きく見て産業とその地域社会を対象とした調査研究上の留意点を指摘し、この分野の研究の特色を示したい。

それはまず、先に指摘したように一言で「産業地域社会」と言っても、例えば鉱業、製鉄業、繊維業、自動車工業、造船業、様々な機械工業、重工業の下請けの様々な業種が集まる町工場地帯、一企業により形成される企業城下町、様々な伝統産業、商業などの産業内容によって、構成される産業体系や産業構造が特色づけられており、そこに存在する様々な現象についても、共通に見られる面もあれど、とくに社会的または経済的にその産業地域社会ごとに各種の特色やバリエイションを持って存在していることである。[148] 産業地域社会を見る時、工場（企業）社会、資本に基づく請負関係等の工場（企業）連合、またこれらは地域社会を超えても存在する。このような産業構造と地域社会構造との関わりや、経営者と労働者の関係など、産業が地域社会を規制し特色付けていることに留意しなければならない。

次に、産業地域社会に存在する民俗あるいは民俗的事象は、従来研究されてきたムラ社会の民俗とは必ずしも一致するものではないことから、従来行われた質問項目主義の調査は差し控えるべきである。もちろんムラ社会の系譜を引いていると思われる事象も見受けられるが、形を変えていると思われるものや新たに表出したと考えられる現象も見受けられ、また当然、研究者の目的や問題意識によって、新たな民俗事象が見出されるであろう。[149] 各産業ごとの研究蓄積が少ない現在では、まずは事実を踏まえて着実に論理を追っていこうとする姿勢、つまり、まずは専門的知識を含めその産業の業態を理解したうえで、その地域の実態と特色を把握する必要がある。そして次に、各地域間での比較を行っていくべきであろう。[150]

また、実際に産業地域社会の実態を把握する際には、どのエリアを研究対象の地域社会とするかという点である。先に指摘したように産業は町会や自治会などコミュニティ社会を超え、少なくとも市町村位の広さで存在していることが多いことから、改めて地域研究の原点に立ち返り、調査目的に併せて大小のいくつかの地域社会を画定して調査研究していくことが必要であり、また有効であると考える。[151] このような産業地域的特色に関わって、伝統的技術、社会慣行、信仰・儀礼生活、価値観や精神文化などが存在するはずなのである。

このように近代産業および産業地域社会という研究分野は、従来は民俗として扱われてこられなかったが、地域の人々のみならず日本人のものの考え方や志向性を表出する事象を、非常に多く包含しており、いまだ取り上げられないままに存在しているのである。私たちは今一度、日々見過ごされてしまいがちな行動やその背景にある思考法にも、それが何を意味しているかを考えてみる必要があるのではないか。

## 七、結語および本書の構成

以上のように本章では、川口鋳物産業の近世から昭和四〇年頃までの近代化の歴史と、産業の存在形態を指摘し、その研究課題を指摘したうえで、民俗学が産業とそれをささえる地域社会とを研究してゆく上で、必要である幾つかの視点と方法を論じてきた。

しかし、民俗学における産業研究は未だ他の研究蓄積の実例・データ総量ともに少なく、また先にも指摘した通り、産業地域社会における民俗とはいかなるものがこれに該当するのかという点でも、まだ手探りと言ってよい状態にあるものも多い。よって産業民俗論の序説たらんとする本書では、まず社会的単位を一つの指標として、「工場社会」と「地域社会」、それに「民俗技術」という大きく三つのテーマを設定し、第一章に鋳物工場社会の研究、第二章に近代鋳物職人と産業地域社会、第三章に近代鋳物産業の民俗技術として、以上三つの章によって構成するものとする。

本書において筆者は、主として江戸時代末期以降西欧の影響を受けながら発達し、現代社会にもなお重要な役割を担っている近代産業や企業社会を対象とした民俗学研究を展開し、その重要性を改めて世に問うてみたいのである。

そして、日本の近代化という問題に関する一つの取り組み方を提示することによって、民俗学の学問的領域の更なる広がりとともに、将来の日本社会の発展に繋がることを、ささやかながらも切に願うものである。

## 註

(1) 新村出編　二〇〇八　『広辞苑第六版』　岩波書店
(2) 前掲（1）
(3) 太田一郎　一九九一　『地方産業の形成と地域形成　―その思想と運動―』　法政大学出版局
(4) 川田　稔　一九八五　『柳田國男の思想史的研究』　未来社
(5) 柳田國男　一九一〇　『時代ト農政』　定本柳田國男集第十六巻　筑摩書房　八二頁
(6) 前掲（5）　四六〜四七頁
(7) 前掲（5）　八〇頁
(8) 柳田國男　一九二九　『都市と農村』　定本柳田國男集第十六巻　筑摩書房　二六二〜二六三頁
(9) 前掲（8）　二七六頁
(10) 前掲（8）　二七七頁
(11) 前掲（8）　三〇三〜三一七頁
(12) 前掲（8）　三八一〜三九一頁
(13) 柳田國男　一九三一　『明治大正史・世相篇』　定本柳田國男集第二四巻　筑摩書房　三二〇〜三二一頁
(14) 前掲（13）　三四一〜三四四頁
(15) 前掲（3）　一〇七〜一三〇頁
(16) 前掲（4）　一五一〜一九九頁
(17) 岩井宏實　二〇一二　「宮本常一先生を偲ぶ」『民具研究』第一四六号
(18) 宮本常一　一九七六　「泉佐野における産業の展開過程の概要」　『産業史三篇』所収　宮本常一著作集第二二巻　未来社　二〇七〜二〇八頁
(19) 前掲（18）　三六七頁
(20) 宮本常一　一九六〇　「瀬戸内海の漁業」　地方史研究協議会編『日本産業史体系・中国四国地方編』所収　東

京大学出版会　一三〇～一四二頁
宮本常一　一九六〇「九州の漁業」地方史研究協議会編『日本産業史体系・九州地方編』所収　東京大学出版会　一五八～一七〇頁

(21) 例えば宮本常一　一九七五「釣漁の技術的展開」や「能登黒島　―その社会構造―」など『海の民』所収　宮本常一著作集第二〇巻　未来社

(22) 日本民具学会　二〇一二「宮本常一没後三〇周年記念シンポジウム　宮本常一　写真による生活文化研究」『民具研究』第一四六号

(23) 岩本通弥　二〇一二「民俗学と実践性をめぐる諸問題―「野の学問」とアカデミズム」岩本通弥・菅豊・中村淳編『民俗学の可能性を拓く　―「野の学問」とアカデミズム―』所収　青弓社　三九～四二頁

(24) 前掲（18）三六八頁

(25) 内田忠賢・村上忠喜・鵜飼正樹　二〇〇九『日本の民俗第一〇巻　都市の民俗』吉川弘文館　九頁

(26) 小林忠雄　二〇〇三「都市の活力／序」有末賢・内田忠賢・倉石忠彦・小林忠雄編『都市民俗生活誌第二巻　都市の活力』所収　明石書店　一二頁

(27) 前掲（26）一二頁

(28) 小林忠雄　一九九〇『都市民俗学　―都市のフォークソサエティ―』名著出版　二～三頁

(29) 前掲（28）九五～一一一頁

(30) 小関智弘「大森界隈職人往来」
萩原晋太郎「町工場から」
田野登「I路地裏と職人／解説」
いずれも有末賢・内田忠賢・倉石忠彦・小林忠雄編　二〇〇三『都市民俗生活誌第二巻　都市の活力』所収　明石書店

(31) 前掲（28）二～三、一一～一二頁
倉石忠彦　一九九〇『都市民俗論序説』雄山閣　四七～四八頁

(32) 三田村佳子　一九九八『川口鋳物の技術と伝承』聖学院大学出版会　三三六頁
(33) 前掲(32)　一二一〜一二五頁
(34) 倉吉市教育委員会　一九八六『倉吉の鋳物師』
枚方市教育委員会　一九九七『増改訂　枚方市立旧田中家鋳物民俗資料館』
(35) 埼玉県立民俗文化センター　一九八九『埼玉県民俗工芸報告書第七集「埼玉の木型」』
(36) 大田区立郷土博物館　一九九四『工場まちの探検ガイド　―大田区工業のあゆみ―』
(37) 北村　敏　二〇〇三「ものづくりのまちの技能」『技能文化』第一三号
(38) 板橋区　一九九七『板橋区史・資料編5（民俗）』三七九〜四二六頁
(39) 森　清　一九八一『町工場　―もうひとつの近代―』朝日新聞社
小関智弘　一九九四『おんなたちの町工場』現代書館
小関智弘　一九九九『ものづくりに生きる』岩波書店
小関智弘　二〇〇二「職工たちの世界　―ニギリやバイトにみる―」『講座日本の民俗学9〈民具と民俗〉』雄山閣
小関智弘　二〇〇六『職人ことばの「技と粋」』東京書籍など
(40) 中島順子　二〇一七「手縫い製靴業の製造工程と職人社会の関係　―近代産業の研究に向けて―」『日本民俗学』第二九一号
(41) 宇田哲雄　一九九九「川口鋳物業研究の視点　―産業の近代化と民俗学―」『日本民俗学』第二一九号
(42) 宇田哲雄　二〇〇八「町工場」『日本の民俗11　物づくりと技』所収　吉川弘文館
(43) 宇田哲雄　二〇〇一「鋳物の町の精神史一端　―歌集『キューポラの下にて』から―」『風俗史学』第一四号
宇田哲雄　二〇〇五「川口鋳物工業における工場の創設について」『風俗史学』第三一号
宇田哲雄　二〇〇九「鋳物工場の屋号と家印について」『風俗史学』第三八号
宇田哲雄　二〇一〇「鋳物工場の展開　―川口鋳物工業を例として―」田中宣一先生古希記念論文集編纂委員会編『神・人・自然　―民俗的世界の相貌―』所収　慶友社

(44)　宇田哲雄　二〇一二a　「産業と地域社会秩序　―川口市を例として―」『民俗学論叢』第二七号
(45)　宇田哲雄　二〇一二b　「近代鋳物職人の生き方に関する一考察」『民具マンスリー』第四五巻四号
(46)　宇田哲雄　二〇一二c　「産業をささえる住生活　―川口鋳物産業を中心に―」『風俗史学』第四九号
　　　宇田哲雄　二〇一三　「鋳造業の近代化と民俗技術　―伝統的焼型法と西洋式生型法―」『民具マンスリー』第四六巻二号
(44)　遠藤元男　一九八五　『日本職人史序説』　雄山閣出版　一一〇～一二九頁
(45)　鈴木　淳　一九九九　『日本の近代15・新技術の社会誌』　中央公論社　一二五～一二六頁
(46)　田村　均　二〇〇四　『ファションの社会経済史　―在来織物業の技術革新と流行市場―』　日本経済表論社　三一～三三、七一～一一五頁
(47)　中岡哲郎　二〇〇六　『日本近代技術の形成　―〈伝統〉と〈近代〉のダイナミックス―』　朝日新聞社　四頁
(48)　尾高煌之助　一九九三　『職人の世界・工場の世界』　リブロ・ポート　一七～一九頁
(49)　建築史における初田亨も、その新技術が渡り職人という日本の慣行によって伝えられていったとしている。
　　　初田　亨　一九九七　『職人たちの西洋建築』　講談社選書　一四八頁
(50)　斎藤　修　二〇〇六　「町工場世界の起源　―技能形成と起業志向―」『経済志林』第七三号
(51)　中野　卓　一九七八　『下請工業の同族と親方子方』　お茶の水書房
(52)　梅棹忠夫　一九七四　『文明の生態史観』　中央公論社　一〇二～一一六頁
(53)　梅棹忠夫　一九八六　『日本とは何か　―近代日本文明の形成と発展―』　日本放送出版協会　二六～二七頁
(54)　前掲（53）八一～八四頁
(55)　竹内淳彦　一九八三　『技術集団と産業地域社会』　大明堂　八一頁
(56)　前掲（55）一九八～二〇一頁
(57)　岩間英夫　二〇〇九　『日本の産業地域社会形成』　古今書院　一～六頁
(58)　前掲（57）二二五～二三九頁
(59)　松井一郎　一九九三　『地域経済と地場産業　―川口鋳物工業の研究―』　公人の友社　二四二～二四四頁

(60) 前掲(8) 三八一〜三九一頁
(61) 千葉徳爾 一九七八『民俗学のこころ』弘文堂 八頁
(62) すでにいくつか工場や企業社会、企業城下町における調査や研究がなされてきている。例えば、佐高信編 一九九六『現代の世相2 会社の民俗』小学館
(63) 三戸 公 一九九四『「家」としての日本社会』有斐閣 七七頁
(64) 中岡哲郎 一九七一『工場の哲学 ―組織と人間―』平凡社 三一〜三二頁
(65) 前掲(48) 二〇頁
(66) 前掲(45) 二三一〜二四頁
(67) 前掲(39) 森清 三〇〇〜三〇一頁
(68) 前掲(48) 九・一七頁
(69) 前掲(67) 二二〇〜二二一頁
(70) 萩原晋太郎 一九八二『町工場から ―職工の語るその歴史―』マルジュ社 四八頁
(71) 前掲(45) 一二五頁
(72) 前掲(45) 一二五〜一二六頁
(73) 前掲(47) 四七二〜四七四頁
(74) 川口市 一九八八『川口市史(通史編)』上巻 六七一〜六七三頁
(75) 前掲(67) 四六頁
(76) 前掲(67) 三〇二頁
(77) 前掲(64) 二五六〜二六〇頁
(78) 前掲(67) 四八〜五〇頁
(79) 小関智弘 二〇〇二『町工場巡礼の旅』現代書館 一七六頁
(80) 尾高邦雄編 一九五六『鋳物の町 ―産業社会学的研究―』有斐閣出版 三〜四頁
(81) 川口市教育委員会 一九九一『川口市民俗文化財調査報告書第一集 ―生き方のフォークロア(一)小山巳

之助（上）』一二～一三頁
(82) 前掲(80) 二六～二七頁
(83) 前掲(80) 三七～三八頁
(84) 前掲(51) 三～一二頁
(85) 前掲(48) 一七～二四頁
(86) 前掲(67) 三三五頁
(87) 前掲(79) 一七五頁
(88) 前掲(67) 六三～八七頁
(89) 前掲(39) 小関智弘　二〇〇六　二〇七～二〇八頁
(90) 前掲(67) 九〇～九二頁
(91) 前掲(81) 三九頁
(92) 前掲(81) 二三頁
(93) 前掲(80) 八二頁
(94) 前掲(36) 五二頁
(95) 前掲(48) 二二六～二二七頁
(96) 前掲(47) 四五四頁
(97) 前掲(67) 二二四頁
(98) 前掲(81) 三八頁
(99) 前掲(48) 一一一頁～一六〇頁
(100) 前掲(67) 一八〇～二〇一頁
(101) 前掲(63) 七七頁
(102) 犬丸義一校訂　一九九八『職工事情（中）』岩波書店　二二頁
(103) 川口鋳物工業協同組合　一九九五『川口鋳物ニュース』第四四〇号

(104) 社会学では前掲(80)、地理学では、竹内淳彦　一九七六「鋳物の町川口」『地理』第二一巻一一号、竹内淳彦　一九七六「川口市における鋳物業集団の構造」『地理学評論』第四九巻一二号、歴史学では、中津川章二　一九六一「川口の鋳物」地方史研究協議会編『日本産業史体系』第四巻所収、小原昭二　一九七五「近世における川口鋳物師職仲間の動向　—その組織と推移—」『埼玉地方史』創刊号などがあげられる。
(105) 前掲(32)
(106) 前掲(32)
(107) 岩本通弥　一九九八「『民俗』を対象とするから民俗学なのか　—なぜ民俗学は『近代』を対象としなくなったのか—」『日本民俗学』第二一五号
(108) 谷口　貢　一九九八「シンポジウム『近代』と民俗について」『日本民俗学』第二一五号
(109) 米山俊直　一九八六「都市化と民俗」『日本民俗文化体系』第一二巻（現代と民俗）小学館　四六六頁
(110) 川口市　一九八八『川口市史（通史編）』下巻　一七四頁
(111) 内田三郎　一九七九『鋳物師』埼玉新聞社　一九～三六頁
(112) 川口市教育委員会　一九九四『川口市民俗文化財調査報告書第三集「鋳物の街金山町の民俗Ⅰ　—大正末期から昭和初期の様子—」』三頁
(113) 前掲(111)　四一～四七頁
(114) 前掲(112)　三頁
(115) 前掲(74)　六五九～六六〇頁
(116) 前掲(74)　六五九～六八七頁
(117) 前掲(110)　一七二頁
(118) 前掲(74)　六五九頁
(119) 前掲(74)　六七七～六八五頁
(120) 川口市　一九八三『川口の歩み　—川口市制五〇周年記念誌—』二〇〇～二〇一頁
(121) 前掲(110)　一七六～一八四頁

(122) 川口市教育委員会　一九八五　『川口市文化財調査報告書第二十二集　―古老に産業の話を聞く会―』　六～一三頁
(123) 前掲（32）　二三四～二四八頁
(124) 前掲（110）　一七四～一七九頁
なお同書では、同様な経緯を経て機械鋳物生産への転換に成功した鋳物産地として、三重県桑名の例が報告されている。桑名の鋳物業における機械鋳物への転換については、また別に調査研究し、論じる機会を持ちたい。
(125) 鈴木寅夫　一九六九　「福禄ストーブのあゆみ」『川口史林』第三号
(126) 前掲（120）　二〇四頁
(127) 宇田哲雄　一九九八　「鋳物工場名と商標について　―『川口鋳物同業組合員名簿』よりみた昭和5年頃の川口鋳物業―」『民俗』第一六六号
(128) 前掲（32）　二二六～二三四頁
(129) 鈴木寅夫　一九七九　「民俗資料川口市指定文化財フクロクストーブコレクション叙説」『川口史林』第二一・二二合併号
(130) 前掲（74）　二〇七頁
(131) 宇田哲雄　一九九九　「福禄石炭ストーブ研究序説」『民具研究』第一九九号
(132) 前掲（102）
(133) 前掲（110）　六五五～六五八頁
(134) 前掲（120）　二〇九頁
(135) 桜田勝徳　一九七六　「近代化の民俗学」『日本民俗学講座』第五巻　朝倉書店　一五〇頁
(136) 前掲（125）
(137) 台東区立下町風俗資料館　一九八五　『下谷根岸』　五九～七三頁
前掲（135）

(138) 前掲(112) 一〇頁
(139) 前掲(112) 一一頁
(140) 川口市教育委員会 一九九八 『川口市民俗文化財調査報告書第四集』
(141) 前掲(110) 三二五～三四四頁
川口大百科事典刊行会 一九九九 『川口大百科事典』 巻末資料五七～六六頁
(142) 宇田哲雄 一九九七 「村落政治の民俗」『講座日本の民俗学』第三巻所収 雄山閣出版
(143) 社団法人日本鋳物工業会 二〇〇〇 『鋳鉄鋳物工場名簿(平成一二年版)』
(144) 松井一郎・永瀬雅記 一九八八 『埼玉の地場産業』 埼玉新聞社 四三頁
(145) 前掲(144) 五〇～五二頁
前掲(59) 一三四～一三六頁
(146) 前掲(61) 八頁
(147) 前掲(131)
(148) 例えば同じ鋳造業であっても、江戸時代以来日用品鋳物の産地として隆盛し、明治末期から昭和三〇年代以降は主として京浜工業地帯の重工業発展を下請けとしてささえた埼玉県川口の鋳物工場群と、造船業の下請けに位置する北海道函館の鋳物工場では、その規模や地域社会における存在形態などに違いが想定される。また例えば、一企業の企業秩序が地域秩序にも反映しているという企業城下町では、その社会生活等にあの種の特色が見られるであろう。
宇田哲雄 二〇〇〇 「平成ダルマストーブ事情 ―函館編―」『民具マンスリー』第三三巻四号
前掲(62) 佐高信編 一九九六 九三頁
(149) 千葉徳爾 一九八八 『民俗学方法論の諸問題』 千葉徳爾著作選集第一巻 東京堂出版 一六九～一七七頁
(150) このように考えると、いまだ未熟ではあるが、筆者がこれまで行ってきた川口鋳物産業の研究は、他の産業地域社会を調査研究していくうえでも、一つの参考になると思われる。
(151) 前掲(149) 四一～六六頁

# 第一章　鋳物工場社会の研究

# 第一節　鋳物工場の開業に見る民俗的思考

## 一、研究の目的と意義

「工場」とは、近代以降にその大多数が現れた、何らかの工程を経てつくりだされる商品の生産の基本単位であり、また労働の中の人間関係を規定する基本単位である。中岡哲郎は、工場による生産を支配している原理を「分業にもとづく協業」と捉えており[1]、尾高煌之助は、工場を「分業にもとづく協業」の原理にもとづいて集団的生産作業を行う組織であるとした[2]。

わが国では、工場制度および工場労働は、幕末の幕府や各藩による軍事工業、明治新政府の官営工場などによって導入され、その後広く定着していった[3]。言うまでもなく明治時代の産業革命、つまり近代産業の発展がわが国の近代化の実現に大きく貢献したことから、これに工場が果たしてきた役割は極めて重要なのである。

また産業地域社会においては、産業が社会・経済・文化等様々な面で地域社会をささえていることから、工場は、地域社会においても重要な役割を担っていると言うことができる[4]。つまり、民俗学が日本の近代化や近代的な日本社会を考えていく上で、工場という社会の果たす役割や特色を明らかにすることは大変重要なのではないか。

一方、社会学の三戸公は、「日本においては家業の発展が、西欧から法制として導入されてきた合名会社・合資会社・株式会社という衣をまとって現在にいたっているとみてよい。」と興味深い指摘をしている[5]。つまり、工場社会も、そのような企業の一形態であると考えられ、家業から出発し株式会社や合資会社などとして法人化していくことも多いことから、日本的な特色を有するとされる日本の企業社会の性格を解明していくためにも、工場社会を研究することは重要なのではないかとも考えるのである。

また、工場の中でもとくに町工場や中小工場は、大工場の下請けとなり、明治から昭和にかけての日本の近代工業発展と生活の近代化をささえてきた。またそこには、中小工場としての役割から、結果として近年まで、前近代的あるいは手工業的な熟練技術や労働慣行が受け継がれてきたことは、すでに研究者たちによって指摘されてきたところである。[6] 現代では、大企業の海外進出や産業の空洞化がすすむ中で、このような中小工場の持っていた技術の重要性が改めて認識されるようになってきた。

先に筆者は、民俗学の目的実現と将来の社会発展のために、産業研究の重要性を説いたが、とくに近代資本主義産業発展の一端を担ってきた工場は、その重要な研究課題なのである。[7] 先人たちの人生にとって工場とは何であったのか。先人たちが工場において培ってきた民俗的世界を振り返り、それらの歴史的意味と大切さを改めて認識する必要があるのではないか。

また、我が国における民間工場は、明治十九年（一八八六）から二三年の企業勃興期以降に急激に増加し、機械制工業の定着とともに産業革命を推進していった。[8] 工業化初期であった当時は、金属加工・機械製造業中小工場の設立に、日本の職人たちが活躍したことが指摘されている。[9] このことから考えられることは、我が国の民間に工場という概念と形態がどのように普及していったのであろうかという疑問と、また早い時期の工場設立や開業の過程に、職人やこれに由来する民俗的な現象などをうかがうことができるのではないかということである。従って本稿では、工場にかかわる様々な要素の中でも、とくに昭和九年（一九三四）頃までの鋳物工場の開業過程について問題にするのである。

しかし、明治時代の職工について報告した『職工事情』によれば、例えば各鉄工の特色について次のように記している。

「右掲ぐる各種の職工につき、鍛冶工、製缶工、鋳物工、木工、塗工の如きは従来より存在したる技術を用いることを得るが故に、その職工中にはかつて工場以外にてこれに従事したる者あり。たとえは鍛冶工は鍛冶職より、製缶工は銅壷職より、鋳物工は鋳物職より、木工は大工職より、塗工は塗職より来るが如し。しかるに旋盤、組立、仕上の如きは新たに起こりたる技術に属せるを以て、これに従事せる職工の多数は種々の社会階級より集まり来れり。彼らの間に士族の籍に属せる者あり、また往々相当の教育ある者を見る。さればこの二種の職工の間その生活思想につき、ややその趣を異にせるものあり。[10]」（傍線筆者）

これは、鍛冶工・製缶工・鋳物工・木工・塗工のような従来から日本に存在した技術を用いる職工と、これに対して旋盤・組立・仕上などのこれまでの日本にはなく近代に新たに起こった技術を用いる職工では、後者が様々な社会階級から集まったことから、その生活思想に違いがあると言うのである。つまり、一口に工場と言っても、産業の内容や職工によってその様相に若干の違いが存在することが予想される。

いずれにしても、研究者によって多少相違はあろうが、将来の日本人がより良い社会を構築していくための材料として、民間習俗の発生や変動から先人たちのものの考え方や感情を明らかにしようとするのが民俗学の目的であることから[11]、この目的実現のためには、これまで研究されてきたムラ社会の民俗のみならず、近代に発達してきた産業社会や工場社会に受け継がれ、または新たにそこで生成され、あるいは判断や対応方法としてある条件のもとに発現してきた、民俗事象や日本人的な諸現象を調査し位置づけ、そこに存在する日本人的なものの考え方や感情を解明していかなければならないと考える[12]。

このような工場社会研究について、筆者はかつて、埼玉県川口市の鋳物工業における工場の開業状況を調査し分類し、六つの開業形態を指摘した[13]。そこで本稿では、これを踏まえ改めてこれらの分析を行い、鋳物工場を例とした近代民間工場の開業過程に潜んでいるところの、先人たちから伝承されてきた民俗的な考え方を明らかにすることを目的とするのである。

## 二、調査地の沿革と研究の方法

埼玉県川口市は、かねてより地場産業として鋳物業が発達し、「鋳物の町」あるいは「キューポラのある街」として全国的に知られてきた。川口の鋳物工業は、その発祥については定かではないが、荒川や芝川から鋳物に適した砂・粘土が採れたこと、日光御成道や荒川・芝川の舟運によって原料・燃料・製品の運搬が便利であったこと、近隣から労働力が得やすかったことなどから発達していった[14]。江戸時代には、鍋・釜・鉄瓶といった日用品鋳物の特産地であり、明治時代には技術革新に成功し、土木建築鋳物や東京方面などに供給する機械部品鋳物の生産へと転換を遂げ発展してきた[15]。最も盛んな時では、工場数が昭和三六年（一九六一）に鋳物組合加盟工場六三六軒、組合未加入の工場も含めると実に八〇〇軒を数えたと言われており、従業員数は昭和三五年に一万七〇六八人、年間総生産額は昭和五五年に約七三一億円にも達した[16]。川口鋳物工業は、京浜工業地帯の下請けとなることで鋳物部品を供給し、日本の工業の発展や人々の生活の近代化をささえてきたのである。

写真1．昭和初期の鋳物工場（『川口商工便覧』より）

この中で工場は、単に製品が生産される施設であるだけでなく、産業を構成する経済的な単位であり、職人の技術習得の場でもあり、「初午」や「初吹き」といった儀礼が行われる社会単位でもある（写真1参照）。

川口の鋳物屋は、日用品を主産品としていた江戸時代後期には、鋳物師（親方）のもとに、鋳物職人である鍋職、鍋職の下職で型ばらし・バリ取りを担当する並職、綱引や使走（雑役）が雇用され、買湯屋である小細工職などにより構成されており、早くも分業と協業が行われていた[17]。それが昭和前期になると、工場主（親方）、番頭、職長（セキニン）がおり、鋳物工（イモノシ）、中子工（中子取り）、雑役（ハタラキ）が常勤としてあり、工場によっては非常勤になる溶解工（タキヤ）と仕上工（カジヤ）などによって構成されていた。親方は、経営者とはいえ現場の仕事に携わる者が多く、番頭は、事務や営業を行うが、雑役などを兼ねる者もいた。職長は、工場の職人たちを取りまとめる存在で、腕が良くなければなれなかったが、仕事の手配を行う他自分でも型込め（造型）をした。鋳物工は型込めを行い、中子工は中子をつくり、雑役は職工たちの様々な手伝いをした。仕上工は製品の仕上げを行い、溶解工はキューポラやこしき炉を準備し操った。職人（職工）の下には年季奉公の徒弟がつき、一人前の職人になるために、手伝いをしながら鋳造技術を習得した[18]。大まかに言って、これが鋳物工場の協業体制である。

徒弟は、五～七年で年季があけ、一年間程の礼奉公をし、晴れて一人前の鋳物職人となった。一人前となった鋳物職人は、工場に勤務するか、あるいは引き続き技術修得のために別の工場や他の鋳物産地の工場を渡り歩くこともあった。その後そのうちの少数者は、「買湯屋」と言って、工場主に直接雇用されずに、工場の隅を借りなどとして、溶解設備を所有する鋳物屋（江戸期はこれを「吹き屋」と言った）から熔湯を買って製品をつくり商売をした。彼らの中には、工場名（称号）を持ち、工場看板を掲げる者もあった。買湯制とは、技術力は持っているが溶解設備を持たない鋳物職人が工場を開業するまでの支援制度であり、彼らは資金と信用を獲得した後に工場を構えた。かつて川口の鋳物業界では、このような「一城の主」になるという希望を抱き、実に多くの職人たちが汗を流して働いていたのである[19]。

このような流れがよく言われる川口の鋳物工業における工場開業のひとつの形態であり、それも職人全体のなかでごく限られた成功者が工場主になったのであるが、果たしてその実態はどのようなものであろうか。

柳沢遊は、『日本近代都市史研究』において川口市を取り上げ、「『鋳物産業都市』として急速に発展を遂げてきた川口市が、その経済的基盤をどのように確立させ、どのような変容を内包させつつその基盤を再生産していったか。」という視点に立ち、『川口市勢要覧』（昭和九年刊）と『第十四版大衆人事録（北海道・奥羽・関東・中部篇）』を資料として、鋳物工場の開業状況と徒弟制の変遷を分析し、鋳物業の展開過程と鋳物業者の存在形態について考察している[20]。

柳沢によれば、明治から昭和十五年を三期に分け、明治二〇年（一八八七）から大正二年（一九一三）は、二十一人が開業しているが、五〜八年間の徒弟期間を経て、買湯業を経験しないかごくわずかな期間を経験し、若くして独立している。次に、大正三年から大正九年（一九二〇）の第一次世界大戦期（躍進期）は、独立までの期間が長期化し、三十歳代の開業が四十人中二十一人で、買湯経験はもちろん複数の工場において徒弟や職工の経験を持つ者が多い。これに対して、大正一〇年から昭和七年（一九三二）の不況期は、五十二人中四十三人が三十歳代以降の開業であり、鋳造技術面では「一人前」と評価されながらも、不況の長期化・深刻化により工場開業の資金が蓄積できず、他工場の職長や買湯で生計をたてながら、独立開業の時期が大きく遅れているという。とくに昭和恐慌期には、徒弟制が労賃節約の手段にされていたのだと言い、徒弟制度もその性格を変化させていったのだと指摘している。また、昭和七年から昭和十五年（一九四〇）の景気回復期には、機械工場が増大し東京方面からも工場が進出するようになるが、川口以外で技術を修得し、川口で工場を創立した者が現れてきたという[21]。

これらの分析は、まず工場の開業状況という斬新な視点を用いている点で評価されるべきであり、また明らかに川口鋳物業界が変化をきたしている様相について的を得た鋭い指摘をしており、注目すべき点が多い。しかし、この研究は、あくまでも歴史学の立場から都市基盤としての産業の変化を問題にしているのであり、工場開業状況の変化を見ているのではあるが、筆者が先に述べた工場開業のメカニズムやそこに潜む民俗的事象や考え方などを問題にしているのではない。

一方、日本の近代化や近代工場の発展における職人や職工の果たした役割の重要性を説いた尾高煌之助は、具体的に金属加工・機械製造業や造船業の工場を取り上げ紹介しているが、このうち十三の金属加工工場について、その創業と展開における職人の貢献の重要性を指摘している。ここで尾高は、職人たちは、自ら体で体得した技能によって、外国技術を丸ごと採用するのではなく、自力の研究を重ね、小工場を持ちやがて成功して中堅企業主へ上昇したり、企業主にはならなかったものの近代工場における技能労働力の中核として不可欠の存在であったと指摘している。そして、我が国において小機械工業が早くから根をおろし育つに至ったのは、幕末から明治にかけての職人と職人的職工の活躍によるところが甚だ大きかったのだと言っているのである。[22]また森清も、月島機械をはじめ三つの町工場について紹介している。[23]

そこで筆者は、同じ『川口市勢要覧』を資料として用い、鋳物工場の開業過程について、かつての調査および六形態への分類を踏まえ、より詳細なる分析を行うのである。この資料は、昭和八年（一九三三）の市制施行の翌年に発刊された民間による市勢要覧であり、市の歴史・沿革・官公署・公共施設・神社仏閣などの他、当時の地域の発展に尽力している鋳物工場主や機械工場、商店などの顔役たちを実に丁寧に紹介している。[24]

この資料によって本稿では、近代以降に発生し、今もなお国や地域に経済的にも社会的にも大きな影響をおよぼしている工場社会について、その性格や特色を捉えていくために、鋳物工場の開業状況を示している事例を抽出し、川口における大正期から昭和期にかけての鋳物工場の開業過程に潜む民俗的思考を検討していく。

筆者がここで言う「民俗的思考」あるいは「ものの考え方」とは、柳田國男が研究の目的としてきた、日本人や地域の人々によって時代や世代を超えて伝えられてきた、変化しにくい考え方つまり志向しやすい価値観の構造の解説、およびその形成理由のことである。それは、全く変化しないものではないが、変化しがたく住民にとって本質的な部分に相当する可能性があるものである。[25]そして言うまでもなく、近代産業とその地域社会における民俗とは何が該当するのかについては、いまだ研究集積が少なく未知な所もあることから、本稿では、工場の開業過程という項目に絞り、「変化しにくい」考え方という原点に立ち、時に関連資料を参考にして資料分析をすすめる。またこの川口鋳物産業地域社会の地域研究における見解は、今後他地域や他産業との比較研究を通じて実証されるべきものである。

## 三、民間工場の普及に関する一考察

明治初年の種々の官営工場に次いで、明治五年（一八七二）には工部電信寮に勤務していた田中久重が東京芝に田中製作所（現東芝）を開業した。[26]その後、先にふれたように明治十九年から二三年にかけての企業勃興期には、数多くの民間経営の工場が開業し、この頃から日本の産業革命が始まったと考えられている。[27]

このように明治以降「工場」という言葉と概念が人々に普及し盛んに用いられるようになっていったと見られる。しかし実際には、それ以前から我が国に協業施設や協業体制は存在していたことから、ここではまず、川口鋳物業においてそれらを指摘することによって、工場あるいは製造所といった新しい用語と概念が人々の意識の中に浸透していった様相について問題にしておきたい。

明治十九年における民間有力機械工場は、全国でも五十六軒を数えるのみであったという。[28]川口鋳物工業においても、明治十九年の『東京鋳物職一覧鑑』には、工場名はなく、鋳物商人一人と六十六人の鋳物小細工職人の名前が掲げられている。[29]そして、『全国工場通覧』（明治四二年）によれば、明治四二年（一九〇九）現在に存在した四十八軒の鋳物工場のうち、三十八工場が明治二〇年代以降に設立されているという。[30]その後大正六年（一九一七）に川口鋳物同業組合が発行した『大正六年十二月十日現在・川口鋳物同業組合員一覧表』には、一七一人の組合員氏名とそれに伴う一〇五の工場名および商店名、六十八人の買湯屋が記されている。[31]ちなみに当時の工場名は、「――工場」が五十三軒と最も多く、次いで「――鋳工場」が二十三軒である。[32]

おそらく明治二〇年代以降に、人々の間に「工場」という言葉が定着していったのであろう。それまで鋳物屋つまり鋳造協業体制は、親方である鋳物師（鋳物職人）の名前あるいは「薬研屋」や「鉄瓶屋」といった屋号によって呼ばれていたのである。[33]屋号は、すなわち家業を表わしているのであろう。

次に、明治中頃まで、後に工場に発展していく鋳物の作業場は何と呼ばれていたのであろうか。江戸時代、文化十一年（一八一四）から十方庵敬順によって書かれた『遊歴雑記』には、次のように川口の鋳物作業の様子が描かれている。

「此駅南うら町筋に釜屋数十軒あり、但し鍋のみ鋳家あり、釜のみ作る舎あり、或いは鉄瓶又は銚子、或いは釣、扨は蓋と、作業家々に司る処わかれて両側に住宅し、見物を許せば、細工場へ入ておのおのその鋳形を見る、一興といふべし、」[34]（傍線筆者）

此駅は川口宿のことであり、釜屋は鋳物屋のことで、鋳造作業が分業化して行われていることが記されているが、そこには「細工場」と見えている。また、増田義一家文書には、近世から明治初年頃までの鋳造作業場が示されているが、これには「細工所」と記され、火を扱うことから、土蔵などをはさんで住居から離して設置されている。江戸時代頃の細工場は、川添いなどに建てられることも多く、三〇～五〇坪の規模の作業場を葦簀か矢来で囲った程度のものであったという。[35]これが近代化とともに規模が大きくなり、工場と呼ばれるようになっていったのであろう。そしてかつては、買湯をする鋳物職人を「小細工職」と呼んでいたことからも窺えるが、おそらく鋳造作業のことを「細工」と言っていたのである。

このように鋳物業は、作業が火を扱い危険を伴うことから、例えば他地の町工場のように住居の一角を作業場にするのではなく、住居と作業場の棟を別にしながら、家業として職住が接近して行われてきた。そして近代になっても、鋳物屋や地域の実感として、その敷地内に工場と工場主宅と事務所、そして明治期以降に火防や商売繁盛の神として普及・隆盛したとされる屋敷稲荷がセットになって存在してきたとされている。[36]

最後に、川口で実際によく行われたと言われる工場建設の方法について報告する。筆者が地元で聞き取った話では、まず買湯などによって資金を貯めると、田んぼ一反を購入する。そして、その田んぼの半分の土を掘ってもう半分に盛り上げる。土が盛られた半分に工場を建て、土を掘った半分は池になっていることから、そこには鋳物作業によってでたノロ（鋳鉄の不純物）を入れて埋めていくのだという。このような工場の建設がいつ頃から行われるようになったかは定かではないが、この話は、土地購入と工場建設という工場開業の段取りが明確化されている点で、民間に工場概念がかなり普及していっただけでなく、実際にこのように工場を開業する者が多くなった頃に言われたものであろう。例えば、早ければ工場数が増加していく明治後期や、大正期から昭和初期頃に行われた話なのではないか。

また、これと同様なことが、大正期から昭和初期に東京都大田区の町工場においても行われていたことが、小関智弘によって報告されている。工場を建てるための土盛りの必要から、敷地の一部を掘って土を盛り上げ、一方に池をつくることは、当時に一般的に行われた土地造成の方法であったらしいのである[37]。

以上のように、民間に工場が増加していく過程にも、ある歴史があったのである。川口鋳物業における工場の普及・増加を見ると、それは明治中期以降に現れ、「工場」という言葉の以前には、作業場を示す言葉として「細工所」や「細工場」があり、協業体制（組織）を示す言葉としては鋳物師の個人名あるいは屋号があったのである。つまり民間において、工場の概念は、これらの言葉と実態に置き代わる形で普及・浸透していったのではないか。その過程において、土地購入・工場建設方法といった工場開業の段取りと、農地から工場への地域風景の変化を物語る言い伝えが語られるようになったのではないかと考えられる。

## 四、鋳物工場の開業過程について

　ここでは、具体的に工場開業の資料を見ていくが、まず先に研究の沿革において紹介した尾高煌之助が報告した明治十四年（一八八一）から大正十年（一九二一）に創業した十三軒の金属加工工場について、開業過程に絞って表3にまとめたものを見ておきたい。これらは、自転車・ミシン・時計・チェイン・工作機械など様々な内容の機械工場であり、先に『職工事情（中）』にて示された、それまで日本には存在しなかった技術が殆どであるが、No.1・2・3・4・5・6・10・13などは、職人が工場主になったものである。No.7・8・11・12などは、大学で機械技術の教育を受けた者や商社に務めた者が、現場の職人と組んで開業した工場である。しかし、これらは外来技術にもかかわらず、全てが日本の徒弟制度や渡り職人（職工）によって技能を修得した職人たちが活躍していることが指摘できる。

　次に川口の鋳物工場の開業過程について見ていくが、これは言うまでもなく、古くから我が国に存在していた鋳造の技術に属する工場である。筆者は、先に昭和九年に刊行された『川口市勢要覧』を中心に得られた九十四軒の事例によって、鋳物工場開業を六つの形態に分類し整理を行った。それは、①工場を継承しているもの、②工場から分出する開業、③徒弟・買湯経験者による開業、④川口以外の鋳物産地における修業経験者による開業、⑤経営者による開業、⑥機械メーカーによる鋳造工場（鋳造部）の設置の六形態である。[38]

　『川口市勢要覧』に掲載された工場は、概してみれば昭和九年頃までに開業し、当時存在した工場の中でも、多少なりとも地域発展に貢献した工場と言うことができる。本稿では、先の成果を踏まえて、検証のうえ二軒を除外しまた改めて抽出した二軒の事例を加え、当時に存在が確認されている鋳物工場二八八軒のうち、その約三分の一にあたる九十四軒の工場開業に関する事例について分析を行う。

表3. 明治期における機械工場の開業状況
（尾高煌之助『職人の世界・工場の世界』より作成）

| No. | 工場名 | 創業者名 | 創業年 | 時歴 |
|---|---|---|---|---|
| 1 | 宮田製作所 | 宮田栄助<br>（天保11生）<br>宮田政治郎 | 明治14 | 親類の製銃師に弟子入りする。<br>笠間藩お抱え鉄砲師となる。<br>明治9　上京し、小石川の砲兵工廠に勤める。<br>明治14　京橋に製銃工場を開業する。<br>明治20　次男政治郎が大阪の陸軍砲兵工廠に勤務する。<br>渡り職工となり、田中久重工場で修業する。<br>明治22　自転車修理を副業とするようになる。<br>明治35　自転車製造に専念し、宮田製作所と改称する。 |
| 2 | 岡本鉄工所 | 岡本松造<br>（明治9生） | 明治32 | 名古屋の田中鉄工所に弟子入りする。<br>明治32　自転車修理の岡本鉄工所を開業する。<br>明治42　ドイツ・イギリスで生産技術を視察する。<br>大正8　大量生産工場を設置し、飛行機部品の製造を開始する。 |
| 3 | 島野工業 | 島野庄三郎 | 大正10 | 明治41　堺の鉄砲鍛冶で、刃物づくりの徒弟となる。<br>高木鉄工所にて旋盤工の修業をする。<br>大正元　渡り職工となり、日の本鉄工所・万代鉄工所・大阪砲兵工廠にて修業する。<br>大正7　堺の大勝鉄工所の職長なる。<br>大正10　独立し開業する。 |
| 4 | 池貝鉄工所 | 池貝庄太郎<br>（明治2生） | 明治22 | 明治14　横浜・西村金兵衛の鉄工場に徒弟に入る。<br>明治18　田中久重工場に勤務する。<br>明治22　芝区金杉で創業する。<br>明治38　米人フランシスの指導により、工作機械を製造する。 |
| 5 | 久保田鉄工 | 大出権四郎 | 明治23 | 明治18　看貫鋳物工場の黒尾製鋼に奉公する。<br>明治23　独立し開業する。<br>明治30　久保田燐寸機械製造所の社長の養子となる。<br>明治33　鉄管の「立込丸吹鋳造法」を開発する。<br>明治39　機械製造部門へ進出する。 |
| 6 | ブラザー・ミシン | 安井兼吉<br>安井三兄弟 | 明治41 | 明治41　兼吉が熱田砲兵工廠の職長を辞し、安井ミシン商会を設立する。<br>昭和8　家庭用ミシン機製造株式会社を設立する。 |
| 7 | 椿本チェイン | 椿本三七郎<br>椿本説三 | 大正6 | それぞれ綿販売会社・商店に勤務する。<br>大正6　ランプ職人田村幾三の工場を買収し、椿本工業所を開業する。 |
| 8 | 精工舎 | 服部金太郎<br>吉川鶴彦 | 明治25 | 明治9　吉川鶴彦が東京本所区の藤田時計店の徒弟となる。<br>吉川が群馬県高崎の結城時計店に勤務する。<br>明治19　吉川が東京で時計店を開業する。<br>明治25　服部時計店の服部金太郎が、吉川を技師長にして、工場を新設する。<br>※徒弟・職人を活用し見習工制度を実施する。 |
| 9 | 東京機械製作所 |  | 明治21 | 明治7　官営勧業寮三田製作所として設立される。<br>明治21　焼失後、民間に払下げられ東京機械製造所となる。<br>明治28　横須賀海軍工廠に勤務した石川角蔵が開業した機械工場と合併する。 |
| 10 | 石井鉄工所 | 石井太吉<br>（明治13生） | 明治33 | 明治26　東京芝の石井鉄工所の見習工となる。渡り職工となる。<br>明治33　東京月島にて個人工場を開業する。 |
| 11 | 日本精工 | 山口武彦<br>（明治2生） | 大正3 | 東京工業学校機械科卒業後、農商務省に入り、特許局審査官補となる。<br>明治39　山武商会を設立する。<br>大正3　東京大崎に日本精工合資会社を設立する。<br>※海軍砲兵工廠出身の熟練工を多用し、昭和10年まで組長制を行う。 |

| No. | 工場名 | 創業者名 | 創業年 | 時歴 |
|---|---|---|---|---|
| 12 | 月島機械 | 黒坂伝作（技師）<br>山谷和吉 | 明治37 | 明治33　黒坂は東京帝国大学を卒業後、東京深川の鈴木鉄工所に勤務する。<br>明治37　日本精製糖の職工長山谷和吉との共同経営により、東京鉄工所機械部を発足させる。<br>明治38　中古工場を買収移転し、東京月島機械製作所と改称。 |
| 13 | 吉田製作所 | 山中卯八<br>（明治12生） | 明治39 | 明治24　上京し、神田の勝倉鍛冶屋に住込みで修業する。<br>明治29　日本唯一の歯科機械専門工場・瑞穂屋で修業する。<br>渡り職工となり、小石川砲兵工廠や沖電気にて修業する。<br>明治39　独立開業する。 |

次に改めて見ていくが、それぞれの表には、氏名・工場名・生年（川口以外で生まれた者は出身地）・創業年（表によっては継承年あるいは独立年）等を整理し、備考および時歴等を記した。なお、参考として表1に鋳物工場数の推移をグラフに示したが、このうち昭和九年頃までが対象となるのである。

**①工場を継承している例**（表4参照）

まずこれは、工場の開業ではないが、実態を把握するためにあえて対象とした。これは、明治中期から昭和八年頃までの例で、No.1と3が同一の工場であるので、十五軒の十六例である。この十五軒の中には、永瀬・浜田・増田など、江戸時代以来の由緒鋳物師あるいはそれに関係すると見られる工場が少なくない。

川口の鋳物屋に生まれた者が、父や身内の者について鋳造技術を修得し、原則として徒弟も買湯も経験していない。このことは、継承にあたっては、必ずしも高い技術力を条件にされていないことを示している。

ただし、川口鋳物業近代化の父と言われたNo.1永瀬庄吉だけは、東京の有馬製作所に出かけイギリス人技師ギンクから西洋式生型法や溶解炉操業法を修得しており、この経歴は④川口以外の鋳物産地における修業経験者による開業にも関係するが、庄吉のこの明治七年の行動からは、もともと技術修得のために川口以外の鋳物屋で修業する方法があったことが分かる。[39]また庄吉は、単なる鋳造技術だけでなく、工場の特産品であった絵付き鉄瓶の質的向上をはかるために日本画絵師に学んだり、蒸気船に乗って西洋から移入された蒸気機関の仕組みと操作法を学ぶなど、積極的に近代技術や周辺技術を鋳造業に取り入れようとした[40]。

この工場の継承例は、「家業の継承」や「家の相続」とも称され、その先代の継承も含めれば、十五軒中十一軒（No.1・2・4・5・6・8・11・12・13・14・16）に長男への継承が見られる。また九軒（No.1・2・5・6・9・11・12・14・16）については、襲名の慣行も確認することができる。つまり、工場を継承していくことは、先祖以来世代を超えて存在する「家」を存続させることと同様なこととして考えられているのではないか。とすれば工場という社会には、ある部分において創業者という先祖がつくり永続を願う「家」の考え方が受け継がれていると思われる[41]。

しかし継承には、後継者の存在や成長が鍵となるからであろう、跡取りが幼少である時（No.8・13・16）には、臨時的に母親が経営を見たり後見人をたてる場合が見られ、またNo.10・15は養子を迎えており、No.3・7は弟が継承している。それは、おそらく家名や施設、財産だけでなく、従業員などの工場組織や設備、技術、生産品、経営、

表4．工場を継承した例（『川口市勢要覧』より作成）

| No. | 氏名 | 工場名 | 生年 | 継承年 | 備考 |
|---|---|---|---|---|---|
| 1 | 永瀬　庄吉 | 永瀬鉄工所 | 安政4 | 明治17 | ※川口鋳物工業近代化の父といわれる。<br>明治2　祖父より鋳物技術を伝習。<br>明治5　長崎の日本画師荒木雲堂に学ぶ。<br>明治7　東京有馬製作所のイギリス人技師ギンクから西洋式生型法・溶解炉操業法を学ぶ。<br>明治10　房州航路汽船の船乗員となり機械運転法を学ぶ。 |
| 2 | 名古屋六之助 | 名古屋鉄工所 | ? | 明治35 | 六之助の没後、次・参男が協同経営をする。 |
| 3 | 永瀬　寅吉 | 永瀬鉄工所 | 明治23 | 明治45 | 次男として生まれ、浦和中学校、蔵前高等工業学校を卒業する。 |
| 4 | 上岡幸次郎 | 上岡鋳工所 | 明治16 | 大正2 | 明治37　兵隊へ召集される。 |
| 5 | 小池彌右衛門 | 小池鋳工所 | 明治33 | 大正2 | 先代の死去により工場を継承する。 |
| 6 | 星野安太郎 | 星野鋳工所 | 明治10 | 大正3 | |
| 7 | 永瀬　文造 | 永幸工場 | 明治15 | 大正5 | 実兄の永幸工場にて修業し、兄の没後に継承する。 |
| 8 | 鳥海福太郎 | 鳥海鋳工所 | ? | 大正6 | 昭和7　福太郎死去後、妻と長男が経営する |
| 9 | 浜田半次郎 | 浜田鋳工所 | ? | 大正8 | 先代の弟が継承する。 |
| 10 | 野沢　頼一 | 野沢鋳工所 | 明治30 | 大正11 | 川口に生まれ、野沢喜三郎の継嗣子として養われる。 |
| 11 | 永瀬平五郎 | 永瀬鋳工所 | 明治23 | 大正13 | 相続し継承する。 |
| 12 | 小川由次郎 | 小川鋳工所 | 明治32 | 大正14 | 先代の開業工場を継承する。 |
| 13 | 増田　金蔵 | 増金鋳工所 | 明治15 | 昭和5 | 明治30の先代死去後に母が経営し、母の没後に継承する。、 |
| 14 | 永瀬　豊吉 | 日の出工場 | 明治29 | 昭和6 | 先代死去により継承する。 |
| 15 | 岩田源次郎 | 岩田鋳工所 | 明治29 | ? | 小田島與三郎の次男として生まれ、兵役終了後、養子に入り、工場を継承する。 |
| 16 | 永瀬吉五郎（3代目） | 永瀬鋳工所 | 明治37 | 昭和7 | 幼少の頃、叔父亀十郎が後見人となり、昭和7に独立する。 |

信用などの多くを継承することが条件付けられ、難しい一面を表わしているのではないか。

**②工場から分出する開業**（表5参照）

これは、No.14以外は川口生まれであり、工場の後継者ではないが、鋳物屋の家族や親戚である者が多く、父・養親・叔父などについて修業し、徒弟経験を持たずに独立開業した例である。買湯経験者である例もNo.13のみとなっている。またNo.4・14などのように、雇主の娘と結婚し独立する例も見られる。ただしNo.14は、当初は機械工場として独立した後、鋳造工場を併設したものである。

これらは、「――工場からの独立」であり、独立に際しては、親方から得意先を分けてもらったり、工場設備や機械設備などを贈られるのであった。家の分家や商家の暖簾分けにも似た開業形態と考えられる。元機械旋盤工であり那賀鉄工所社長であった岡田博氏の話によれば、名人鋳物師である工場主や機械工場主は、良き弟子を育て、独立させるのが、自分の企業を大きくすることよりも、

表5. 工場を分出した例（『川口市勢要覧』より作成）

| No. | 氏名 | 工場名 | 生年 | 独立年 | 備考 |
|---|---|---|---|---|---|
| 1 | 永瀬留十郎 | 永瀬留十郎工場 | ? | 明治元 | シンヤ・永瀬宇之七より分家し創業する。 |
| 2 | 野崎　泰弘 | 泰弘鋳工所 | 明治15 | 明治29 | 鉄五郎の長子。父の膝下にて修業する。 |
| 3 | 浅倉　多吉 | 後藤鋳工所 | 明治元 | 明治31 | 明治14　浅倉米蔵に養われ鋳造技術を習得する。<br>明治25　日用品卸問屋白石億之助と協同経営により鋳造業を開始する。 |
| 4 | 増田増太郎 | 増田鋳工所 | 明治15 | 明治39 | 明治29　内田亥之吉に養われ鋳造技術を習得する。<br>明治39　亥之吉の娘と結婚し独立する。 |
| 5 | 永瀬　米吉 | 永米鋳工所 | 明治26 | 大正7 | 永瀬平五郎の次男。 |
| 6 | 江川　知八 | 江川鋳工所 | 明治20 | 大正8 | 父の膝下にて鋳造技術を習得する。 |
| 7 | 森田安太郎 | 森安鋳工所 | 明治27 | 大正9 | 明治42　叔父芝崎周五郎の工場に養われて鋳造技術を習得する。<br>大正5　鉄工所を開業する。 |
| 8 | 永瀬　亀吉 | 丸亀鋳工所 | 明治25 | 大正12 | 明治37　叔父磯次郎に養われて鋳造技術を習得する。<br>明治45　磯次郎の工場の職長となる。 |
| 9 | 浅倉　庄吉 | 多 浅倉鋳工所 | 明治29 | 大正12 | 浅倉多吉の次男。父の膝下にて修業する。 |
| 10 | 永瀬　林蔵 | 寶鋳工所 | ? | 大正13 | ナガフク・永瀬福太郎の三男。父の膝下にて鋳造技術を習得する。 |
| 11 | 野崎　栄吉 | 野崎分工場 | 明治27 | 昭和3 | 鋳物屋野崎鉄五郎の三男。兄泰弘の膝下にて実地修業する。 |
| 12 | 細金吉五郎 | 細金分工場 | 明治37 | 昭和4 | 細金安一の弟。分工場として独立する。 |
| 13 | 永井音次郎 | 永井鋳工所 | 明治19 | 昭和8 | 明治34　長兄文次郎の工場にて実地修業をつむ。<br>大正14　兄の息子巳之助の後見人となる。<br>昭和7　分離し買湯をする。 |
| 14 | 鈴木　宇八 |  | (千葉県安房郡) | 昭和8 | 鈴木吹蔵に養われる。早稲田工手学校を卒業後娘と結婚し工場を経営する。<br>昭和8　分離し製作所を開業し、鋳造工場を併設する。 |

※（　）内は川口以外の生まれ

生きがいであったという。[42]つまりこの形態は、親方と鋳物職人にとって理想とする開業形態であったのである。

また、№11・12などは、「分工場」と称し、独立後も操業面で一定の関係が継続していたことを示している。このように川口のかつての鋳物工場では、例えば「千葉のイッケ」や「ドジョヘイのイッケ」などと称して、独立開業した後も、兄弟や親方の工場との間で、鋳造製品の大きさなどによって分業や協業をし合う、「イッケ」と呼ばれるグループがあった。これは、労働組織としての家の同族関係に共通・類似するものがあるのではないか。[43]

**③徒弟・買湯経験者による開業**（表6参照）

これは、三十四例と最も多い事例であり、川口において、農家の次三男など鋳物屋の身内ではない者が徒弟に入り買湯を経験するなどして工場を開業したもの、つまり職人が技術と信用、資本を獲得し経営者となり、工場を開業した例である。この形態は、明治二〇年（一八八七）以降昭和十一年（一九三六）まで幅広く見られ、とくにこのうち明治期に三例見られる。一般的によく言われる工場開業の流れであり、「一城の主への夢」の実現であり、川口鋳物業の特色ともなっている。

川口の鋳物工場は、明治二〇年以降急激に増加したのであるが、[44]この時期は全国的な企業勃興期にあたり、我が国の産業革命はこの頃から始まったとされている。[45]つまり、日本の近代化による産業発展の開始期をささえた工場増加は、古来からの徒弟制や買湯制といった職人慣行を経験した鋳物職人たちの働きによるものであったのである。

またこれは、技術力を尊重し優位とする職人的な価値観を背景として実現されてきた開業であると言うことができ、これによって、川口鋳物業が発展していった一つの原動力でもあったと言うことができる。ここでは、わかる限り徒弟先（何年～）と買湯先（何年～）も記した。

具体的に見ると、川口生まれ十七人、川口以外の生まれ十七人であるが、鋳物屋に縁故をもつ者は一人もいない。つまりこれは、昔から農家の次三男などが行ってきた「手に職を付ける」という行為に該当し、新たに身ひとつで工場を起こしていく方法である。まさに「一城の主への夢」を抱いているのであろう。また、徒弟による技術修得の後、人によっては別の工場で修業し、買湯を行うか（十八例）、人によっては工場に職長などで勤務し（十例）、二十三歳から四十八歳で独立している。この形態は、古くは明治期から見られるが、第一次世界大戦の好景気や京浜工業地帯の発達期を経験しているためか、大正九年の創業が六人で最も多く、柳沢遊が言うように、細かく見ていくと時代による変化が指摘できるであろう。

また詳細に見ると、徒弟を終了した後、買湯を行わずに工場に勤務し開業した例が五例（№5・6・17・26・34）あり、徒弟の後に買湯も工場勤務も両方を経験した例は二例（№10・15）のみとなっている。徒弟終了後も別工場にて修業している例は、渡り職人を示しているのであろうか、五例（№5・9・20・22・26）も確認できる。

なお、注目すべきことは、№31永井喜三郎について、当要覧の筆者は次のように述べて賞賛していることである。

「終始一貫親方の工場に在りて、一度もお鉢改めの経験を持たぬところに同氏の真情を窮知するに足るべく、従って川口鋳造界古来の美風たる親方と徒弟との関係も緊密なる愛情を以って結びつけらるるは当然の理である。」[46]（傍線筆者）

ここで言う「お鉢改め」とは何を示しているのであろうか。この賞賛文をその文脈から推察すると、おそらく「お鉢改め」とは、徒弟終了後に別の工場にて修業・勤務することであり、修得した技術を別の工場で確認し、技術を向上させようとした職人も多かったのであろう。

しかし、永井のような徒弟と買湯を同じ工場で行った者は他にも三例（№16・25・28）が該当し、徒弟の後同じ工場に勤務している者も二例（№6・17）見られる。永井をはじめとしたこの六例については、親方の身内で

表6. 徒弟・買湯経験者による開業（『川口市勢要覧』より作成）

| No. | 氏名 | 工場名 | 生まれ | 徒弟 | 買湯 | 創業年 | 備考 |
|---|---|---|---|---|---|---|---|
| 1 | 伊藤仙太郎 | 伊藤鋳工所 | 安政5（浮間） | 野崎文左衛門 | 明治12～ | 明治20 | |
| 2 | 浅倉明太郎 | 浅倉鋳工所 | 明治 | 永瀬留十郎 | | 明治35 | |
| 3 | 浅見　秀憲 | 浅見鋳工所 | 明治10 | ？ | | 明治40 | |
| 4 | 小野沢兼吉 | 小野沢鋳工所 | 明治15（板橋） | | 明治39～ | 大正元 | 明治27　義兄より技術を習得する。 |
| 5 | 永瀬　彰久 | 千葉分工場 | 明治17 | 明治28～35<br>永瀬島蔵 | なし | 大正2 | 浅倉浅次郎にて修業する。<br>明治38　千葉寅吉の工場支配を務める。 |
| 6 | 浅倉　良造 | 丸萬鋳工所 | 明治15 | 明治28～36<br>名古屋六之助 | なし | 大正5 | 名古屋鉄工所の職長を務める。 |
| 7 | 長谷川金八 | 長谷川鋳工所 | 明治28 | 明治40<br>富岡寅吉 | | 大正5 | |
| 8 | 内田　義一 | 内田鋳工所 | 明治22（板橋） | 明治36<br>江川元三郎 | | 大正6 | |
| 9 | 増田　平治 | 増平鋳工所 | 明治23<br>（東京・麻布） | 明治34～41<br>永幸工場 | 富岡工場<br>矢沢龍五郎 | 大正6 | 明治41　増金鋳工所にて修業する。 |
| 10 | 安藤　力蔵 | 安藤鋳工所 | 明治17(静岡県) | 明治29<br>永瀬島蔵 | 大正2<br>永瀬彰久 | 大正7 | 明治37　千葉寅吉工場に勤務する。 |
| 11 | 辻井　勘蔵 | 辻井鋳工所 | 明治25(美谷本) | 浅倉多吉 | | 大正7 | |
| 12 | 滝沢　栄八 | 滝沢鋳工所 | 明治元 | 明治10<br>増田林蔵 | | 大正8 | 明治37　川口機械製作所の鋳造工場長を務める。 |
| 13 | 高木喜太郎 | 高木鋳工所 | 明治16 | 明治28<br>増林鋳工所 | 明治37<br>牛山工場 | 大正9 | |
| 14 | 永瀬彌右衛門 | 永彌鋳工所 | 明治28 | 明治44<br>千葉寅吉 | 人正7<br>松本善兵衛 | 大正9 | |
| 15 | 椎橋宗次郎 | マルソー鋳工所 | 明治22 | 明治36<br>永瀬権四郎 | 大正5<br>平野鋳工所 | 大正9 | 昭和4　福禄商会の鋳造工場長を務める。 |
| 16 | 小山仙太郎 | 小山鋳工所 | 明治23 | 明治34<br>浅見秀憲 | 大正5<br>浅見秀憲 | 大正9 | |
| 17 | 大野元次郎 | 大野鋳工所 | 明治22（板橋） | 明治37<br>永瀬喜三郎 | なし | 大正9 | 丸喜工場にて職長を務める。 |
| 18 | 栗原金太郎 | 栗原鋳工所 | 明治23(大里郡) | 明治40<br>浜田福太郎 | | 大正9 | |
| 19 | 富岡　寅吉 | 富岡工場 | （北埼玉郡） | ？ | 大泉工場、<br>細金工場 | 大正10 | |
| 20 | 吉田　兼吉 | 吉田鋳工所 | 明治22 | 明治37<br>永瀬鉄工所 | | 大正11 | 明治43　増金鋳工所にて修業する。 |
| 21 | 榎本枡太郎 | 榎枡鋳工所 | 明治21 | 明治33<br>飯塚七兵衛 | | 大正11 | |
| 22 | 永井幸三郎 | 永井鋳工場 | 明治13 | 明治22～35<br>永瀬平五郎 | 明治39石川<br>嘉兵衛の隣 | 大正12 | 榎本常次郎の工場にて修業する。 |
| 23 | 門井松四郎 | 門井鋳工所 | 明治19(南埼玉郡日勝村) | 明治34<br>野崎政太郎 | 大正9<br>牛山竹三 | 大正12 | |
| 24 | 福島　直住 | 尾熊製作所 | 明治34<br>（大里郡武川） | | | 大正13 | 大正元　名古屋鉄工所にて修業する。<br>大正4　尾熊伊兵衛に迎えられる。 |
| 25 | 村松　元州 | 村松鋳工所 | 明治28<br>（千葉県君津） | 明治37<br>永新鋳工所 | 大正9<br>永新鋳工所 | 大正14 | |
| 26 | 大熊勇次郎 | ㊪大熊鋳工所 | 明治29<br>（浦和・木崎村） | 明治40<br>永瀬金太郎 | | 大正15 | 大正5　千葉寅吉工場にて修業する。<br>大正6　熊井鋳工所の職長を務める。 |

| No. | 氏名 | 工場名 | 生まれ | 徒弟 | 買湯 | 創業年 | 備考 |
|---|---|---|---|---|---|---|---|
| 27 | 小島小三郎 | 小島鋳工所 | 明治13 | 明治27<br>永瀬又五郎 | 横山鎌吉<br>高橋銀蔵 | 昭和元 | |
| 28 | 早水　米蔵 | 早水鋳工所 | 明治20<br>（北葛飾郡静村） | 明治37〜41<br>永井巳之助 | 大正4<br>永井巳之助 | 昭和2 | |
| 29 | 小田島惣太郎 | 小田島製作所 | 明治25 | なし | 大正3<br>永瀬政義 | 昭和3 | 父から技術を習得する。 |
| 30 | 向井　雪助 | 向井鋳工所 | 明治25<br>（大里郡藤沢村） | 明治39<br>丸喜鋳工所 | 大正7〜<br>昭和2 | 昭和3 | 大野元次郎の娘と結婚する。 |
| 31 | 永井喜三郎 | 永井鋳工所 | 明治31 | 永瀬平五郎 | 大正12<br>永瀬平五郎 | 昭和4 | ※「川口古来の美風たる親方と徒弟との関係も親密」と賞賛される。 |
| 32 | 笠倉　謙三 | 笠倉鋳工所 | 明治32<br>（茨城県筑波町） | | 大正10<br>安藤力蔵 | 昭和5 | |
| 33 | 川島銈三郎 | 川島鋳工所 | 明治16<br>（東京・赤坂） | 蒲山久吉 | 脇谷工場 | 昭和5 | |
| 34 | 小山巳之助 | 小山鋳工所 | 明治38 | 大正6<br>小野沢鋳工所 | なし | 昭和11 | 昭和4　島崎鋳工所・小櫃鋳工所に勤務する。 |

※（　）内は川口以外の生まれ

※No.34は、川口市教育委員会1991『川口市民俗文化財調査報告書第1集「生き方のフォークロア1.小山巳之助上」』より

はないが、おそらく②（表5）工場の分出例に類似し、独立した後も時にはイッケとして協業し合う理想の開業なのではないか。またこれらの親方と弟子の関係は、厳しく接しつつも弟子の成長を願い、弟子を一人前の職人に仕上げ独立させることを生きがいとした、昔からの関係であったのであろう。

そして、お鉢改めを行わない修業形態（ここではこれを「親方と徒弟の親密な関係」と評価している）を「川口鋳造界古来の美風」と賞賛していることを考えると、お鉢改めの行為は、必ずしも古くから盛んに行われた慣習ではなく、修業過程における一つの変化を示しているのではないか。とくに柳沢が指摘したように、大正後期から昭和初期にかけておこった不況の長期化は、職人として一人前に認められながらなかなか開業できず、買湯の工場を変えたり、職長として勤務したり、また徒弟制も労賃節約の手段とされ動揺をきたしていたという[47]。

いずれにしてもこの文章は、絶えず変動していく川口鋳物業界の中で、当時の職人たちの実感として修業課程や親方・徒弟の関係に時代的な変化が生じていることを示しているのではあるが、この開業形態については、職人の技術修得を目的とする徒弟の慣習を背景として存在してきたと言うことができる。

**④川口以外の鋳物産地における修業経験者による開業**（表7参照）

次に、川口の外の鋳物工場で徒弟あるいは修業、勤務を経験し、川口で工場を開業した16例である。注意すべきことは、川口生まれは№11のみであり、川口における徒弟も№2・4・9・15の四例のみである。また二十八歳から五十三歳に独立しており、多い時では大正十五年つまり昭和元年と昭和四年の開業が三例見られるが、いずれも大正七年（一九一八）以降の開業となっているのが特徴的である。

具体的に見ると、川口以外の鋳物産地にて徒弟や修業をしていることが確認できるものが十三例あり、そのうち修業と称して渡り職人を経験していると思われるのは三例（№1・4・15）ある。渡り職人とは、川口でも古くから行われていた慣行で、徒弟と礼奉公が終了した後、お金を稼ぐためではなく、技術修得のために各地の工場で働き、技術修得の終了後は次の技術を求めて辞めていく職人のことを言い、渡り職人も雇う工場側も初対面の挨拶に「仁義を切る」という作法のもとで行われていた。[48] また二つ以上の工場に勤務した者は六例（№2・6・7・12・13・14）であり、勤務先を変更する理由は、工場の倒産など様々であるが、その一つの形態として、長引く景気低迷の中少しでも技術向上をはかろうとしたこと、また鋳物職人たちの自尊心とその志向性として、自分の持つ技術力をより高く評価してくれる工場に移ろうという考え方を持つ職人が少なくなかったことなどがある。[49]

次に一度東京など京浜工業地域にて開業した後に川口に移り開業している者も三例（№10・11・16）確認できる。かねてより川口は、「川口へ行けば食いっぱぐれはない」と言われ、多くの職人たちが集まってきたし、川口鋳物業は、これら外来の人たちによっても発展してきたのであるが、とくに明治以降は京浜工業地域の機械工業の下請けとして発展してきたのであり、この三つの例はその産業構造を示す開業例ではないかと思われる。また言い換えれば、近代資本主義産業の進展を示す事例と言うことができると思われる。

また、この開業形態は、大正七年以降に行われるようになっていることと、川口出身者が一人と極端に少ない

表7. 川口以外の鋳物産地における修業経験者による開業（『川口市勢要覧』より作成）

| No. | 氏名 | 工場名 | 生まれ | 創業年 | 時歴 |
|---|---|---|---|---|---|
| 1 | 田中　末吉 | ㊁田中鋳工所 | 明治16（茨城県大子町） | 大正7 | 明治29　金井町の監原弥治右衛門の徒弟となる。<br>明治35　三州岡崎の木村善助の工場・豊川の中尾十郎の工場にて技術を習得する。<br>平坂の古居鋳工所にて教官として勤務する。<br>大正6　川口に出て、牛山工場にて買湯をする。 |
| 2 | 上條　啓治 | 上條鋳工所 | 明治16（長野県新村） | 大正8 | 明治29　川口の永幸工場の徒弟となる。<br>明治38　東京の金子鋳工所に勤務する。<br>明治44　北海道の室蘭製鋼所・九州の戸畑鋳物・横浜の善馬会社に勤務する。<br>大正5　川口の丸萬工場に勤務する。 |
| 3 | 笠松　辰治 | 笠松鋳工所 | 明治25（新潟県直江津） | 大正8 | 明治39　長野県諏訪の「亀長」土橋長兵衛の徒弟となる。<br>明治42　「亀長」滅亡により牛山竹三とともに川口に出て、買湯を営む。 |
| 4 | 高橋薫吉郎 | 吉野砲金工場 | 明治27（蕨） | 大正10 | 明治39　関口倉吉の徒弟となる。<br>大正元　室蘭製鋼所・永瀬新七・中村惣左衛門の工場で技をみがく。 |
| 5 | 佐山　耕三 | (合)佐山鉄工所 | ?（栃木県下部郡） | 大正12 | 東京の岩崎男爵家の家僕となり修業する。<br>大正6　川口に出て鋳造業を開始する。<br>大正12　長兄（金型製作）・次兄（機械）を向かえ合資会社を設立する。 |
| 6 | 馬坂吉次郎 | 新坂珐瑯製造所 | 明治15（富山県高田在） | 大正15 | 明治40　東京の藤崎珐瑯工場にて修業する。<br>川口に出て共同で珐瑯工場を開始する。<br>永瀬秀太郎の珐瑯工場に入る。<br>大正9　秀太郎死去により工場を継承する。 |
| 7 | 近藤松吾郎 | 近藤鉄工所 | 明治25（新潟県高田） | 大正15 | 東京の蔵前高等工業学校機械科を卒業する。<br>南千住の林鉄工所に技術者として勤務する。<br>大正10　川口の永井巳之助の工場に勤務する。 |
| 8 | 倉下　與市 | 倉下鋳工所 | 明治28（静岡県磐田郡） | 昭和元 | 大正2　浜松の榎本萬太郎の工場にて鋳造技術を習得する。<br>大正8　川口の永瀬新三郎の工場に勤務する。 |
| 9 | 神保　倉吉 | 神保砲金工場 | 明治19（戸田村） | 昭和2 | 明治33　浅倉多吉の工場の徒弟となる。<br>大正9　岩淵町に合金鋳物工場を設立する。<br>昭和2　川口の飯塚に工場を新設する。 |
| 10 | 荻篠録三郎 | 万録工場 | 明治11 | 昭和3 | 明治29　東京本郷・秋山定助工場で修業する。<br>大正11　月島に工場を開業する。<br>昭和3　川口で共同経営にて工場を開業する。 |
| 11 | 岩田　浅治 | 東鋳工所 | 明治32（三重県桑名） | 昭和4 | 大正4　京都の長谷川工場にて修業する。<br>大正11　川口に出て高孫工場に入り、高孫弥太郎の娘と結婚する。 |
| 12 | 辻　栄三郎 | 辻鋳工所 | 明治30（三重県鳥羽） | 昭和4 | 明治44　鳥羽造船所鋳造部にて修業する。<br>大正8　川口の永瀬喜三郎の工場に入る。<br>千葉鋳工所に勤務する。<br>田原辰蔵の工場の職長となる。<br>昭和3　青木三右衛門の工場にて買湯する。 |
| 13 | 田中　虎吉 | 田中鋳工所 | 明治17（東京・大島町） | 昭和4 | 明治29　兄鍋太郎とともに丸七工場にて修業する。<br>明治42　増田啓次郎の工場に勤務する。<br>大正6　向島の田辺工場の職長となる。<br>大正8　川口の熔鉄所の職長となる。 |
| 14 | 吉川鍋太郎 | 芝川鋳鉄所 | 明治12（東京・大島町） | 昭和5 | 明治25　「丸七」田中七右衛門の徒弟となる。<br>明治29　丸七の娘と結婚し、工場を継承する。<br>丸七滅亡により、川越の小川工場の職長となる。<br>明治39　川口の「増芳」、小川工場で職長となる。<br>浜田庄吉の工場にて買湯をする。<br>大正6　(合)川口鋳鉄所の工場長となる。<br>大正8　矢崎健治と共同で工場を設立する。 |

| No. | 氏名 | 工場名 | 生まれ | 創業年 | 時歴 |
|---|---|---|---|---|---|
| 15 | 秋本島太郎 | 秋本鋳工所 | 明治19（尾間木村） | 昭和6 | 明治33　永瀬新三郎の工場にて徒弟となる。<br>明治41　海軍工廠・日立製作所・芝浦製作所にて修業する。<br>大正8　田辺工場にて買湯する。<br>大正10　芝瀧工場にて買湯する。<br>昭和6　芝瀧工場の経営を継承して独立する。 |
| 16 | 熊澤喜利之助 | 熊沢鋳工所 | 明治26（神奈川県秦野） | 昭和9 | 大正7　東京本郷の戸車屋・持田製作所の支配人となる。<br>昭和9　持田製作所閉鎖により、川口で開業する。 |

※（　）内は川口以外の生まれ

ことが注目される。このことは、つまり第一に、三十四人中十七人を川口出身者が占め、昔からの親方・弟子関係が受け継がれ、また川口における技術修得だけで工場を開業できた③形態と比べると、短い時代の中にも、近代資本主義が進展し、川口鋳物業の産業構造が、京浜工業地域というより大きな産業構造に組み入れられたことを示しているのではないか。

第二としては、製品の複雑さや修得技術の内容の変化から、川口にはない技術の修得が求められるようになったことなどが考えられるが、この形態に見られる渡り職人（工）の慣行は、その数の少なさから推察すると、三田村佳子が報告したような古くから行われてきた技術修得だけを願ったタビからタビへの渡りとは明らかに異なっている。これは、あたかも工場を開業するために渡りをしたようである。[50] 言ってみればこれは、近代化に対応した「民俗の変化型」なのではないか。

以上見てきたが、この開業形態は、③表5と同様に、技術力を尊重し、職人が経営者となり、工場を開業した例である。またこれは、近代資本主義産業の進展に伴う産業構造の変化に対応し、職人の移動性の高さを背景として、その様相に変化をさせながらも、渡り職人（工）の慣行を背景として行われてきたのではないかと考えるのである。

**⑤職人以外の者による開業**（表8参照）

これは、先には経営者による開業として掲げたが、現場における鋳造技術の経験がなく、つまり職人ではなく、事務屋・技術者・製品販売業者などが工場を開業した例である。これには、学校において近代工業の専門教育を受けるなど高学歴者も少なくなく、③・④より近代的な形態であると考えられる。川口生まれは一人もいない。

またこの形態は、川口に受け継がれてきた③徒弟・買湯経験者による開業をはじめとした、技術力を尊重して腕をみがき「一城の主」を目指す職人的な考え方や生き方と比較すると、また大きく見て工業の発展が家内制手工業から工場制工業へと流れているとすれば、技術力よりもむしろ経営力や資本力による開業であり、より近代資本主義的な開業形態なのではないか。なお、先に見た尾高の報告における、大学で機械技術の教育を受けた者や商社に務めた者が現場の職人と組んで開業した工場例も、これに属するものと思われる。

またこの例は、明治三〇年（一八九七）頃から認められるが、注目すべき点は、その顔ぶれを見ると、No.１・４・８など議員や鋳物組合理事などを務め、川口鋳物工業や地域社会の発展に寄与した人が少なくない。例えばNo.４小林英三は、後に工場名を株式会社國際重工業と改称し、参議院議員で厚生大臣を務め、川口鋳物工業協同組合理事長はもちろん日本

表8. 職人以外の者による開業（『川口市勢要覧』より作成）

| No. | 氏名 | 工場名 | 生まれ | 創業年 | 時歴 |
|---|---|---|---|---|---|
| 1 | 増田啓次郎 | 川口機械製作所 | 慶応3<br>(東京・大島町) | 明治30 | 明治19　入隊する。<br>明治25　石川嘉兵衛媒酌により増田正平の姉と結婚し、正平の後見となる。 |
| 2 | 須田忠三郎 | 須田鋳工所 | (内間木村) | 大正3 | 明治41　埼玉県浦和師範学校を卒業する。<br>川口尋常高等小学校の訓導となる。<br>大正3　鋳造業を開始する。 |
| 3 | 大野　真助 | 川口鋳物株式会社 | ? | 大正8 | 三井物産会社に事務員として勤務する。<br>永瀬鉄工所に勤務する。<br>川口鋳物株式会社を創立する。 |
| 4 | 小林　英三 | 小林鋳工所 | 明治23<br>(広島県尾道) | 大正9 | 大正6　東京高等工業学校機械科を卒業する。<br>永瀬喜三郎の長女と結婚する。<br>大正9　工場を開業する。 |
| 5 | 遠藤喜代美 | 遠藤鋳工所 | 明治27<br>(福島県) | 大正12 | 大正6　川口の岡島鋳工場の支配人となる。<br>大正12　岡島氏の死去により経営を継承する。 |
| 6 | 関根　薫蔵 | 関根鋳工所 | 明治13<br>(大石村) | 昭和2 | 明治41　浦和刑務所に監視として勤務する。<br>大正元　川口の金子亀次郎の工場に入る。<br>大正7　独立して鋳造品販売業を営む。<br>大正11　製麺所を創立する。<br>昭和2　鋳造工場を開業する。 |
| 7 | 村上　栄一 | 村栄鋳工所 | 明治35<br>(児玉郡) | 昭和5 | 大正10　川口に出て熊井製作所の支配人となる。<br>昭和5　独立する。 |
| 8 | 矢崎　健治 | 三共鋳鉄所他<br>(矢崎本店) | ? |  | 鍋平本店の雇員となる。<br>日用品鋳物問屋本店・分店を設立する。<br>芝川鋳鉄所と川口熔鉄所を経営する。<br>三共鋳鉄所を創立する。 |

鋳物工業会理事長も務めている。

このことは、やはり川口鋳造業界が変化していったことも窺えるが、さらに言えば、④川口以外の鋳物産地における修業経験者による開業からも窺えるように、川口では、たとえよそ者や新興の者であっても、経済的に力があって、地域に貢献することによって地域の評価を獲得すれば、社会的にも優位になれることを示しているのである。

鋳物工業の発展と外部からの人口移入による急激な都市化を遂げた川口町は、明治末期から大正期にかけて、古くから居住し鋳物業者に土地を貸与して利益をあげていた「地主派」と、鋳物業の発展によって新たに台頭した企業家たちの「工場派（鋳物派）」がたびたび政争を繰り返していた。しかし、第二次大戦後の農地解放を契機として、地主派の勢力が衰退していった[51]。

これを契機として、川口は、鋳物工業の振興の影響で、地域社会における家の序列の基準を、家の歴史の長さによるものから家の経済的な大きさによるものへと変化させてきた。それは、昭和前期以来昭和四十年代頃に至るまで、町会長はもちろん、歴代市長・国会議員・県議会議員・市議会議員など地域の要職の多くを、鋳物工場社長が勤めてきたという事実が物語っている[52]。つまり川口は、外部から入ってきた新しい人たちによっても大きく発展してきたのであり、それはおそらく経済力を重要視する考え方があるのであろう。

**⑥機械メーカーによる鋳造工場の設立**（表9参照）

最後に、例えば日本ディーゼル工業株式会社（昭和十二年）や日本車両株式会社東京支店蕨工場（昭和九年）など、外部から大きな機械メーカー（外部資本）が川口に進出してくる時期がある。これは、川口の鋳物工場を下請けとして発達した京浜工業地域の機械メーカーが、その部品供給力や技術力を狙って、川口に工場を移してきたものである。おそらくこれらの機械メーカーも、最初は表3で参照したように特定の分野において独自の技術力と特有の製品を獲得した職人たちが開業した機械工場なのであろう。そしてこれらは、自社の機械製品を製造するために、多くの下請け工場を抱える親会社になったのであり、大きな成功のもと大資本を形成してきた。それらのうち一部は後に川口から転出していくのであるが、これも明らかに川口鋳物業が近代資本主義産業に組み入れられていることを物語っている。

その中で、この要覧等では六例だけであるが、外部の機械メーカーが自社内に大規模な鋳物工場（鋳造部）を設立した例である。[53] No.1は伝動装置、No.2は機械部品ピストンリングの専門工場、No.4・5は石炭ストーブ、No.6は工作機械の機械メーカーであり、No.1・2・3・6は東京で機械工場を開業し部品の加工と組立てを行い、No.4は大阪、No.5はもと北海道札幌のメーカーで、それぞれ川口に鋳造工場と組立て工場を設置したのである。また、自分の工場で生産しない部品については、川口の工場に発注した。

これは、大正十一年（一九二二）頃から見られ

表9. 機械メーカーによる鋳造工場の設立（『川口市勢要覧』より作成）

| No. | 氏名 | 工場名 | 生まれ | 創業年 | 時歴 |
|---|---|---|---|---|---|
| 1 | 大泉　寛三 | 大泉工場 | 明治27<br>（山形県北村山） | 大正11 | 大正6　東京下谷龍泉町にメタル専門の機械工場を開業する。<br>大正11　川口に伝導装置専門工場を設立する。 |
| 2 | 鈴木　友訓 | 日本ピストンリング製作所 | （和歌山県田辺） | 大正12 | 明治10　地元の高等小学校を卒業する。<br>明治27　東京築地の海軍工廠にて、向井哲吉に坩堝銅の製作を学ぶ。<br>石川島造船所汽機汽罐の製作を学ぶ。<br>日本郵船会社横浜鉄工所に勤務する。<br>横浜ピータス・エンジニアリング・ウォークスにてドイツ戦艦の修理を行う。<br>明治45　東京月島に鈴木製作所を開設する。<br>大正12　川口に工場を移転する。 |
| 3 | 山崎富三郎 | 山崎鉄工場 |  | 昭和3 | 明治24　東京・神田にて開業する。<br>大正12　㈱山崎鉄工場とし、深川に機械工場を開設する。<br>昭和3　川口に鋳造工場を開設する。 |
| 4 | 山本　最 | 三北社 |  | 昭和3 | 大阪にて開業する。<br>昭和3　センターストーブ川口工場を開設する。<br>昭和6　㈱三北社に改称する。 |
| 5 | 鈴木豊三郎 | 福禄商会川口工場 | 明治23<br>（北海道札幌） | 昭和9 | 大正13　鋳物製石炭ストーブを開発する。<br>大正14　札幌にて開業し、ストーブ製造を川口の鋳物工場に発注する。<br>昭和9　川口工場を開設する。 |
| 6 | 池貝庄太郎 | 池貝鉄工 | 明治2 | 昭和10 | 明治22　東京に工作機械メーカーとして池貝鉄工を創業する。<br>港区田原に鋳物工場を設立する。<br>昭和10　川口にて大型鋳物の工場の創業を開始する。 |

る。No.1大泉寛三は川口市長・川口鋳物工業協同組合理事長・川口商工会議所会頭・国会議員、No.5鈴木豊三郎は日本ストーブ工業協会会長、No.6池貝庄太郎も川口鋳物工業協同組合理事長などをそれぞれ務め、川口の産業振興、地域社会の発展に貢献している。このように外部からの大資本と技術力が川口鋳物工業を発展させていったことは、川口鋳物業史あるいはおそらく日本工業史の大きな歴史の一こまなのであって、つまり川口の鋳物工業は、京浜工業地帯をささえるだけでなく、その中に組み入れられることによって、大きく発展していったのである。(54)

## 五、鋳物工場の開業過程に見る民俗的思考

前節で見てきたように、鋳物工場の開業形態を、①工場を継承しているもの、②工場から分出する開業、③徒弟・買湯経験者による開業、④川口以外の鋳物産地における修業経験者による開業、⑤職人以外の者による開業、⑥機械メーカーによる鋳造工場（鋳造部）の設置の六つの形態に分類し整理した。これらの開業形態に見られる特徴は大きく見て三つあげることができる。

それは、家慣行に影響されていること（①・②）、職人慣行に影響されていること（③・④）、そして資本力や経営力によっていること（⑤・⑥）である。これらを事例の表出時期によって整理したのが図4である。ここでは、これからうかがうことができる考え方について考察をする。

まず、①工場の継承と②工場の分出は、明らかにこれまで民俗学が取り上げてきた、「家」の考え方を背景に存在していると見られ、おそらくこの二形態は古くから存在しているのであろう。

まず①工場の継承例に見られるように、身内から技術を修得する場合は徒弟奉公という形をとらない。そして工場は、社長を「親方」と呼び、妻など家族と雇用した職人や徒弟たちによって鋳造協業の組織が形成され、「イ

ッケ」と言われる工場間の協業・分業組織もとられた。これは、柳田國男が言う労働組織としての家や親類と類似している(55)。このように考えると、三戸公が近代の日本的企業経営について前近代における家経営の近代資本制における再編つまり「企業の家化」であると指摘していることは大変興味深い。三戸は、近代の日本企業は、大きな資本を有する家がトップに座り、資本を持たない家や個人を改めて社員として雇用し従え、親子関係的秩序によって管理・統率している組織社会なのだとしている(56)。

明治中期までは、工場などの協業組織を家業として鋳物師名（つまり家名）や屋号によって表示していたのであり(57)、また九例確認できた襲名の慣行からは、先祖からの家名の世襲、つまり世代を超えて結合し永続を理想とする「家」の考え方を確認することができる(58)。以上のように考えると、また松井一郎が紹介しているように、永続を志向してきた日本企業が数多くあることもこれに由来する可能性も考えられる(59)。

②分出についても、例えば商家の「暖簾分け」のように、身内や徒弟を一人前に仕上げ、設備やお得意先を持たせて、家として分出させることが理想とされていたことを窺うことができる。またさらに、開業までの過程として③徒弟・買湯経験者による開業に分類されたが、また開業のタイミングは景気不景気

図4. 鋳物工場開業形態の編年表

| 原動力 | 開業の形態/年代 | 明治 | 大正 | 昭和 | 備考 |
|---|---|---|---|---|---|
| 家慣行 | ①工場の継承 |  |  | 昭和7 | 伝統的 |
|  | ②工場の分出 |  |  | 昭和9 |  |
| 職人慣行 | ③徒弟・買湯による開業（地域内） | 明治20 |  | 昭和11 | ※明治19からの企業勃興に貢献。近代化的 |
|  | ④外産地修業経験者による開業 |  | 大正7 | 昭和9 |  |
| 資本主義 | ⑤職人以外（経営力）による開業 | 明治30 |  | 昭和5 | 近代的 |
|  | ⑥機械メーカー（大資本）による開業 |  | 大正11 | 昭和10 |  |

にも影響されるが、徒弟終了後も同じ工場で勤務や買湯を行った後開業した№31永井喜三郎をはじめとした六例についても、これと同様な職人の家としての分出と考えて良いものと思われる。

そして筆者は、この工場の背景にある家の考え方は、工場の継承・分出の時だけでなく、年間の運営や儀礼などの場面でも表出するであろうし、次の③・④・⑤・⑥の形態によって開業した工場においても、創業後の運営や世代交代、分出などの際には表出されるのではないかと考えている。

次に、③徒弟・買湯経験者による開業は、我が国の企業勃興期にあたる明治二〇年以降から行われてきた開業形態であり、尾高が取り上げた表3における職人が機械工場を開業した例に相当するものである。鋳物屋に縁故のない者が手に職を付けて身ひとつから起こしていくのに適した方法であり、また資本はなくとも職人の技術力を尊重する考え方から、川口で古くから買湯業という形態が成立・機能してきたことによって実現された方法である。このようにこの形態は、親方と弟子の技術修得と成長を本旨とする徒弟制度を背景とした開業の方法なのであり、実例の多さからも、これがある時代に川口鋳物工業を発展させてきたと言うことができる。しかし、この中でも最も理想あるいは古い形態とされたのは、先にも指摘した徒弟終了後も同じ工場で勤務や買湯を行った後開業する②分出に近い形態であったのであろう。

④川口以外の鋳物産地における修業経験者による開業は、同じ技術を尊重する職人の考え方を背景としている③に比べると、川口出身者が殆どなく、③が企業勃興期の明治二十年以降に見られるのに対して、大正七年以降に見られることが特徴的である。これは、おそらく近代資本主義が進展し、川口鋳物業が京浜工業地域というより大きな産業構造に組み入れられ、一部慣行を変化させ、しかし職人の技術力を尊重し優位とする考え方は継承されて、③と同様に、徒弟制や渡り職人（職工）といった慣行を背景として行われてきた開業形態なのである。

なおこの形態は、先に見た表3における機械工場においても顕著に現れている。本来は我が国に存在しない技術を扱う機械工業においても、これ程まで徒弟制度や渡り職人（職工）の慣行が行われていたことは注目すべきであるが、これらの慣行は、日本の古くからの職業教育なのであり、その後は見習工や企業の養成校、地域の徒弟学校や職業訓練校に移行していくことを考えると、そこには技術や技能を尊重し、その修得を生きがいとする職人特有な考え方が存在している。この形態は、一部変化を伴いながら昭和前期にもなお行われ、最も事例数が多いことから、我が国の特色を示す開業方法と言うことができるのではないかと考えられる。つまり、西洋の外来技術を受容して新たに誕生し、近代化を促してきた我が国の民間の近代工場は、一部に変化もきたした徒弟制や渡り職人（職工）という日本特有の職業訓練を受けてきた職人や職工たちによってつくられてきたのである。

逆に言えば、日本の近代資本主義産業の発展には、資本力や労働力とともに、その多くを西洋から取り入れた新しい技術力（道具や機械を含む）を必要としたのである。その技術力の必要性に積極的にかつ柔軟に対応したのが、日本の職人たちとその技術尊重の考え方であり、徒弟制や渡りといった技術修得システムと、買湯制という言わば資本蓄積のシステムなのであった。そして、とくに④は慣行を一部変化させて対応し新工場を誕生させたのである。またこの形態からは、近代化過程時には「民俗の変化型」が表出するものであろうか考えさせられる。

また、この歴史的な経過が一つの要因となって、現代の工場社会にも、各所に現場の技術を尊重し、絶えず創意工夫を志向していく態度が表れているのではないか[60]。

最後に⑤と⑥は、技術力というよりも経営力や資本力による開業である。⑤は明治三〇年以降、⑥は大正十一年以降に現れている。

資本力は、産業に不可欠であり絶大なのであり、近代資本主義産業のますますの発展に伴って、これらの形態は必然的に行われる開業方法であると考えられる。そしてまたその外部からの資本が、川口鋳物産業を発展させてきたのである。ただし、近代の資本主義産業が鋳造工場の設置先として川口を選択したということは、川口にこれまでの歴史の中で培ってきた、地域が持つ技術力や人材力、情報力といった産業の力があったからなのではないか。

またさらに先に紹介したように、たとえよそ者であっても経済力があり地域の評価を獲得できれば社会的優位に立つことができ、次第に古くからの地主派を新興の工場派がしのいでいった歴史的経過から見て、川口という地域には、本来的に大資本や経済力を持つ外部からの人や企業を容認し、積極的に受け入れていこうとする考え方があるのではないかと考えられる。

以上のように見ると、これらの鋳物開業形態に対して表現すれば、古来の家の考え方に基づく開業形態（①・②）を「伝統的」、やはり古来からではあるが技術優先の考え方に基づき、一部を変化させながらも近代産業発展に対応した開業形態を「近代化的」、資本力に基づく形態を「近代的」と言うことができるのではないか（図４参照）。

## 六、結語

以上のように、従来報告されてきた機械工場の開業例も参考としながら、川口鋳物工業における鋳物工場の開業過程について分類・整理・分析し、そこに潜む考え方を指摘した。

まず、民間の近代工場が開業し増加し、結果として京浜重工業を発展させてきたことの一つの要因として、すでに江戸時代末期には存在していた鋳造家業の協業組織や細工場の実態があり、これに対して「工場」の概念が比較的自然に浸透し普及していったのではないかと考えるのである。

次に、鋳物工場開業の背景には、①・②に見られるように、かねてより存在してきた「家」を興し永続を志向する考え方、③・④に見られるような職人の技術力を尊重し優位とする考え方、⑤・⑥のような外部からの経済力や資本力を容認し受容しようとする考え方などが存在していることを指摘することができた。近代日本の民間工場は、我が国の家観念を継承し、我が国の職人文化を継承した先人たちがつくってきたのである。

さらに言えば、日本の近代資本主義産業の発展には、その多くを西洋から取り入れた新しい技術力、資本力、労働力を背景にした工場社会と新たな産業構造を必要としたのであり、その必要性にとくに積極的にかつ変化も伴い柔軟に対応したのが、技術優先の考え方を背景とした徒弟制や渡りといった技術修得慣行と買湯制という資本蓄積慣行とその「民俗の変化型」なのであった。そしてそれらを促してきたものに、少なくともこの三つの考え方をあげることができるのである。

また、斎藤修は、戦前の町工場における技能形成には、農村から徒弟奉公や工場見習によって技能を修得した職工になった農家出身者達が重要であり、彼らの多くは強い起業志向を持っていたことを指摘している。[61]③・④の開業形態は、まさにこれを示すものであり、言い換えれば、これによって新たな産業構造の創造に必要な労働力が農村から供給されたのであり、これを後押しした当時の考え方が「一城の主への夢」であったのではないか。以上の点については、今後、他産業地域の場合について検証していきたい。

このようにして開業した工場のうち、成功・発展し大資本を形成した大工場は、中小工場を下請け化することで系列化していき、これらが、現代日本の企業形態の一部を形成している。筆者などは、このような歴史的経過と民俗的思考の継承が一つの要因となって、技術大国日本や同族会社、企業永続、町工場の底力など、現代社会の処々に日本的な様相を呈しているのではないかと考えているのである。

# 第二節　鋳物工場の屋号と家印

## 一、研究の目的と意義

わが国の近代化、ことに明治期以来の産業革命による大変革には、欧米から機械と技術を体系的に輸入した「移植産業」と、在来技術の中に部分的に新技術を取り入れて発達した「在来産業」という大きな二つ流れがあった。移植産業は政府の保護を受けた大企業が多く、これに対し在来産業は中小の個人経営によるところが大きかったが、日本の産業革命は、この二つの産業の類型が互いに関連し合いながら成し遂げられ、またこれが社会や生活の変革をもたらしたのである。[62]この大変革については、大きな研究課題であり、歴史学を中心として様々な観点から研究がなされているが、民俗学においても、かねてよりその重要性が指摘され[63]、またこの課題をひとつのきっかけとして都市民俗学という研究分野が生じている。[64]

一方、筆者が本稿において研究対象とする埼玉県川口市の鋳物工業は、その起源についてはいくつかの説がありはっきりしないが、文献資料や作品銘の記録などから、遅くとも室町時代末期には製造がされていたと見られている。[65]これが発展した理由としては、地元荒川岸や芝川岸から鋳型に適する砂と粘土が採れたこと、日光御成道や舟運によって原材料や燃料、製品の運搬に便利であったこと、江戸（東京）という大消費地に隣接していたこと、近隣から労働力が得やすかったことなどがあげられている。[66]おそらく川口の古くからの鋳物産地の中心部が金山町という地名であることから、他地域の金屋と呼ばれる鋳物産地と同様に、それまで京都蔵人所に統括されながら広く諸国を遍歴し交易していた鋳物師集団が、鎌倉時代末期以降に定着したものと思われる。[67]そして江戸時代には、蔵人所小舎人である真継家に支配されながら、宝暦十三年（一七六三）には大川（永瀬）文左衛門以下四人、安政年間（一八五四～六〇）には二十一人の由緒鋳物師が活躍していた。また、流通面において江戸十組問屋釘店組の支配下に組み込まれながら、鋤・鍬などの農具や梵鐘・鰐口といった青銅鋳物、鍋・釜・鉄瓶といった日用品鋳物が盛んに生産された。とくに薄肉鋳物技術を背景にした日用品鋳物は特産で、江戸や周辺地域の人々の生活をささえたのである。[68]

明治時代になると、「薬研屋」永瀬庄吉に先導され、様々な技術革新によって、伝統的な日用品鋳造から、資本主義産業の一端をになう機械部品鋳造へと生まれ変わった。ストーブや竈といった複雑な日用品の他、水道管や鉄柵、また一時は兵器も製造したが、京浜工業地帯などのメーカーの下請けとなって様々な機械の部品を生産するようになった。これは、中世以来の他の鋳物産地が姿を消す一方で、引き続き伝統工芸品、造船業、様々な産業機械部品など、それぞれ近代的存在形態を模索してく中で、「西の桑名に東の川口」と賞されたように、川口の鋳物工業は、それ自体近代化に成功し転換し、わが国の近代化や高度経済成長を底辺からささえてきたのである。[69]つまり、これは、先に指摘した日本の産業の近代化における在来産業の発展の流れなのであり、こうした産業史を研究することこそが、日本の近代化の様相を知るうえで重要な手掛かりとなるのではないか。[70]また、川口の鋳物業は、歴史が古いこと、多いときで工場が八百軒あったとも言われたほど限られた地域に工場が密集して存在していること、中小工場が多く家内工業的な色彩が残っていたことなどもあって、かつては、前近代的なあるいは徒弟や買湯をはじめとする労働慣行やしきたり、職人気質などが生きていたという。[71]

そこで筆者は、まずこの地域を、社会・経済・文化等様々な面において、鋳物業を中心とした産業が重要な役割を担っている「産業地域社会」として捉え、[72]これを構成し様々な重要な役割を担っている「工場」という社会の特性を解明することの重要性を指摘した。[73]工場は、「分業にもとづく協業」という原理に支配されている、生産の基本単位であり、また労働の人間関係を規定する基本単位でもある。[74]そして、明治末期から昭和十年頃における工場の誕生の様相を明らかにした[75]。

次に、川口商工会議所発行の『昭和十五年版・川口商工人名録』には、商工会議所会員が業種別に記載されており、当時の鋳物工場を名簿に見ることができる。これによると、鋳物工場を屋号で呼ぶことが多かったことからであろうか、名簿の掲載欄の項目として、工場名や商店名のことを「屋号又は称号」と言い表している。また、掲載されている四九八人のうち一九九軒の工場が、頭にマークを掲げ、その多くが○・┌・∧などの記号に文字をつけた、つまり家印と思われるものを用いているのである[76]。鋳物工場によっては、このような印を、商品を区別するための商標として用いることもあり、筆者はかつて資料として報告したが、このような名簿の家印は、工場名（会社名）とともに用いている点で、社標の機能を担っているといえよう[77]。このような社標のついた工場名は、大正から昭和十年代の名簿にまではかなり多く見られるが、戦後の名簿になると全く見られなくなってしまうのである。

商号や商標、社標は、工業所有権ともいわれる知的財産権の一部であり、明治以降、商法・会社法・商標法などの法律によって規定されてきた。そして今日、これらは、産業活動における識別標識として、産業秩序の維持に機能している[78]。また、例えば商号権などは、ある部分において、わが国に古くから存在する屋号の慣行を立法化したものであるとも言われているのである[79]。

以上のことから、本稿では、聞き書き調査と工場名簿などの文献資料を扱うことによって、従来村落社会における家の民俗として調査研究されてきた屋号や家印の民俗事象が、産業地域社会や工場社会においては、どのように存在し、また機能し変化してきたかについて分析する。これは、ある部分他の業種や企業においても見られる現象であるとも考えられるが、先に示した日本の近代化の様相の一端なのであり、また、とくに従来からの慣行が近代化にどのような役割を果たしたのかという問題なのである。

## 二、屋号・家印の研究沿革

ここでは、本稿で問題にする屋号と家印について、民俗学における従来の研究を概観する。屋号は、地域によってイエナやカドナとも言われ、屋敷や家に付けられた呼称であり、同族の同じ苗字が多い村落において、個々の家を区別するために成立したとされる[80]。その命名の由来によって、①位置・方角によるもの、②地形によるもの、③家の格式や職分を示すもの、④家の新旧や本分家によるもの、⑤ムラの役割や任務によるもの、⑥家の先祖の名をつけたもの、⑦家屋の構造や材料によるもの、⑧家印によるもの、⑨家の祭神によるもの、⑩職業や副業によるもの、⑪出身地によるものなどがある[81]。

次に、家印は、家財・農具・漁具・蔵・船・墓などに対して家ごとの所有を表示するための占有標のひとつで、墨書・漆印・焼印・染付けなどによって用いられる。その起源は、木材の占有に用いる木印と関係しているとされる[82]。家観念の発達とともにその必要性が増大し、場合によっては屋号になったり、家紋や商標の起源となったものも多い。同族や一族、親方・子方で類似の印を用いることも多い[83]。また、家印の近代的変遷についての研究もなされてきており、監物なおみは、千葉県市川市の事例から、家印のなかで、とくに商業上の伝達・シンボルの役割を担いその機能が強められたものが、商標や会社のマークになっていると指摘し、全体的に①木印的な家印→②へ・〇・┐・□の輪郭の中に文字の入ったもの→③地名を冠したもの→④商標に変化しているという[84]。

以上のように簡単に研究史の概要を見てきたが、屋号や家印という慣行は、また地域社会の発展過程や社会秩序との関連も指摘されているが、いずれもあまり進展しているとは言えないのではないか[85]。そこで筆者は、古来より伝えられてきた屋号や家印が、工業都市である川口の鋳物工場において、どのように存在し機能し、また変化してきたのかについて調査研究するのである。

## 三、鋳物屋の屋号と家印

ここでは、川口の鋳物屋において、屋号と家印がどのように存在し機能していたのかを見ておく。表10は、川口鋳物業の発祥とも言われる金山町の、大正時代末期から昭和初期頃における鋳物屋の一覧である。これは、未詳な部分もあるが、『川口市史（民俗編）』に当時あった四十四軒の鋳物屋が報告されており[86]、その表に昭和五年（一九三〇）の『川口鋳物同業組合員案内名簿』に掲載された工場名を追加記入し作成したものである[87]。

まず、屋号については見ると、「タバコヤカメサン」・「アブラヤ」は前項の⑩職業や副業によるものであろう。№25は鋳物屋の前の職業が油屋であつたといい、おそらく№7もそうであろう。「カネヘイ」・「ヤマブン」・「カネヤ」などは、⑧家印が屋号となったもので、鋳物屋にはこれが多い。鎌倉橋は地域の中の場所や①位置を示すもので、金五郎さんは、⑥家の先祖の名をつけたもの、「シントメ」は、「シンヤ」の分家で④家の新旧や本分家によるものであろう。また当地の特徴を示していると考えられるものとしては、大きく見れば⑩に属するのかもしれないが、「テッビンヤ」・「シンチュウシマサン」・「カラカネヤ」は、つくっている鋳物製品をつけて屋号にしている。以上が地域の人達に「屋号」または「家号」と呼ばれているものであり、屋号を持っている鋳物屋は古くから続いているのだという。そして、鋳物屋にも永瀬姓など同じ苗字が何軒もあるため、屋号で呼び合っていたといい、№27の星野鋳造所では、先祖安太郎の「ヤ」をとったといわれカネヤであるが、埼玉県秩父市から郵便を送る時、「川口市ヤ」だけで到着したという。このような機能は村落社会における屋号と同様であり、工場社会が誕生しても、家内工業的でいまだイエ社会と未分化であったのであろう、イエ社会の慣行を引き継いでいるものと思われる。そして、昭和二〇年代になって、会社として登記するようになると、他と同じ工場名を用いないよう指導されたという。

表10. 大正末期から昭和初期における金山町の鋳物屋の屋号と家印

| No. | 氏名 | 工場名 | 屋号（家印・商標） | 備考 |
|---|---|---|---|---|
| 1 | 永瀬　平五郎 | 平 永瀬鋳物工場 | カネヘイ（平） | 3代前に開業 |
| 2 | 小野澤　兼吉 | (小)小野澤鋳工場 | | ヤマブンの弟子、大正初開業 |
| 3 | 鈴木　市五郎 | 鈴木鋳工場 | 金五郎さん（烏） | |
| 4 | 永井　文治郎 | 㕣文 永井鋳工所 | ヤマブン（㕣文） | |
| 5 | 福田　武之丞 | 福田鋳工所 | | 並木町へ転出 |
| 6 | 永井　幸三郎 | 幸 永井鋳工場 | | 明治末開業、大正末に本町へ |
| 7 | 永瀬　嘉兵衛 | 永嘉鋳工場 | タバコヤカメサン(亀) | 明治末開業、大正末に本町へ |
| 8 | 永瀬鉄右衛門 | 永熊鋳工場 | 永熊 | 大正初開業、2代目 |
| 9 | 永瀬　留十郎 | 下 永瀬鋳造所 | シントメ（下） | 3代目 |
| 10 | 永瀬　和吉 | 仌 (合)永和鋳工所 | | 大正末元郷へ |
| 11 | 千葉　寅吉 | 千葉分工場 | | 大正末開業 |
| 12 | 鈴木　吹造 | <FS> 鈴木鋳物工場 | 鈴吹 | 増金の弟子、戦後廃業 |
| 13 | 片桐　勝蔵 | 片桐工場 | テツビンヤ | |
| 14 | 小池弥右衛門 | 弥 小池鋳工所 | | 永幸の弟子 |
| 15 | 浅倉　富蔵 | 浅倉鋳工場 | | |
| 16 | 永瀬　島蔵 | 嶋 永瀬鋳物工場 | シンチュウシマサン | |
| 17 | 永瀬　正吉 | (吉) 永瀬鋳物工場 | テツビンヤ、永正 | 3代目 |
| 18 | 蒲山　久吉 | 蒲山商務所 | | 明治末～大正末 |
| 19 | 小川　春蔵 | 春 鋳工所 | | 片桐の弟子 |
| 20 | 北角　為吉 | (北)北角工場 | | ヤマブンの弟子、大正初開業 |
| 21 | 鈴木　友訓 | 日本ピストンリング㈱ | 日本ピストン | 昭和15年頃より |
| 22 | 榎本　半五郎 | (本)(合)榎本鋳工所 | | 大正初開業 |
| 23 | 須崎　兼吉 | 須崎鋳工場 | | 製造販売 |
| 24 | 永瀬　権三郎 | 永瀬鋳工場 | | |
| 25 | 永瀬　幸三郎 | 永幸工場 | アブラヤ | |
| 26 | 田中　庄太郎 | 田中工場 | | |
| 27 | 星野　安太郎 | ヤ 星野鋳造所 | カネヤ（ヤ） | |
| 28 | 芝崎　房太郎 | 芝崎鋳工所 | | もと銭湯、昭和に開業 |
| 29 | 小川　新八 | 小川工場 | | |
| 30 | 保坂　兼次郎 | 示 保坂鋳工所 | | 保坂の本家、昭和に開業 |
| 31 | 浜田　庄吉 | 浜田工場 | | 支那事変頃廃業 |
| 32 | 江口　為蔵 | 江口鋳物工場 | | 戦後廃業 |
| 33 | 関口　槌太郎 | キ 関口鋳工所 | | 幸町へ転出 |
| 34 | 伊藤　仙太郎 | 仐 伊藤工場 | | |
| 35 | 山崎甚五兵衛 | 仌 山崎鋳工場 | | |
| 36 | 永瀬　政之助 | (マ)永政鋳工場 | 永政 | |
| 37 | 井尻　新之助 | 井尻川口工場 | | |
| 38 | 大熊　仙造 | 大熊鋳工所 | 大熊鉄工所 | |
| 39 | 高木　喜太郎 | 高 高木工場 | 鎌倉橋 | |
| 40 | 岩田　源次郎 | 岩 岩田鋳工所 | 岩源 | |
| 41 | 大木　武雄 | 大木鋳工場 | | |
| 42 | 浜田　信作 | 浜信鋳工所 | 浜信 | ヤマブンの弟子 |
| 43 | 増田　啓次郎 | 増啓鉄工場 | カラカネヤ、増啓 | |
| 44 | 永瀬　磯次郎 | イ 永瀬鋳造工場 | 永磯 | 大正末廃業 |

（※『川口市史(民俗編)』の「金山町鋳物業一覧」をもとにして工場名を『川口鋳物同業組合員名簿』(昭和5)により作成）

これに対して、表10の屋号の欄には、他に二つの形態のものが見られる。一つは「日本ピストン」や「大熊鉄工所」などの工場名が通称になったものである。もう一つは、「永熊」・「鈴吹」・「永磯」・「永正」・「増啓」・「浜信」で、苗字の一字と先祖の名前の一字を付けて呼ぶものであるが、古い鋳物屋の言うところでは、これは屋号ではなく、新しい鋳物屋が用いる通称であるという。しかし、このような鋳物屋の呼び方は、けっこう数多く存在し、これが工場名（商号）になっている例もある。つまりこれは、近代とくに大正や昭和になって新しい鋳物屋が増加していく中で、新たに出現した新しい形の屋号なのではないだろうか。

次に、家印について見ると、人々の間には「家印」という呼称はなく、家印が屋号になっている場合には「屋号」と呼んだり、あるいは「商標」と呼んだりしており、昭和二〇年代まで盛んに使われていたという。その形態としては、苗字か名前の一字の漢字かカタカナに「・へ・○などを付けたものが比較的多く見られる。

それでは、これがどのように使用されていたかであるが、金山町の今井鋳工所では、テンビンという工場のクレーンに釣って鋳型を吊るす鋳物製の道具に、今井のイをとって「〈イ」を鋳込んであった。これは、まさに占有標としての家印の機能である。ただしそれは、自分でつくれる工場の道具類に付けていたと見られ、各職人所有の道具類などはその対象ではなかった。

江戸時代から「ヤゲンヤ（薬研屋）」という屋号でとおっていた永瀬庄吉の永瀬鉄工所の昭和七年（一九三二）の経歴書には、商標は「⌐正（カネショウ）」としている。(88) これは、二代目庄吉が別に「永瀬正吉」という称号を用いていたことに由来するといわれるが、昭和一〇年（一九三五）頃のカタログを見ると、水道管や制水弁、消火栓などにもこの商標が鋳込まれている。(89) また、昭和四〇年代まで多くの鋳物工場でつくられていたダルマストーブについてであるが、写真のストーブには小櫃鋳造所（小櫃丑蔵）の「㋒」が鋳込まれている（写真2参照）。今井鋳工所では、昭和一〇（一九三五）年頃、鋳造した五徳・シホウミノ（風呂釜）・製麺機など日用品に、「〈イ」を鋳込んだり、荷札に印を付けたりした。これは、自己の商品を他と区別するための記号、(90) つまり商標として用いられた例である。

もちろん№3の烏や№7の亀の子のように、家印以外の商標を用いる工場もあったが、いずれにしてもこれは、製品を型にして複製し、いくらでも同様な製品が製造可能であるという鋳物業の性格上、商標が重んじられ、とくに日用品の鋳物製品に自分の商標を入れることによって、製品に誇りと責任を持ち、購入者の信用を獲得したのである。このような状況の中で、商標登録をする工場もあった。そして、たとえ鋳物屋が廃業しても、その型が他の工場に受け継がれれば製品は無くならないことから、「型を買う」ことが行われることがあり、その場合「商標を買う」こともあったという。

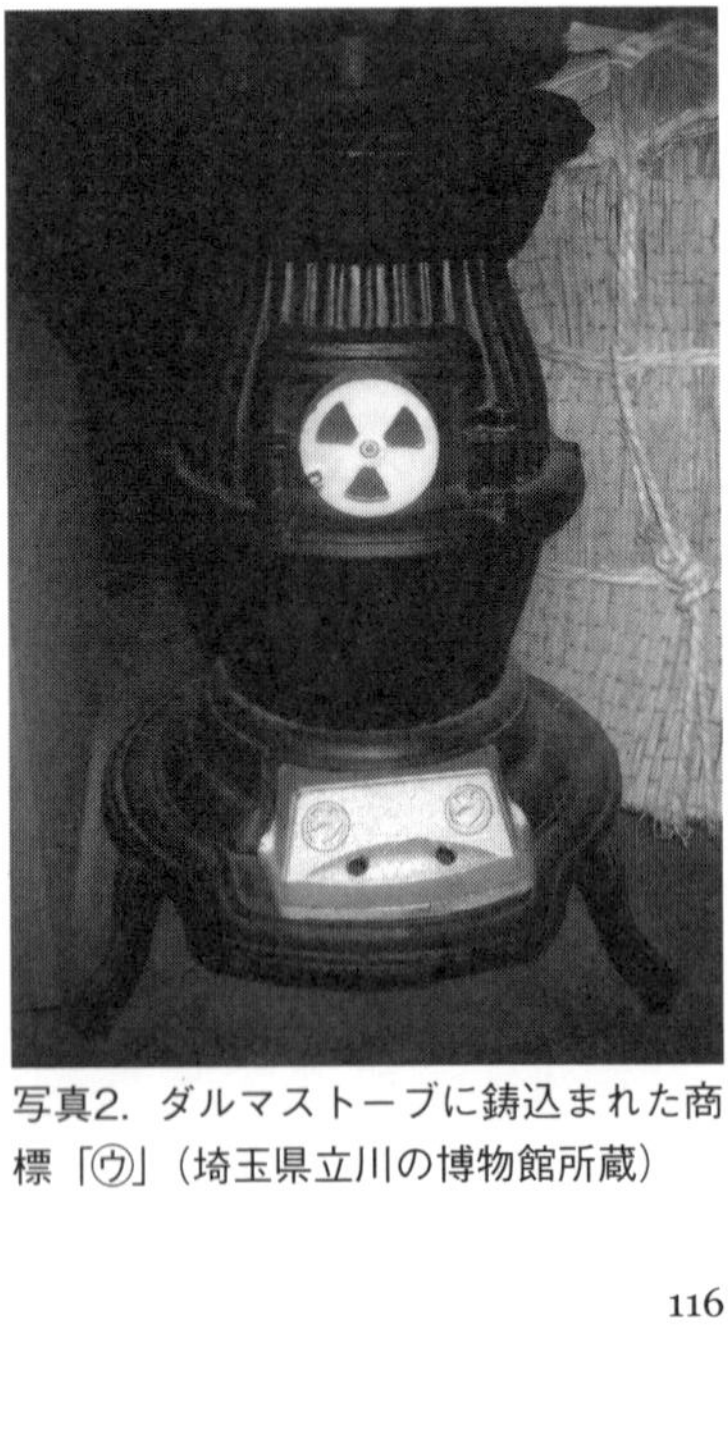

写真2．ダルマストーブに鋳込まれた商標「㋒」（埼玉県立川の博物館所蔵）

また、工場の表札の頭に印を付けたり（写真3参照）、工場の壁に表示したり、職人の仕事着である木綿盲縞の印半纏の背中に屋号などの印を入れたりもしたという[91]。これらは、実施者である鋳物屋の感覚としては、屋号の印（マーク）として表示しているのか、あるいは商標を掲げているのかはっきりしないが、工場つまり会社のマークという機能を果たしていることから、「社標」として用いられていると言うことができる。とすれば、当時の工場では、本来占有標であった家印を商標に使用し、また社標としても兼用していたということもできる。いずれにしてもこれの他者からの区別という根本的な機能は明確に存在しており、今井鋳工所では、工場を開業する時には、他に同じ印を用いた工場がないかよく調べたといい、他と同じ印を使用すると恥だと言われたという。

以上見てきたように、鋳物屋の屋号については、村落社会におけるそれと同様なものも存在するが、苗字の一字と名前の一字を付けた、新しいタイプの屋号と言えるものが存在したことが確認された。また、家印については、昭和二〇年代まで盛んに使用されていたというが、苗字か名前の一字の漢字かカタカナに「・〈・〇などを付けたものが多く見られ、根本的に他と区別するという意味は同じであるが、占有標として、また屋号や商標、あるいは社標としての機能があり、工場によって多少違いがあれども、一つの印がいくつもの機能を持つようになって存在していたのである。また、このような屋号と家印の新しいタイプは、近代化過程における「民俗の変化型」と捉えてよいのではないか。

写真3. 鋳物工場の表札「ヤ|星野鋳造所」

## 四、工場名簿より見た鋳物工場

次に、いくつかの文献資料と鋳物工場名簿を参照しながら、屋号と家印について分析を深めていきたい。

川口鋳物業に関する史料を見ると、鋳物屋の名前を記述したものとしては、古いものでは『諸国鋳物師名寄記』（文政十一～嘉永五年）など、江戸時代に全国の鋳物師を統括していた京都真継家にかかわる鋳物師一覧が五つ確認されており、最も新しい明治十二年（一八七九）の『由緒鋳物師人名録』に川口の鋳物師二十一名が記されている。[92] また、明治十九年（一八八六）の「東京鋳物職一覧鑑」には、川口の鋳物職人六十七名の氏名と主要製品が記されている。[93] つまり、明治の中頃になっても、鋳物屋は、職人として記され、工場という認識はまだあまりなかったのである。

その後、明治三八年（一九〇五）には四十七件の工場があったとされており、その後大正三年（一九一四）には川口鋳物同業組合が設立されているが、[94] この組合が大正六年（一九一七）十二月に発行した『大正六年十二月十日現在・川口鋳物同業組合員一覧表』には、一七一人の組合員氏名とそれに伴う一〇五の工場名や商店名、六十八人の買湯屋が記されている。[95] すでにこの頃には、鋳物屋を工場名で呼ぶことも多くなったのであろう、「工場主」→「工場名」→「主なる製品」→「電話番号」の順で記載されている。

この名簿を見てまず気づくことは、工場名で「――工場」が五十三軒と最も多く、次いで「――鋳工場」が二十三軒、「――鋳工所」が三軒である。これに比べて大正十二年（一九二三）の『大正十二年四月現在・川口鋳物同業組合員一覧表』では、「――工場」が五〇軒に対して「――鋳工場」が五十八軒と多くなり、「――鋳工所」が二十九軒となっている。[96] つまり、おそらく大正六年当時は、例えば機械工場など鋳物工場以外の工場は少なく、工場と言えばまず鋳物工場を指したのであろうが、大正期末には、鋳物以外の工場が増加したため、鋳工場や鋳工所、鋳造所などと表示する工場が増加したのであろう。いずれにせよ、各名簿を比較すると、当時はまだ会社として登記していない個人経営の工場がほとんどであり、工場名（商号）は変更されることが多かったのである。

また、例えば「飯塚工場」などのように上に苗字を付けたものが七十二軒と最も多いが、最も多い苗字は永瀬姓で二十八軒もある。このような中で、先に見た新しい屋号かあるいは屋号に代わる通称をつけたと思われる、例えば「永福工場」などのような「永瀬福太郎」の苗字一字と名前一字を合わせた名称も十五軒も見られる。これは、永瀬姓や増田姓など複数ある姓の工場に多く見られることから、自工場と他工場を区別するために用いられているのであろう。また先に指摘したが、頭に家印などの商標あるいは社標を付けた工場が一〇軒あり、そのうち八軒が「太 伊藤工場」のように苗字の上に付けているが、「岩 鋳工場」などは家印を屋号にしているのであろうが、工場名（商号）にもしている。これらの印は、苗字か名前の一字の漢字かカタカナに「・〈・〇などを付けたものが多い。他には、「[illegible]」のようにサヤマ（佐山）を記号化したものもある。他に数は少ないが、工場名に苗字でなく「川口鋳工所」のように地名を付けた例や、「日の出工場」のようにやはり商標からきている例も見られた。

次に、『大正十二年四月現在・川口鋳物同業組合員一覧表』には、組合員数が増え延三二二人、二三七工場、十三商店、買湯七十二人が掲載されている。このうち苗字一字と名前一字の工場名は二十七軒、頭に印を付けている工場や商店は五十二軒、苗字などは付けず印のみを付けたものも六軒とそれぞれ多くなっている。とくに注目しておくことは、「Ⓣ上原鋳工所」で、印にローマ字を使用した工場が現れたことである。[97]

次に、昭和五年（一九三〇）の『川口鋳物同業組合員案内名簿』には、延四〇三人の組合員、三三九工場、十六商店、買湯三十九人が見られるが、銑鉄鋳物以外にアルミニウム・琺瑯・軽銀・砲金の鋳物業、機械、金型、酸素溶接、鍍金など鋳物関連業とはいえ、組合員がかなり多様化してきた。苗字一字名前一字の工場名は二〇軒、頭に印を付けている工場や商店は一四四軒にもなり、このうちローマ字を用いて印としているもの十四軒、印のみを付けたものも八軒見られる。また注目すべきと思われるのは、例えば「㊎ 松本秋次鋳工場」のように姓名を付ける工場や商店が十三軒、「大正竈鋳造所」のように商品名をつけた商号も九軒見られた。[98]

次に、先に紹介した『昭和十五年版・川口商工人名録』は、川口商工台帳による「昭和十四年十一月現在営業収益税を納付する個人及び会社」であり、「営業品目」→「営業所又は住所」→「屋号又は称号」→「名称又は氏名」→「電話番号」の順に記載されている。鋳物製造の章（鋳物販売・機械加工・溶接・鍍金は含まれない）には、延四九八人、四七八工場、個人（買湯）二十五人となっている。このうち、当時すでに法人登録をしている工場は、株式会社十六軒、合名会社六軒、合資会社二十五軒の計四十七軒見られる。また、印を付けている工場は一九九軒で、うちローマ字を使用した印は二十五軒見られる。[99]

次に、昭和十三年（一九三八）に発足した工業組合法に基づく川口鋳物工業組合が昭和十六年（一九四一）に作成した『昭和十六年三月二十日現在・川口鋳物工業組合員名簿』は、組合の性格上鋳物製造者の組合であり、町名ごとに「工場名」→「工場主又は代表者」→「住所」→「電話」の順に記載され、工場名が最上欄となっている。これには、延五二三人、五〇六工場、個人（買湯）十七人が掲載されており、このうち印を付けている工場は実に五分の三にあたる三〇四軒に及び、そのうちローマ字による印は五十六軒にもなっている。そこで、金山町の鋳物工場及び個人四十五軒を表11に示した。この中でも、半数以上の二十八軒が印を付け、ローマ字の印が二軒、苗字を記号化したものも一軒（「」）見られたが、それぞれが異なる印で同じものは一つもない[100]。

　最後に、『1950年版・川口商工名鑑』の「銑鉄鋳物業」の章では、「製造営業品目」→「業態」→「商号」→「代表者氏名」→「所在地」→「電話番号」→「会議所会員」の順で記載され、延五〇九人、五〇九工場が記され、買湯は記されていない。このうち半数以上の二六一軒が、株式会社・有限会社・合名会社・合資会社など法人登記をしている。しかし、印は全く記載されず、同じ

表11．昭和16年の金山町の鋳物工場名簿（『川口鋳物工業組合員名簿』（昭和16年）より作成）

| No. | 工場名 | 工場主又は代表者 |
|---|---|---|
| 1 | 岩田鋳工所 | 岩田　源次郎 |
| 2 | 永幸工場 | 永瀬　文造 |
| 3 | 永瀬留十郎工場 | 永瀬　政夫 |
| 4 | 芝平鋳工場 | 芝崎　平四郎 |
| 5 | 小池鋳工場 | 小池彌右衛門 |
| 6 | 鈴吹工場 | 鈴木　吹造 |
| 7 | 星野鋳造所 | 星野　安太郎 |
| 8 | ㈱濱田工場 | 濱田　半次郎 |
| 9 | 鈴木鋳工場 | 鈴木　市五郎 |
| 10 | 合資会社須崎鋳工場 | 須崎　米蔵 |
| 11 | 浅倉鋳工場 | 浅倉　富蔵 |
| 12 | 合名会社永正鋳工所 | 永瀬　正吉 |
| 13 | 金子鋳工場 | 金子　亀次郎 |
| 14 | 江口製作所 | 江口　為五郎 |
| 15 | 関口鋳工所 | 関口　實 |
| 16 | 永瀬鋳工場 | 永瀬　島蔵 |
| 17 | 大熊鋳工場 | 大熊　仙蔵 |
| 18 | (増慶鋳工所内) | 大熊　辰蔵 |
| 19 | 山崎鋳工場 | 山崎　寅蔵 |
| 20 | 大木鋳工場 | 大木　武雄 |
| 21 | 永熊鋳工場 | 永瀬　熊吉 |
| 22 | 小川鋳工場 | 小川　庫造 |
| 23 | 鈴朋鋳物工場 | 鈴木　朋三 |
| 24 | 永政鋳工場 | 永瀬　政義 |
| 25 | 永井鋳工所 | 永井　良與 |
| 26 | 小川合金鋳造所 | 小川　大蔵 |
| 27 | 野崎鋳工所 | 伊藤　軍治 |
| 28 | 芝崎鋳工所 | 芝崎　房太郎 |
| 29 | 榎本鋳工所 | 榎本　壹郎 |
| 30 | 北角鋳工場 | 北角　為吉 |
| 31 | 片桐鋳工場 | 片桐　銀蔵 |
| 32 | 長谷川鋳工所 | 長谷川　五平 |
| 33 | 小川鋳工場 | 小川　春蔵 |
| 34 | 合資会社増慶鋳物工場 | 増田　金太郎 |
| 35 | 遠藤鋳工所 | 遠藤　三蔵 |
| 36 | 高福鋳工場 | 高橋　由蔵 |
| 37 | 鳥海鋳工所 | 鳥海　たか |
| 38 | 山本鋳工所 | 山本　喜三 |
| 39 | | 小川　豊 |
| 40 | 平野鋳造所(三和鋳工所内) | 平野　環 |
| 41 | | 大木　正雄 |
| 42 | 今井鋳工所 | 今井　幸太郎 |
| 43 | 高木鋳工場 | 高木　喜太郎 |
| 44 | 濱信鋳工所 | 濱田　信作 |
| 45 | | 早川　増吉 |

商号がいくつも見られる。(101)

以上のように、明治十二年（一八七九）の『由緒鋳物師人名録』から昭和二十五年の『1950年版・川口商工名鑑』にいたるまで、八つの鋳物業者名簿について見てきたが、とくに家印と新しい形態の屋号とも思われる苗字一字と名前一字の工場名の数について、表12に整理した。これによると、鋳物屋は、古くから呼称では屋号が使われていたようであるが、明治中期頃までは職人名で書かれ、工場名で書かれるようになるのはそれ以降のことである。このような変化は、各名簿における項目の順番の変化にも表れていると思う。

大正期になると、自工場を他工場から区別しようと苗字一字・名前一字をつけた工場名（商号）や、頭に印（社標・商標）を付ける工場が見られるようになった。いずれも大正六年には十軒程度であったが、徐々に増加し、戦争直前の昭和十六年頃がピークであり、昭和二五年には減少し、とくに印をつけた工場は一軒も見られなくなった。これは、ひとつの理由として、戦後工場の会社組織や商号登記の普及と関係があるのではないか。

また、頭に印（社標・商標）を付けた工場は、かなり増加していき、昭和十六年には三〇四軒と全体の五分の三以上におよんでいるし、このうちローマ字を使用した印は、大正十二年にはじめて一軒現れたが、昭和十六年には五十六軒と印を付けた工場全体の六分の一以上にまで増え

表12．工場名簿等より見た工場名・家印（社標・商標）の推移

| 年代 | 総数<br>(工場・商店数) | 苗字1字・名前1字を<br>工場名にした工場 | 家印をつけた工場<br>(ローマ字の印の工場) | 会社組織 |
|---|---|---|---|---|
| 明治12年(1879) | 21（人名） | —— | —— | |
| 明治19年(1886) | 33（人名） | —— | —— | |
| 大正6年(1917) | 171(105・6) | 15 | 10 (0) | 2 |
| 大正12年(1923) | 322(237・13) | 27 | 52 (1) | 15 |
| 昭和5年(1930) | 403(339・16) | 20 | 144 (14) | 28 |
| 昭和15年(1940) | 498(173・—) | 47 | 199 (25) | 47 |
| 昭和16年(1941) | 523(506・—) | 55 | 304 (56) | 53 |
| 昭和25年(1950) | 506(506・—) | 41 | 0 | 261 |

（『由緒鋳物師人名録』(明治12年)・「東京鋳物職一覧鑑」(明治19年)・『大正六年十二月十日現在・川口鋳物同業組合員一覧表』・『大正十二年四月現在・川口鋳物同業組合員一覧表』・『川口鋳物同業組合員案内名簿』(昭和5年)・『昭和十五年版・川口商工人名録』・『昭和十六年三月二十日現在・川口鋳物工業組合員名簿』・『1950年版・川口商工名鑑』より作成）

ている。その理由としては、先にも指摘したが、鋳物業の性格上商標が重んじられたことが考えられ、ローマ字の印の増加は、商品や工場のイメージ・アップという目的もあるであろうが、大きな意味で日本社会の洋風化を示すものと言ってよいであろう。

　つまり、当時は新しく工場が設立されたから、当初は家印の慣行にのっとった印が盛んに創られたのであろう。後に苗字を記号化したり、またローマ字による社標や商標も現れた。そして、苗字一字と名前一字の通称や社標・商標を重んじる工場や社会は、かつて重要な役割を果たしていた屋号や家印の慣行が基盤となって成立・発展した現象なのではないか。

## 五、鋳物工場における家印の継承

　鋳物工場においては、家印が屋号や商標、社標の機能を果たしてきが、ここでは、これらの印が新たな工場や商店に継承されたり、時につれて様々に変化していく様相を見ていく。

まず、従来の家印の研究が見てきたように、商標や社標の印が本家や分家などに継承される傾向があるのかについて分析する。川口では「鋳物屋は三代続かない」と言われ、景気・不景気の影響を強く受け経済的基盤が安定しないことや、逆に新規開業も多いことから、村落社会のように本分家の工場の結びつきは必ずしも強くない。ここでは、判明するかぎり本分家あるいは師匠と弟子の関係で、同じような〇・「・〈などの印を用いている事例を表13にまとめた。ここでは、二〇例が掲げられているが、別に師匠と弟子においても全く異なる印を使用する例も少なくないことから、結論としては、同じような印を用いる傾向もあると言うことである。

　具体的に見ると、確実に屋号や商標、社標を継承している事例として、№2小林英三は、永瀬喜三郎「㋖」の娘と結婚し大正九年に小林鋳工所を開業しており、同じ「㋖」を使用している。また、№3浅倉正吉は、父浅倉多吉と同じ「多」を印として、大正十二年に浅倉鋳工所を開業している。とくに№2小林鋳工所は、「國際」という商標も永瀬喜三郎から継承している。[102] また、№7小山仙太郎の小山鋳工所（「光」）は、師匠の浅見秀憲の印「光」に「一」を加えただけである。№20鋳物問屋矢崎本店（へ嶋）は、鋳物問屋鍋平本店「へ嶋」から独立したのであるが、明らかに鍋平本店の「嶋」を継承している。

次に、先に研究史においてもふれたように、家印が商標の起源になったものが少なくなく、[103] 商業上の伝達・シンボルの機能が強められると商標や会社のマークになっていると言われているが、[104] それは川口の鋳物業界においても指摘できるのである。その実態を把握するために、慣行的な商標にとどまらずに、とくに登録商標になった例を見ておく。

『日本登録商標大全』によると、明治二二年（一八八九）から昭和十五年（一九四〇）までの五十二年間で、川口の鋳物屋やその関連メーカーで商標登録をしている個人や会社は五十八名確認ができ、ただし多い人で十七個も商標登録を行っている者もあ

表13. 本家や修業先の家印（社標・商標）を継承した例あるいは類似する家印を用いた工場等

| № | 氏名 | 工場名 | 社(商)標 | 創業年 | 備考 |
|---|---|---|---|---|---|
| 1 | 永瀬　米吉 | 永米鋳工所 | 米 | 大正7 | 永瀬平五郎(平)の次男 |
| 2 | 小林　英三 | 小林鋳工所 | キ | 大正9 | 永瀬喜三郎(キ)の娘と結婚 |
| 3 | 浅倉　庄吉 | 浅倉鋳工所 | 多 | 大正12 | 浅倉多吉(多)の次男 |
| 4 | 野崎　栄吉 | 野崎分工場 | 栄 | 昭和3 | 兄泰弘(十)のもと修業 |
| 5 | 浅倉明次郎 | 浅倉鋳工所 | あ | 明治35 | 永瀬留十郎(卜)の徒弟 |
| 6 | 安藤　力蔵 | 安藤鋳工所 | 力 | 大正7 | 永瀬島蔵(嶋)の徒弟 |
| 7 | 小山仙太郎 | 小山鋳工所 | 光 | 大正9 | 浅見秀憲(光)の徒弟 |
| 8 | 大野元次郎 | 大野鋳工所 | 元 | 大正9 | 永瀬喜三郎(キ)の徒弟 |
| 9 | 高橋薫吉郎 | 吉野砲金工場 | 今 | 大正10 | 永瀬鋳物工場(新)にて修業 |
| 10 | 永井幸三郎 | 永井鋳工所 | 幸 | 大正12 | 永瀬平五郎(平)の徒弟 |
| 11 | 村松　元州 | 村松鋳工所 | 元 | 大正14 | 永瀬新三郎(新)の徒弟 |
| 12 | 大熊勇次郎 | 大熊鋳工所 | 勇 | 大正15 | 千葉鋳工所(卜)にて修業 |
| 13 | 早水　米蔵 | 早水鋳工所 | 米 | 昭和2 | 永井巳之助(巳)の徒弟 |
| 14 | 神保　倉吉 | 神保砲金工場 | 倉 | 昭和2 | 浅倉多吉(多)の徒弟 |
| 15 | 向井　雪助 | 向井鋳工所 | 雪 | 昭和3 | 永瀬喜三郎(キ)の徒弟 |
| 16 | 永井喜三郎 | 永井鋳工所 | キ | 昭和4 | 永瀬平五郎(平)の徒弟 |
| 17 | 田中　虎吉 | 田中鋳工所 | 卜 | 昭和4 | 田中七右衛門(七)の徒弟 |
| 18 | 小山巳之助 | 小山鋳工所 | 小 | 昭和11 | 小野澤兼吉(小)の徒弟 |
| 19 | 小川　春蔵 | 小川鋳工場 | 春 |  | 片桐力蔵(力)の徒弟 |
| 20 | 矢崎　健治 | 矢崎本店 | へ嶋 |  | 鍋平本店(へ嶋)の雇員から独立 |

（『川口市勢要覧』・『川口鋳物工業組合員名簿』・『川口市史（民俗編）』より作成）

り、一つの商標を複数の連名で申請している場合もあるので、川口鋳物業の関係では延べにすると一二一個の登録商標が確認できた[105]。もっとも商標権に関する最初の「商標条例」は明治十七年に制定されているし[106]、昭和十六年以降については確認していないので、これが全てではない。

　しかし、このうち家印から発展したかあるいは家印的なものと思われる登録商標は、数的には多くはないが、「〈嶋」・「〈千」・「和」・「(夕)」・「㊁」・「(万)」・「冂八」・「㊐」の八例が確認できた（表14参照）。これらは、実際商品や札には、印のわきに「登録商標」と書かれていたりする（写真4参照）。この八例のうち、№2・5・8以外は複数持っている登録商標のうちの一つである。ここまでいくと、この商標は、名実ともに一つのブランドなのであり、例えば№3永瀬豊吉（日の出工場）の「㊐」などは、工場名にもなっているが、おそらく最初から消費者などに対して親しまれるような商標としてつくられたのであろう。

　つまり、単に本来占有標である家印が商標に発展したこともあるであろうが、むしろ鋳物工場を開業するにあたり、鋳物業という性格からも、自製品を他から区別し、これの責任を表示し信用を獲得するために、商標を定める必要性が大きいことから、これにあたって、古くから人々の慣習として親しまれていた家印的な

表14. 川口鋳物業における家印が発展した登録商標一覧

| № | 商標 | 登録番号 | 登録年月日 | 主な指定商品 | 商標権者(工場等) |
|---|---|---|---|---|---|
| 1 | ∧嶋 | 66215号 | 大正3.6.25 | 鍋・釜・鉄瓶・五徳・銅壷付五徳・竈・暖炉・焜炉他鋳物・打物一切 | 島崎　平五郎<br>（∧嶋 鍋平本店） |
| 2 | (万) | 10256号 | 大正8.7.12 | 鋳物 | 浅倉　良造<br>（(万) 浅倉鋳物工場） |
| 3 | ㊐ | 118050号 | 大正9.7.6 | 五徳・湯沸・釜・鍋・火箸其他各種鋳物・打物・金網等一切の商品 | 永瀬　豊吉<br>（日の出工場） |
| 4 | ∧千 | 133062号 | 大正10.8.9 | 鋳物・打物・彫鏤品・編物及他類に属せざる金属製品一切 | 伊藤　仙太郎<br>（∧千 伊藤工場） |
| 5 | (夕) | 135641号 | 大正10.10.5 | 他類に属せざる金属製品 | 大木　武雄<br>（大木鋳工場） |
| 6 | 冂八 | 7502号 | 昭和3.11.13 | 他類に属せざる金属製鍋釜類・竈炉・楽罐・行厨函類・湯たんぽ他 | 高橋　八郎<br>（冂八 高橋商店） |
| 7 | ㊁ | 10444号 | 昭和6.12.17 | 鋳物その他本類に属する商品一切 | 田中　末吉<br>（㊁ 田中鋳工所） |
| 8 | 和 | 2440号 | 昭和12.3.25 | 鋳物その他他類に属せざる金属製品 | 本庄　貞吉<br>（和 本庄鋳工所） |

（『日本登録商標大全』第7類より作成）

印が用いられることが多かったのではないか。同様なことは社標についても言えるかもしれないが、このような現象についても、日本人古来の慣習が、近代社会において変化しながら継承された一つの形態と言えるのでないか。換言すれば、江戸時代に梵鐘や天水桶といった一つしかつくれない製品に鋳物師名を鋳込んだことは、ある意味ではブランド表示であり商標でもあったのである。このようなことから、襲名という慣行も、その商標的な機能からは有効なのであった。[107]しかしその後、工場における大量生産品に対して同様な意味を付加する場合、マークとしての商標が重要となり、そこに家印的な印が盛んに用いられたのであろう。

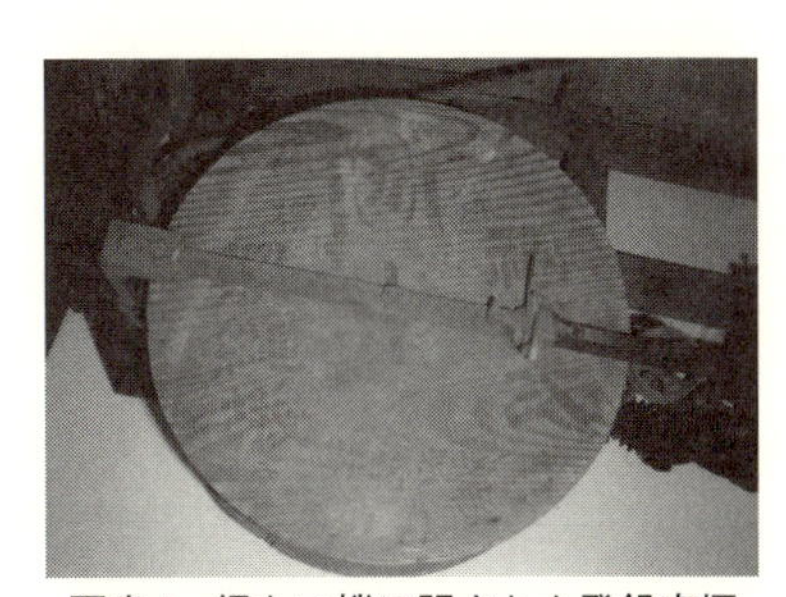

写真4．縄ない機に記された登録商標「㋖」（川口市立文化財センター蔵）

## 六、鋳物工場における家印の変容

ここでは、先に印（商標や社標）が工場名つまり商号になった例を指摘したが、ここでもういくつか確認しておく。

先にふれた表13の№２小林鋳工所が「㋖」印と商標「國際」を継承した永瀬喜三郎の「㋖永瀬工場」は、一度廃業しており、昭和一〇年（一九三五）に弟永瀬喜蔵が新たに「㋖丸喜鋳工場」として開業している。そして、昭和十五年頃には「丸喜鋳造株式会社」となった。表14№２の大正五年（一九一六）に浅倉良造が創業した「㋖浅倉鋳物工場」は、昭和二〇年代には「株式会社丸萬金属機器製作所」となった。[108]また、大正年間に永瀬亀吉が創業した「㊝鋳工場」は、昭和三〇年頃には「丸亀鋳造株式会社」になったし、昭和初期に永井栄造が創業した屋永井鋳工所（「㊛」）は、昭和三〇年代には「丸榮鋳造所有限会社」となった。[109]このように、家印に端を発した屋号や商標・社標は、登記された工場の商号にもなり現代にいたっている。おそらくこのような現象は、他の業界にも存在するであろう。

次に、何らかの理由により社標を変更した工場もある。例えば、先に紹介した金山町の今井鋳工所では、「〈イ」を工場の看板の頭に付けたというが、昭和十六年の名簿には、「◇KI」とローマ字の印を使っている。これと同様な例は他にもあり、金山町の細金安蔵の工場は、昭和五年の名簿では「(安)細金工場」であったが、後に工場主が細金安一に代わり、飯塚町に転出し、昭和十六の名簿では「HYK細金製作所」となっている。何故このように社名と社標を変更したかについては、現時点ではわからない。

また、小川由太郎が大正年間に開業した工場は、大正十二年の名簿では「[由]小川鋳工所」であったが、昭和五年では工場主が小川由次郎に代わり、その後昭和十一年の名簿では「(由)小川鋳工所」になっている。栄町の田川辰蔵の工場は、昭和五年の名簿では「〈田田川鋳工場」であったが、昭和十六年の名簿では「〈タ田川鋳工所」とカタカナを使っている。これと同様なのは、栄町の永瀬嘉兵衛で、昭和十五年の「〈嘉永嘉鋳工所」が昭和十六年には「〈カ永嘉鋳工場」となっている。また横曽根の金子留吉は、昭和五年の「㊉金子鋳造所」が昭和十六には「㋕金子鋳工所」になっている。

このような商標や社標を変更することは、現代の企業においても、会社組織や経営状態の改新など様々な背景によって実施されることを見ることがあるが、当時の川口の鋳物工場においても見ることができるのである。

## 七、結語

いくつかの史料や工場名簿を分析し、川口の鋳物工業社会において、とくに職人主体の社会から工場主体の社会へ移り変わり、会社として法人化されるまでの、明治中期頃から昭和二〇年代までの間に、屋号や家印がどのように存在し機能してきたかについて考察してきた。

鋳物屋は、明治中期頃までは職人名で記され、それ以降工場名で記されるようになった。昭和二〇年代頃までは、工場社会においても、村落社会と同様に屋号や家印は重要な役割を果たしてきたが、これはある意味ではイエ社会と工場社会が未分化であったことによると思われる。屋号については、古くからある家の位置・先祖名・家の新旧・家印・職業や製品などによって屋号とされたが、新しい工場が増加する中で、大正期にはすでに「永熊」や「岩源」というように苗字一字に名前一字をつけた、新しい形態の屋号とも考えられる通称が見られた。これらの屋号は、戦後に会社として登記され、名実ともに商号となった例も少なくない。

家印については、本来の占有標としてだけではなく、商標や社標としても用いられるようになり、それらの機能を併せもって存在してきた。また製品を型にして複製できるという鋳物業の性格上、商標としての役割はとくに重要であった。それは、梵鐘や天水桶といった一個物に職人名を鋳込むのに対し、明治期の技術革新以降に大量生産品が増えてくると、このようなマークがとくに有効なものとなり、戦前にはかなり多くの鋳物工場が使用し、場合によっては登録商標つまりブランドにもなった。この印は、苗字か名前の一字に○・┌・へなどの記号をつけたものが比較的多く、大正末期頃からはローマ字による新しい商標や社標も出現した。また、分出した工場が本家の印を継承したり、弟子が類似の印を用いることもあった。

本稿で指摘したことは以上であるが、このような点から、家の屋号や家印の慣行は、近代以降の工場社会においては、工場や企業の商標や社標、商号という別の機能をも担いながら、また近代化における「民俗の変化型」とも言うべきものを含む新しい形態を出現させながら、産業や社会秩序の維持に重要な役割を果たしてきたと言ってよいであろう。そして、これらが果たした役割は、ある部分において商法や商標法の規定・秩序の基盤となっていくのではないか。

# 第三節　買湯慣行の近代的変遷と組仕事

## 一、目的

「買湯(かいゆ)」・「買湯業」とは、鋳物業において、溶解炉や送風機などの溶解設備を持たず、親工場とも称される親方の工場などから、溶けた金属（湯(ゆ)）を買って製品をつくる製造方法あるいは製造形態、製造業態を言う。買湯がかつて盛んに行われ、現在もなお行われている鋳物工業の町埼玉県川口市では、これを買湯制度と言い、業界の規範に近いものとして認められ、また買湯を営む鋳物職人を「買湯屋」と称した。つまり川口では、自己資金の少ない者であっても、技術さえあれば買湯を営むことによって、小規模な鋳物経営者が存在することを可能にしており、明治期になって新たに独立した鋳物業者は、まずこの形態をとることが一般的であったという(110)。しかしこのような鋳物生産形態は、他の鋳物産地では定かではなく、川口に特徴的なものとも言われている。

鋳物屋が仕事を依頼される時、「お前の所のあの職人がやるのなら、この仕事を出す。」と言うように、腕を見込まれた職人が指名されて仕事を依頼されることがある。これが、工場に勤めている職人が買湯屋になろうとする、一つの切っ掛けであるとされている。このようになると職人は、その腕前に信用を獲得しているのであり、その後買湯として独立し、発注者から直接仕事を受注しようとしていくのである。このように買湯屋は、工場の従業員ではなく、依頼者からの注文を直接受け、たとえ一人で工場を持たなくとも独自経営を行う事業主なのである。そしてこれは、工場主と職人の中間に位置し、工場開業の前段階として位置づけられてきた。

この買湯という慣行は、技術さえあれば工場主になれるという川口独特な思想を育み、実際徒弟を終えた一人前の鋳物職人が、腕を磨き工場を開業する前に、買湯をして資金を貯え、得意先の信用を獲得している例が数多く見られることから、工場開業までの支援制度として、川口鋳物工業の発展を促した大きな一つの要因とされているのである。[111]つまり買湯慣行を研究しその意味を明らかにしていくことは、「工場」とは何かを考えるうえで大変重要なのではないか。また今後、川口鋳物工業史や日本の近代産業史を研究していくうえでも重要な慣行であると考えるのである。

しかし、この慣行にも時代による変遷があり、実態として様々な形がある。そこで本稿では、その変遷を確認するとともに、改めてこれを鋳物工業史や日本の産業史においてとらえ、若干の所見を述べたうえ、今後の研究課題を指摘する。

## 二、買湯慣行の変遷

ここでは、従来報告されてきたものから、買湯慣行の実態と変遷について見ておきたい。

まず、江戸時代の鋳物屋には、常雇の「鍋職」や「並職」と呼ばれる職人の他、「鋳物小細工職」と呼ばれる職人があった。これは、鋳物屋には雇用されておらず、独立を目指し、しかし経営者でもない職人であった。これは、親方の工場の溶解炉に近い廂(ひさし)などを借りて鋳型を造り、湯を借りて鍋釜などの製品を造って親方に渡し、鋳湯代を差し引いた代金を受け取った[112]（傍線筆者）。技術力は高いが、溶解設備を持たず、親工場に雇用されてはいないが、親工場経由で仕事を受注していた。

享和年間（一八〇一〜四）の川口では、鋳物師九人に対して、小細工職人は十七人いたことが確認されており、この遺制が近代に買湯制として受け継がれたのだという。[113]しかし、江戸時代に小細工職という小規模事業者は、数多くいたが、川口の鋳物屋（鋳物師・吹き屋とも称した）は、江戸十組問屋釘店組の配下に属し、鋳物屋間にも株組織があったことから、現実的には、新たに鋳物屋を開業することはなかなかできなかった。そして、新興の鋳物屋が軒数を大幅に増加させるのは、明治二〇年以降のことである[114]。

次に、近代の買湯慣行について最も詳細に報告しているものは、昭和三八年（一九六三）にまとめられた、明治十六〜四〇年生まれの職人や工場主による座談会「古老に鋳物の話を聞く会」の速記録である。当報告書にも一つの変遷が報告されている。

これによると、もとは工場を小さいながら持っていても溶解設備がない鋳物屋などが親方のところで湯を入れさせてもらうのが始まりで、自分の工場やまたは工場を持たない職人は長屋の軒先などで造った鋳型を、天秤棒や荷縄、荷車などで持って行って、親工場の前の道路に並べ、湯を入れさせてもらって自分の工場（家）へ持って帰るのが昔の買湯のやり方だという。当時は、一つの親工場に対して少なくとも五〜一〇人、多ければ十五人位の買湯がいて、時には湯を入れる順番も決まっていたという。また近くの工場から湯を買う場合は、逆に湯をトリベで運ぶこともあったという。

後に市議会議員を務めた白井福蔵も、もとは裏の長屋で買湯をして鉄瓶を造っていたが、焼型の鋳型を縄でしめて工場に運び込んでいた[115]。白井福蔵は明治四五年に二十一歳で工場を開業しているから、おそらく明治四〇年頃のことであろう[116]。また、専門に鋳型を運ぶ商売をしていた人もいたという。湯代は、銑鉄代、コークス代、工賃、設備に対する賃料を合計した金額であった。

これに対して、その後は、工場の一部を借りて鋳型を造り、湯を買って製品を造るが、砂や他の材料については親工場で持つようになったのだという[117]。これを「借り型場」などと言ったが、また親工場から注文を受けて下請けとなった場合などは、型枠やグレンなどの設備を借りることもあったという[118]。

例えば昭和十六年（一九四一）の『川口鋳物工業組合員名簿』によると、工場名の欄が空欄で、工場主又は代表者の欄に氏名が記されているが、住所欄に「増慶鋳工所内　川口市金山町一四六」と記されているものは、こ

れに該当するものと思われる。(119)

また例えば、東京オリンピックの聖火台の製作者として有名な川口鋳物師鈴木文吾は、昭和三五年（一九六〇）に鈴木鋳工所を開業するが、昭和六〇年頃まで工場に溶解設備を持たず、その作品の多くを買湯で製作した。鈴木氏の作品は、天水桶や梵鐘など伝統的な焼型法による大型鋳物が殆どであり、鋳物屋を通じての注文も多かったのであろう、買湯するとともに工場の敷地と型枠やグレンを借りて製作した。よって鈴木氏が製作した作品の銘には、発注主であり製作のための敷地を提供した鋳物工場の名前が刻まれている。

以上見てきたように、江戸時代の鋳物小細工職は、親方のもとで親方からの下請け注文をうけて鋳造し、湯も「借りる」と称し、湯代を払うのではなくそれを差し引いた金額で納品している。これに対して近代になると、自工場や長屋の軒先で造った鋳型を親工場に持ち込んで、工賃や設備費を含めた湯代を払って湯を買い注湯するようになり、その後は、親工場の敷地の一部において、場合によっては砂や型枠・グレンなどの設備を無償で借り、湯を買い鋳造するように変化したのである。

江戸時代の鋳物小細工職は、雇用されていないとは言え、湯代を差し引いた金額での納品を考えると、近代に比べて親方（親工場）との結びつきが強いものであると言えよう。また近代における変化については、当時の鋳型を天秤棒・荷縄・荷車などを使って運搬することを考えた時、運びやすいのはやはり鍋や釜の焼型法による小さな鋳型なのであって、これに対して明治以降導入された西洋式生型法による鋳型ははたしてどれだけ運搬の振動に耐えることができるであろうか。このことから、近代における買湯形態の変化は、造型が伝統的な焼型から新しい生型へ変化したこと、つまり鋳物製品が日用品から機械部品など造型上より複雑なものへと変化していったことを示すものではないか。

しかし、先にも記したが、江戸時代のなかなか鋳物屋や吹き屋になることができなかった時代に対して、我が国の明治十九年以降の企業勃興への貢献は、近代の買湯業の隆盛によるところが大きいことから、今後もこの買湯慣行の変遷について研究していく必要がある。

## 三、買湯慣行における組仕事

ここでは、近代の買湯慣行におけるもう一つ重要な変化について見ていく。

昭和二三年（一九四八）までに調査を実施し昭和三一年（一九五六）に刊行された尾高邦雄編『鋳物の町』では、買湯について「買湯業者といっても、少なくとも今では普通二〜三人の雇人を使っている」と報告している。[120]また『川口市史・民俗編』においても、「カイユ仲間は三人一組で構成され、型コメ、ユの運び、仕上げといった具合に多忙で厳しい生活であった」と報告している。[121]つまり、いまだ詳細については不明であるが、買湯慣行の一つの変化として、買湯の鋳物職人も人を雇ったり、三人位で組仕事を行うようになったのである。

昭和一〇年頃、羽鳥という鋳物職人は、金山町のサカザキという工場の隅を借りて買湯をし、当時すでに職人四〜五人と小僧一人を雇い、羽鳥鋳工所を名乗っていたようである。そして後に、現在の中青木三丁目に工場を開業したという。また他にも、自分の工場建物はなくとも、鋳物工場の敷地を借りて買湯し、息子や家族を従業員として有限会社を設立登記し看板を掲げた買湯屋もあった。先に参照した昭和十六年の『川口鋳物工業組合員名簿』にも、例えば工場名の欄に「三和鋳造所内　永瀬鋳工場」と記されているものはこれに類すると思われる。[122]

このように買湯屋が人を雇い組仕事を行うようになった変化の理由は、おそらく川口鋳物工業全体が日用品鋳物生産から機械部品鋳物生産へと変化していく中で、扱う製品によっては、造型や鋳造がより複雑なものとなり、職人一人だけでは生産に不可能が生じたため、何人かによって分業・協業する必要性が生じのではないかと思われる。[123]

具体的に言えば、例えば焼型の鍋の鋳型は焼いた外型と中子を併せるだけなのに対し、生型の鋳型になると、上型・下型・中子の三つ以上の型を造って併せるようになる。また生型砂は、鋳物砂に少量の粘土と水を混ぜ、熟練によって一定の湿り気の状態をはかって造型し、一定時間の後に注湯しなければならない。こういった作業内容も、買湯に工場の敷地を借りて組仕事を行う理由の一つであると思われる。

逆に、工場の原理が「分業にもとづく協業」であることから言えば[124]、この買湯慣行の変化について言うことができるのは、当時（遅くとも大正末から昭和初期以降）の買湯屋は、たとえ建物はなくとも、すでに生産への協業体制という工場の原理を備えていたと見ることができるのではないか。つまりこの時期の買湯慣行は、工場開業の準備段階として、資金を貯えて信用を獲得するために、技術力を蓄えるうえで、自分の腕を磨くだけでなく、製品生産の協業体制をも形成していくのである。

## 四、買湯と親方請負　―工場と組仕事―

次に、鋳物職人だけでなく機械職人とともに組をつくり、買湯を経て工場を開業した例を見ておく。

熊澤喜利之助は、大正七年（一九一八）から東京本郷の戸車屋に勤めていたが、社長が亡くなったため工場が廃業となり、大正十四年（一九二五）に三～四人の弟子を引き連れて川口に来た。最初は、戸車の部品を鋳物屋に発注し、弟子達と組立てを行い戸車を生産したが、長堀鋳工場の社長長堀源太郎のすすめによって、鋳物職人を雇い、長堀鋳工場の隅を借りて買湯し、組立てを行い戸車を生産するようになった。熊澤が東京からつれてきた弟子達は、熊澤を親方とした機械職人による戸車生産の組であり、番頭格の職人もいたという。つまり、熊澤の組は、鋳物職人と機械職人たちによって組織され、買湯をしたのである。また熊澤は、「鋳物と機械は連係していかなければいけない」という信念の持ち主であり、後に熊澤製作所として、機械工場と鋳物工場を設立している。

このような親方を中心とする組つまり協業集団と言えば、鍛冶屋と関係が深い金属加工業の機械工場において多く報告されている「親方請負制（工場内請負制ともいう）」がある。[125] これは、何人かの腕の立つ職人と若干の徒弟で組をつくり、親方が、工場管理者から一括して仕事を請け負い、生産管理・労務管理・賃金支払いの一切を取り仕切る方式である。初期の工場では、経営者が工場管理の権限を十分握ることができず、また設計技術者が図面を中心とする近代工業技術を定着できなかったことから、大工場では明治から日露戦争・第一次世界大戦頃まで、町工場では太平洋戦争後頃まで、多くの工場がこれに依存していたのである。[126]

この形態は、かつての鋳物工場においてもその存在が確認されており、[127] 前節にて紹介した二〜三人の雇人をもつ買湯業者や三人一組の買湯仲間も同様である。また他にも、造船業・鉄鋼業・化学工業などに多く見られた、発注者である親企業の構内で、本体作業や修理作業を行う請負企業の技能集団を言う「社外工」なども、これに類する面があると思われるが、従来は、主として機械金属工業における事象について、産業史や経営史的な観点から報告され論じられてきたのである。[128]

しかしこの親方請負や組仕事は、今後その歴史について詳細に研究される必要があるが、改めて日本の産業史において見ると、明治から昭和二〇年代後頃まで、つまりわが国に近代産業がおこり、工場という形態が定着し、その後の高度経済成長に伴い近代化が庶民生活を変化させはじめていく頃までの間に、これが大きく機能していたことは注目するべきである。またこれは、工場にとっての利点ばかりでなくマイナス面も指摘されてはいるが、見方によっては、工場と近代産業が確立・定着した時期に、工場生産と工業発展をささえ、ひいてはわが国の近代化に貢献したのだと言うことができるのである。つまり、この時期の工場は、生産工程の一部を、親方を中心とする職人的職工集団（組）の熟練技術に委託していたのである。[129]

このような点に着目し、また先に見てきた鋳物業の買湯慣行においても組仕事つまり協業が存在したことを考えると、とくに民俗学や民具学の観点からは、工業の技術革新や生産品の変化に伴い、どのようにして分業化・

協業化されて組がつくられるにいたったのか、そこにどのように熟練技術が存在したのかを問題にするべきではないか。そして、組仕事による協業が、工場や工業の発展に果たした役割の如何を問うていきたいと考えるのである。

## 五、結語

我が国が産業革命を開始したとされる明治十九（一八八六）年以降の企業勃興期において、川口の鋳物工場の増加には、以前からあった徒弟制度と買湯慣行が大きな役割をはたしてきた。

その買湯制は、江戸時代に親方から湯を借りる鋳物小細工職の形態を受け継いだ後、近代に大きく二つの変遷があったことを確認した。一つは、自分の作業場や長屋等居宅の軒先で造った鋳型を、湯を買う工場に運び込んだり、または逆に湯を作業場まで運ぶ形態から、湯を買う親工場の隅を借りて造型し鋳造する形態への変遷である。二つ目の変遷は、買湯屋も職人を雇ったり組をつくって製品生産の協業体制を形成するようになったことである。つまり、近代の買湯屋は、建物・設備は持たないが、協業という工場原理を有する形態なのである。

そしてこれらの変遷は、いずれも川口の鋳物工業が、伝統的な焼型法による鍋・釜・鉄瓶といった日用品鋳物生産から、技術革新を経て、西洋式生型法による土木建築鋳物や機械部品鋳物の生産へ変化したことに対応した変遷であると考えることができるのである。言い換えれば、江戸時代から慣行として存在してきた買湯制は、川口鋳物業および日本産業の近代化からの必要性に応じて、その形を変えることによって対応してきたのである。そして近代の買湯制は、資本主義産業社会において、技術力（労働力）が資本を形成していく生産システムとして機能してきたと言うことができるのではないか。またこの対応は、職工たちに対して、財産は無くとも技術を研けば「一城の主」になれるという希望を与えてきたのである。

また併せて、この買湯慣行において確認された組仕事という協業形態について、すでに機械金属加工業において報告された親方請負制という組仕事とともに、それにいたる経緯や協業の様相、その歴史・社会的意義といった研究課題を明らかにし、その必要性を指摘した。

川口では弟子を一人前にすること、多くの職人を生み出すことを美徳とする考え方があるのだという。つまり親方は、弟子に工場を持たせてやることを理想としているのである。このような考え方は、どのようにして形成されてきたのであろうか。おそらく一つの要因としては、技術力を尊重しこれを修得していく職人の生き方を尊重する考え方に由来しているのではないかと思われる。そしてこの考え方が、買湯制を盛んに行わせてきた一つの要因なのではないか。

# 註

（1）中岡哲郎　一九七一　『工場の哲学　―組織と人間―』　平凡社　三一～三二頁
（2）尾高煌之助　一九九三　『職人の世界・工場の世界』　リブロ・ポート　二〇頁
（3）鈴木淳　一九九九　『新技術の社会誌』（日本の近代第十五巻）　中央公論社　二二一～二四頁
（4）松井一郎・永瀬雅記　一九八八　『埼玉の地場産業　―歴史・課題・展望―』　埼玉新聞社　一九八八　四三～五三頁
（5）三戸公　一九九四　『家としての日本社会』　有斐閣　七七頁
（6）三田村佳子・宮本八重子・宇田哲雄　二〇〇八　『講座日本の民俗十一　物づくりと技』　吉川弘文館　一八八～一九六頁
（7）宇田哲雄　二〇一四　「民俗学における産業研究の沿革と重要性について　―産業民俗論序説―」『日本民俗学』　第二七八号
（8）前掲（3）　八四頁
（9）前掲（2）　一七・一一一～一六八頁
（10）犬丸義一校訂　一九九八　『職工事情（中）』　岩波書店　一三頁
（11）千葉徳爾　一九七八　『民俗学のこころ』　弘文堂　八頁
（12）前掲（7）
（13）宇田哲雄　二〇〇五　「川口鋳物工業における工場の創設について」『風俗史学』　第三一号
（14）川口市教育委員会　一九九四　『川口市民俗文化財調査報告書第三集「鋳物の街金山町の民俗Ⅰ　―大正末期から昭和初期の様子―」』　三頁
（15）川口市　一九八八　『川口市史（通史編）』　下巻　一七四～一七五頁
（16）川口市鋳物工業協同組合　一九九五　『川口鋳物ニュース』　第四四〇号
（17）川口市　一九八八　『川口市史（通史編）上巻』　六八六～六八九頁

(18) 川口市教育委員会　一九九一　『川口市民俗文化財調査報告書第一集　―生き方のフォークロア（一）小山巳之助（上）―』　一二頁
(19) 宇田哲雄　二〇〇一　「鋳物の町の精神史一端　―歌集『キューポラの下にて』から―」『風俗史学』第一四号
(20) 柳沢遊　二〇〇三　「新興工業都市川口の社会経済的基盤」　大石嘉一郎・金澤史男編『近代日本都市史研究―地方都市からの再構成―』所収　日本経済評論社　五七七～五八〇頁
(21) 前掲（20）　五八一～六一九頁
(22) 前掲（2）　一二一～一六八頁
(23) 森　清　一九八一　『町工場　―もうひとつの近代―』　朝日新聞社　一八〇～二三八頁
(24) 岩田孝司・平野利友　一九三四　『川口市勢要覧』　関東商工新聞社
(25) 千葉徳爾　一九七六　「地域研究と民俗学　―いわゆる「柳田民俗学」を超えるために―」『日本民俗学講座』第五巻　朝倉書店一〇八～一〇九・一二三頁
なお、参考として挙げれば、文化多元論の立場をとる坪井洋文は、「民俗的思考」と称して、稲作民文化や畑作民文化、漁労民文化・都市民文化のそれぞれにおける行動や思考の基準を問題にしている。しかし筆者は、これを、文化が変化するものである以上不変的なものではないが、変化しがたいことから民俗の本質的な部分に相当するものと考えている。
坪井洋文　一九八二　『稲を選んだ日本人　―民俗的思考の世界―』　未来社　二二二～二三五頁
(26) 萩原晋太郎　一九八二　『町工場から　―職工の語るその歴史―』　マルジュ社　四八頁
(27) 前掲（3）　八四頁
(28) 前掲（2）　九六～九七頁
(29) 川口市　一九八八　『川口市史（近代資料編Ⅱ）』　四三頁
(30) 前掲（15）　一九〇～一九一頁
(31) 前掲（29）　四三頁
(32) 宇田哲雄　二〇〇九　「鋳物工場の屋号と家印について」『風俗史学』第三八号

(33) 筆者は、鋳物工場や機械工場の協業体制の一つとして、組仕事が重要であると考えているが、これについては別稿にゆずりたい。
(34) 十方庵敬順・朝倉治彦校訂　一九八九『遊歴雑記初篇2』平凡社（東洋文庫）一三八頁
(35) 前掲（17）六七一～六七三頁
(36) 川口の鋳物屋では、古くから鋳物の神様として金山神社を信仰していたが、明治時代にその信仰が衰退する一方、屋敷内に稲荷社を祀り、火防や商売繁盛の神様として、初午には初午太鼓を叩き、盛んに信仰するようになったとされている。このような鋳物屋の信仰が変遷した理由については、明治四二年に金山神社が川口神社に合祀されたこと、鋳物業の技術革新などが指摘されている。
三田村佳子　一九九八『川口鋳物の技術と伝承』聖学院大学出版会　二三四～二四八頁
川口市教育委員会　一九九八『川口市民俗文化財調査報告書第四集』
(37) 小関智弘　二〇〇二『大森界隈職人往来』岩波書店　三五～三九頁
(38) 前掲（13）
(39) 前掲（36）三田村佳子　二一六～二三〇頁
(40) 永瀬正邦　二〇〇六『川口の鋳物師・永瀬庄吉の記録』四二～四四頁
(41)「家」と工場社会との関わりについては、筆者は先に、ムラ社会等において家社会が伝えてきた屋号や家印の慣行が、両者が分化して行きながらも、これを基にして、新しい形態を出現させながら、鋳物工場の商号や商標、社標として展開し機能していることを論じた。
前掲（32）
(42) 岡田　博　一九九七『キューポラの下にて』鳩ヶ谷市民短歌会叢書第八集　一三〇～一三一頁
(43) 宇田哲雄　二〇一〇「鋳物工場の展開―川口鋳物工業を例として―」田中宣一先生古希記念論文集編纂委員会編『神・人・自然―民俗的世界の相貌―』所収　慶友社　四二九～四三〇頁
(44) 前掲（15）一九〇～一九一頁
(45) 前掲（3）八四頁

(46)　前掲（24）五一三頁
(47)　前掲（20）五九二～六〇四頁
(48)　前掲（39）二一六～二三四頁
(49)　宇田哲雄　二〇〇二「短歌に見る鋳物の街の生活史　─歌集『鋳物の街』から─・その一」『まるはとだより』第一五二号
(50)　三田村は、渡り職人を表わす「サイギョウ」という言葉が、大正初期に修業した一部の鋳物師からしか聞くことができず、この慣行が早い時期に崩れたのではないかと指摘している。
前掲（39）二三二頁
また筆者は、先に技術を修得するためにタビをしていくつもの工場を渡り歩く古くからの「渡り職人」の慣行に対して、近代では、親方の紹介状を持っていくつかの工場に勤務し技術を修得することが行われていたと報告した。
宇田哲雄　二〇一二「近代鋳物職人の生き方に関する一考察」『民具マンスリー』第四五巻四号
(51)　地主派と工場派の対立で最も激しいものの一つに、明治末期の一村一社令による、鋳物の神様である金山神社の鎮守氷川神社（現川口神社）への合祀問題があった。賛成の地主派と猛反対の工場派が激しく対立し、当時の川口町長が責任をとり辞任したのである。
前掲（15）二五六～二六〇頁
(52)　宇田哲雄　二〇一二「産業と地域社会秩序　─川口市を例として─」『民俗学論叢』第二七号
(53)　機械工場の開業については別稿に譲るが、川口の機械工業は、古くから行われてきた鋳物業から発展してきたものとされている。例えば表3№1、表4№3、表5№5・29、表6№5のように鋳物屋が機械工場を併設し高度な鋳物製品の生産を志向してきた工場およびその下請工場と、機械工場が自社製品を開発しメーカーとなって鋳造工場を設置したり下請け工場に仕事を出す大きく見て二つの流れがある。表9は、大資本を貯えた外部の機械メーカーが川口に鋳造工場を設置した例である。
宇田哲雄　二〇一四「川口機械工業の歴史と慣行」『風俗史学』第五七号

(54) 前掲(52)
(55) 柳田國男　一九四六『家閑談』定本柳田國男集第十五巻　二三四〜二七〇頁
(56) 三戸公は、企業系列や社訓の変遷を分析したうえで、日本企業は、年功制や福利厚生によって内部に親子関係的秩序をつくりあげたのだとしており、この日本的企業経営は、前近代における家経営の近代資本制における再編、つまり企業の家化であるとの指摘をしている。そしてこれは、昭和恐慌から準戦・戦時体制時にかけて確立していったのだという(傍線筆者)。
前掲(5)一五七〜一六七頁
(57) 前掲(32)
(58) 柳田國男　一九四六『先祖の話』定本柳田國男集第十巻　二一〜二四
(59) 松井一郎　一九九八『地域百年企業　—企業永続の研究—』公人の友社
(60) 北村敏は、現代の東京都大田区の町工場において、経験に基づいた道具を巧みに使いこなす技能と、問題解決のため創意工夫する技術の、二つの重要な熟練技術が生き続けていることを指摘している。
北村敏　二〇〇三「ものづくりのまちの技能」『技能文化』第十三号
(61) 斎藤修　二〇〇六「町工場世界の起源　—技能形成と起業志向—」『経済志林』第七三号
(62) 前掲(3)八四〜八六、一二五〜一二六頁
中岡哲郎　二〇〇六『日本近代技術の形成　—〈伝統〉と〈近代〉のダイナミズム—』朝日新聞社　二五九頁
(63) 桜田勝徳　一九七六「近代化と民俗学」『日本民俗学講座』第五巻　朝倉書店　一五五〜一六〇頁
(64) 宮田登　一九八二『都市民俗論の課題』未来社　一七〜三〇頁
(65) 内田三郎　一九七九『鋳物師』埼玉新聞社　一九〜三六頁
(66) 前掲(14)三頁
(67) 網野善彦　一九八四『日本中世の非農業民と天皇』岩波書店
(68) 前掲(17)四五三〜四六二、六五九〜六八六頁

(69) 前掲（15）一七四～一七五頁
(70) 宇田哲雄　一九九九「産業の近代化と民俗学―川口鋳物業研究の視点―」『日本民俗学』第二一九号
(71) 尾高邦雄編　一九五六『鋳物の町―産業社会学的研究―』有斐閣出版　三～三〇頁
(72) 前掲（4）四三～五三頁
松井一郎　一九八八『地域経済と地場産業―川口鋳物工業の研究―』公人の友社
(73) 前掲（70）
(74) 前掲（1）三一～三二頁
(75) 前掲（13）
(76) 川口商工会議所　一九四〇『昭和十五年版・川口商工人名録』
(77) 宇田哲雄　一九九八「鋳物工場名と商標について―『川口鋳物同業組合員案内名簿』よりみた昭和5年頃の川口鋳物業―」『民俗』第一六六号
(78) 紋谷暢男　二〇〇六『知的財産権法概論』有斐閣出版　一～三一頁
(79) 前掲（78）一一三頁
(80) 最上孝敬　一九三七「家号と木印」柳田國男編『山村生活の研究』所収、岩波書店　一七二頁
(81) 早川孝太郎　一九三一「家名のこと」『民俗学』三巻十一号
(82) 柳田國男　一九四九『北小浦民俗誌』定本二五巻　四〇九～四一三頁
(83) 倉田一郎　一九四八『経済と民間伝承』東海書房　一〇五～一一九頁
(84) 監物なおみ　一九八六「市川の家印」『市立市川歴史博物館年報』一号　一九～二一頁
(85) 宇田哲雄　一九九七「村落政治の民俗」『講座日本の民俗学』第三巻（社会の民俗）所収　雄山閣出版　一六〇頁
(86) 川口市　一九八〇『川口市史（民俗編）』六五九～六六〇頁
(87) 川口鋳物同業組合　一九三〇『川口鋳物同業組合員案内名簿』
(88) 前掲（25）六三頁

(89) 前掲(25)一二三〜一六七頁
(90) 前掲(78)二八頁
(91) 前掲(25)六四七頁
(92) 村内政雄 一九七一「由緒鋳物師人名録」『東京国立博物館紀要』七号
(93) 前掲(14)四三頁
(94) 川口鋳物工業協同組合 一九六七『組合六十年の歩み』一八五〜一九三頁
(95) 川口鋳物同業組合 一九一七『大正六年十二月十日現在・川口鋳物同業組合員一覧表』前掲(59)所収八八〜九六頁
(96) 川口鋳物同業組合 一九二三『大正十二年四月現在・川口鋳物同業組合員一覧表』
(97) 前掲(96)
(98) 前掲(85)
(99) 前掲(76)
(100) 川口鋳物工業組合 一九四一『昭和十六年三月二十日現在・川口鋳物工業組合員名簿』
(101) 川口商工会議所 一九五〇『1950年版・川口商工名鑑』
(102) 東京書院編『日本登録商標大全』第七類特許局『商標公報』7
(103) 前掲(83)一〇五頁
(104) 前掲(84)一九頁
(105) 前掲(102)
(106) 前掲(78)二四〜二八頁
(107) 前掲(25)一七九・一九五頁
(108) 前掲(25)
(109) 川口市物産協会 一九六三『川口商工名鑑(一九六三年版)』
(110) 前掲(15)一九〇〜一九一頁

(111) 川口市教育委員会　一九八五　『川口市文化財調査報告書第二十二集　―古老に産業の話をきく会―』　一〇頁
(112) 前掲（17）　六六二頁
(113) 川口大百科事典刊行会　一九九九　『川口大百科事典』　ぎょうせい　四七頁
(114) 前掲（15）　一九〇～一九一頁
(115) 前掲（111）　一〇頁
(116) 前掲（24）　三四五頁
(117) 前掲（111）　二二頁
(118) 岡田博　二〇一一　『青年詩集　工都川口日録抄』　四三・一〇七～一〇八頁
(119) 前掲（100）　二二頁
(120) 前掲（71）　七八～七九頁
(121) 前掲（86）　六一七頁
(122) 前掲（100）　七頁
(123) 宇田哲雄　二〇一一　「カタログに見る鋳物関連製品の変遷と地域産業史　―単独製作から協同・分業製造へ―」『民具研究』第一四三号
(124) 前掲（1）　三一～三二頁
(125) 前掲（23）　二二〇～二三八頁
(126) 前掲（2）　二二六～二二九頁
(127) 前掲（6）　二五一頁
(128) 前掲（2）　二二四～二七八頁
(129) 前掲（2）　二五二頁

# 第二章　近代鋳物職人と産業地域社会

# 第一節　鋳物産業と地域社会秩序

## 一、目的

わが国には、明治期以来、国民生活に近代化をもたらすとともに現在もなお人々の生活をささえている様々な産業が発達してきた。また産業の発達は、人口の集積を促し、都市や地域社会を形成させ、それを経済・社会・文化等の面において発展させるが、逆にそれらの社会が産業をささえてもきたのである。

このような工業や産業によってつくられまたその産業をささえる地域社会は、様々な特色を有しながら日本各地に存在している。地理学では、工業とその経営者・従業員の居住が地域的に一体化し、それらに依存する商業やサービスを含めて、二十四時間職・住一体のフェース・ツー・フェースの関係で結ばれ、コミュニティを形づくっている社会を「産業地域社会」と言っている(1)。このような社会では、産業が、税収や雇用、企業取引効果などにより地域経済に貢献するだけでなく、地域生活者と地域活動のリーダーを供給し、地域文化の形成・発展・継承の担い手となっているという(2)。

写真5. 川口の鋳物工場群（昭和40年代頃）写真撮影：増田明弘

　このような産業地域社会とは、歴史的に見ると如何なる社会なのであろうか。歴史学の立場から言えば、日本の近代化をもたらしてきた数々の産業がこのような社会を背景に存在してきたことを考えると、日本の近代化の様相を解明するうえで、産業地域社会の様相や歴史を解明することが必要ではないかと考える。

　また一方で、それぞれの産業を構成しているところの企業主や労働者たちは、その産業地域社会の構成員であるが、彼らの多くは農村地域から集まっている。また経営史の研究成果によれば、日本の企業は、家業から発達し会社組織になったものが多く、そこには「家の論理」が生きていると指摘している[3]。とすれば民俗学の観点からも、そこから日本人的な考え方やその変化を探るために、産業地域社会の様相と特質を研究するべきである。

　そこで、産業地域社会には様々な面があるであろうが、本稿では、鋳物工業が発達した埼玉県川口市を例として、政治的権力を持つリーダーとそれが形成する社会秩序の産業との関わりについて、産業地域社会の特徴について論ずるものである（写真5参照）。

## 二、視点　―産業と地域社会の政治的秩序―

　ここではまず、いくつかの産業地域社会を概観しながら、本稿における研究視点を論じる。

　産業地域社会のひとつであると見られる、産業をささえまた産業にささえられる社会に、「企業城下町」といわれるものがある。これは、ある大きな企業によって、工場や生産施設だけでなく、その従業員のための社宅や定住に必要な様々なサービス施設までもが建設され、地域が形成されたものである[4]。

　例えば、長崎県の端島（通称『軍艦島』）は、約六、七haの孤島であるが、三菱社（のちの三菱鉱業、現在の三菱マテリアル株式会社）によって明治二二年（一八八九）から昭和四九年（一九七四）まで石炭採掘が行われ、最盛期には五，二〇〇人をこえる人々が生活していた。島内には、中・高層鉄筋コンクリート住宅とこれにサービスする商店・映画館・遊郭・学校などがワンセットでつくられていた。また住宅は、明確な階層格差を持って規模と質、配置がなされ、木造二階建・四六帖の鉱長住宅と炭鉱神社が山の頂点にあり、その下に単身職員の合宿がつづき、次には職員住宅がつづき、海の波がかぶる最下層に坑夫や下請労働者の四帖一間の長屋が建てられていた。(5)

熊本県水俣市は、化学会社チッソの企業城下町として知られているが、江戸時代から大正時代中頃までの間、熊本藩の代官水深家が階級や身分によって住み分けを行うことで支配していたのに対して、チッソが土地を買収しその序列の構造を継承することで企業城下町を形成していったという。例えば、社長や工場長は殿さん（代官陣屋）の跡地に住み、高級社員の庭付き一戸建住宅は地主層の住んでいた陣内町に、課長などの役付きの住宅は第二身分であった商人たちが住んでいた浜町に、係長以下の工員たちを村はずれの舟津のそばの埋立地につくった八幡住宅に住まわせていた。またチッソは、昭和元年（一九二六）には社員7名を市議会議員に当選させ、昭和二五年（一九五〇）から昭和四五年（一九七〇）のうちの計十六年間は、元工場長橋本彦七が水俣市長に君臨している。(6)

これらのような問題は、産業地域社会の社会構造の問題であるとともに、また「社会の成員全体に受け入れられる統一的決定をつくりだすシステム」を「政治」と言い(7)、その社会構造の力関係に影響されて地域の意思が決定されていくことになるから、地域の政治構造や政治的秩序の問題なのである。つまり企業城下町において企業は、経済的に地域をささえるだけでなく、地域社会の構造とその力関係を規定していることから、地域社会の意思決定を行う政治行為にまで影響するのである。

つまり企業城下町は、地域秩序が企業秩序と一体化していると言うことができるのである。このような町は、他にも例えば、八幡製鉄所とともに成長した八幡、三菱の長崎、三井の大牟田、住友の新居浜、日立製作所の日立、富士製鉄の釜石、マツダの広島、北炭の夕張、旭化成の宮崎などがあげられる。(8)

以上見てきたものはひとつの企業によって形成された地域社会であるが、それでは、他に数多く存在している地場産業や多くの大企業、中小企業によって形成されている産業地域社会については如何であろうか。産業は地域社会秩序にどう影響するのであろうか。例えば、鋳物工業が発達した埼玉県川口市では、昭和二〇年代の市の有力者すなわち政治的・経済的指導者の過半数（約七〇％）が鋳物工場主であったという。(9)

そこで本稿では、鋳物工業の産業地域社会である川口市を例として、産業が地域社会秩序にどのように影響するのか調査研究するものである。

## 三、民俗学における政治研究の概要

先に指摘したように、産業地域社会における社会秩序の問題は、民俗学のムラ社会において見れば「政治」の問題に該当するのである。ここでは、今までの民俗学における政治研究の概要を顧みることによって、産業地域社会を対象とする本研究について、民俗学研究における位置づけを行うものである。

かつての民俗学における政治の研究は、村寄合の座順(10)や、村の意思決定、(11)村規約、(12)村はちぶなど、(13)それぞれ個別になされてきた。しかし、福田アジオは、日本の民俗学が、柳田國男によってそれまでの政治中心の歴史研究を批判し、ごくありふれた「常民」の生活史を明らかにするものとして成立してきたことから、「政治」という観点から民俗事象を捉え研究することがほとんどなかったことを深く反省し、実は柳田が、政治の問題には直接触れないことによって、却って政治を語り批判していたことを指摘し、民俗学も、研究内容として国家、政治内権力、政治過程、政治運動などを、どのように組み込み問題にするのかを検討しなければならないと指摘した。(14)

また福田は、これまでの村寄合や家格・階層といった調査研究に、政治の問題としての認識が乏しく、そこに矛盾、対立、抗争などの動きを発見してこなかったことを指摘し、民俗学にとってはむしろ、国や都道府県、市町村の政治権力による権力行使が政治過程として展開するとき、それが個別地域の人々の生活の中で伝承されてきた民俗にどのように関係するか、あるいは地域の民俗が政治過程にどのような特質を与えたかを考えることに意味がある主張している。そして、権力行使としての政治と民俗の関係について、大きく五つの形態の課題を掲げたうえで、その資料操作法の問題として、絶対時間の上に展開する政治と相対時間の中で認識される民俗の大きな性格の違いに留意し、文書記録を活用するなど、絶対時間および絶対空間で把握された民俗資料を扱っていく必要性を指摘している[15]。

これを踏まえて、近年、民俗学における政治研究の進展が見られており、室井康成がその概要と方向性を示唆している[16]。室井は、柳田國男が民俗学を構想していった目的に「政治」が存在していることを綿密に論証している。それは、柳田が構想した民俗学の本願は「政治の民主化を軸とした社会改良」にあったのであり、民俗学を人々への「政治教育」として機能させることであったのだという[17]。

筆者は従来意識されずに調査研究されてきたムラ社会における種々の民俗について、ムラを構成する家々が必ずしも平等ではなく、力関係や対立が存在したことへの認識のもと、改めて政治の民俗の研究として整理し課題を指摘した[18]。柏木亨介は、村寄合における意志形成過程を詳細な実地調査に基づき調査研究している[19]。また、権力行使としての政治と民俗についても、従来では坪井洋文[20]、近年では室井や杉本仁によって、主として選挙行為を対象とした研究がなされている[21]。

以上のように、政治と民俗の問題は、今後その進展が期待される、民俗学にとって極めて重要な研究課題であると言ってよい。本稿にて問題にする産業をささえる地域社会における政治権力の在り方の問題も、地域産業の如何によって日本人が表出させる現象として、民俗学にとっても重要な研究であると考えるのである。

## 四、鋳物の町川口における地主派と工場派の対立

ここでは、先に示した産業と地域社会秩序という視点により、鋳物工業の町として知られる埼玉県川口市とその特色を見ていく。

川口の鋳物業は、室町時代末期頃にはすでにおこなわれていたとされ、地元荒川岸から鋳物に適した砂や粘土が採れたこと、日光御成道や舟運によって原料や材料、燃料、製品の運搬が便利であったこと、江戸（東京）という大消費地や京浜工業地帯に隣接していたこと、近隣から労働力を得やすかったことなどから発展していった[22]。

また生産された製品を見ると、梵鐘や鰐口などの青銅鋳物や天水桶も造られたが、大きく見て、江戸時代における鍋・釜・鉄瓶といった日用品鋳物から、明治時代における技術革新を経て、たびたびの軍需製品生産によっても大きく発展し、鉄管や門扉、鉄柵などの土木建築鋳物を生産するようになり、後には様々な機械部品の生産に転換していった[23]。鋳物屋の数についても、文政七年（一八二四）には十三人であったが、日露戦争当時明治三八年（一九〇五）には鋳物工場が四十七軒、翌三九年（一九〇六）には一〇五軒と倍増している。その後景気・不景気によって増減を繰り返しながら、昭和二一年（一九四六）には六六四軒、昭和三六年（一九六一）には六三六軒を数え、従業員数は昭和三五年に一万七千六十八人に達している[24]。

これに対して、川口町の人口は、明治二五年（一八八二）は三，九四八人、日露戦争後の明治三九年（一九〇六）には五，四一四人、第一次世界大戦後の大正一〇年（一九二一）になると一五，一〇七人と増加している。しかもそれら人口のうち、町への流入人口が、明治二五年は五八六人、明治三九年には一，一〇五人、大正一〇年になると七，二〇三人となり、都市化の急激な進展が見られる。またの人口を産業別内訳に見ると、大正九年当時の川口町の人口五，九一一人のうち、工業人口が四，三三四人を占めていることから、これは鋳物工業を軸

とする都市化であることがわかる。また昭和五年（一九三〇）になると、町の人口九，一三四人に対して、工業人口が四，八四八人であり、他に工業をささえる商業人口や交通・公務員人口を著しく増加させているのである[25]。

このように川口は、鋳物工業とその関連産業の中小工場によって形成された産業地域社会であると言えよう。

そして、昭和八年（一九三三）には、これに横曽根村・青木村・南平柳村が合併して川口市が誕生したのである。

次に、鋳物工業の発展により、外部からの人口流入の増大と急激な都市化を遂げた川口町は、その社会構造にも大きな変化を促したが、明治期終り頃から大正期における象徴的な現象のひとつとして、「地主派」と「工場派」の対立があげられる。工場派とは、鋳物業の発展によって新たに台頭した企業家であり、鋳物派とも呼ばれた。地主派は、土地を所有し農業を行うのではなく、鋳物業者たちに土地や家屋を貸与し、土地そのものにより利益をあげ、支配的な地位を築いてきた地主である。

例えば、明治末期の一村一社令に伴い、鋳物の神様として金山彦命が祀られ鋳物屋たちによって信仰されてきた金山権現社を、鎮守氷川神社（現川口神社）へ合祀することについて、これに賛成の地主派と猛反対であった鋳物派が激しく対立し、当時の川口町長が責任をとって辞任するという事件があった。次は、『埼玉新報』の記事である。

外観の川口町は至極平穏の如く思わるれど、内部の事情は数年前より暗闘としているのである。（中略）川口町における地主派と工場派が何故に暗闘をなし居るかと云うに、地主派と目せらるる人は所謂土地子である。工場派の多くは他より移住し、又は徒弟が独立して営業を為し居る者が多数を占めて居る様に思わるるので、随って地主派は門閥を貴び工場派は成金党を以て傲ると云うが如き有様が見えるのである（大正二年二月二十五日）[26]。

この記事の背景には、先に紹介したような川口町内部における両派のたびたびの政争が存在していたのである。

その後、第二次世界大戦後の農地解放により、地主派の力が衰退したという。

この対立は、地域の鋳物業発展にかかる都市化がもたらしたものであるが、より詳細にこの記事から読みとれることは、これが地域の旧家と新参者の対立であり、鋳物業発展により多くの新参者が経済的にかなり力を持った地域社会の変動つまり社会秩序が変化したことに伴って発生した対立なのである。またこれは、工業発展に伴う近世的勢力と近代的勢力の対立とも言えようか。

このように見ると、川口町という地域社会は、家の歴史が古いことや土地を多く所有していることが、必ずしも上位の権力を持つとは限らない。また逆に、歴史のない家であっても、鋳物工業で財をなし、地域から評価を受ければ、権力を持つ正統性を得られうる地域社会であると言うことができるのではないか。それは、先にもふれたが、工業発展による移住者の増大、都市化、社会変動等に起因すると思われるが、産業地域社会のひとつの特色であるとも考えることができる。

## 五、地域社会発展をささえた工場主　―鋳物産業と政治権力―

先に指摘したように産業地域社会では、産業は、地域活動のリーダーを供給し、地域文化の形成・発展に貢献している。川口で旋盤工として働いた岡田博氏は、そのことを次のような短歌に歌っている。

川口を金が物言う街にして鋳物屋県議市議を占めしが[27]

これは、川口という街では、経済的な優位が地域における発言力に影響し、鋳物屋の親方が地域の政治的リーダーである県議会議員や市議会議員を占めていたというのである。筆者が調べたところ実際は数的には異なるが、一説には、鋳物工業が最も盛んであった昭和三〇年代には、市議会議員の約八割が鋳物屋の親方であったとも言われている。

尾高邦雄の『鋳物の町　―産業社会学的研究―』によれば、川口において有力者と認められるために必要な条件は、第一に大きな財産を持ち、第二にそれを気前よく地域に寄付することであると言われている。また、一介の鋳物工であっても努力次第で工場主に成り得る可能性が現実にあったことから、無一文から一代で財産を築き上げた者はとくに高く評価されたという[28]。

ここでは、川口における有力者すなわち政治的リーダーである市長、国会議員、県議会議員、市議会議員の顔ぶれを見ていく。

まず、市長についてであるが、表15は市制が施行された昭和八年（一九三三）から昭和五八年（一九八三）の五十年間における歴代市長を記したものである。これによると、延べ十八代、実質九人の市長のうち鋳物業関係者は実に十五代の六人を占めている。また十八代の永瀬洋治の先祖は明治期まで由緒鋳物師の家であったことから、鋳物業以外の市長は、初代市長の岩田三史（医師）と九代の田中徳太郎（味噌醸造業）の二人のみである。在任期間の長い者では、高石幸三郎が五期、大野元美が六期を勤めている。川口は昔から保守系の政党が強い地域であることも影響しているかもしれないが、この表からは明らかに鋳物関係業の社長が市長を勤めることが多かったのである。

表15. 川口市歴代市長

| 代順 | 氏名 | 期間 | 職業 |
|---|---|---|---|
| 1 | 岩田　三史 | 昭和 8.6.12～9.10.7 | 医師 |
| 2 | 千葉　寅吉 | 10.1.16～10.6.18 | 鋳物製造業 |
| 3 | 永瀬　寅吉 | 10.7.1～13.4.1 | 鋳物製造業 |
| 4 | 高石　幸三郎 | 13.4.28～17.4.27 | 鋳物卸売業 |
| 5 | 〃 | 17.4.28～21.4.27 | 〃 |
| 6 | 〃 | 21.4.28～21.5.28 | 〃 |
| 7 | 〃 | 21.5.29～22.1.15 | 〃 |
| 8 | 大泉　寛三 | 22.4.6～23.12.25 | 鋳物製造業 |
| 9 | 田中　徳太郎 | 24.2.22～28.2.19 | 味噌醸造業 |
| 10 | 高石　幸三郎 | 28.2.20～32.2.19 | 鋳物卸売業 |
| 11 | 大野　元美 | 32.2.20～36.2.19 | 鋳物製造業 |
| 12 | 〃 | 36.2.20～40.2.19 | 〃 |
| 13 | 〃 | 40.2.20～44.2.19 | 〃 |
| 14 | 〃 | 44.2.20～47.4.25 | 〃 |
| 15 | 長堀　千代吉 | 47.5.30～51.5.27 | 鋳物製造業 |
| 16 | 大野　元美 | 51.5.28～55.5.27 | 鋳物製造業 |
| 17 | 〃 | 55.5.28～56.4.27 | 〃 |
| 18 | 永瀬　洋治 | 56.5.31～ | 旧川口宿本陣、もと鋳物業 |

（川口市『川口の歩み』昭和58年より作成）

より詳細に見ると、三代市長永瀬寅吉は、江戸時代から続く屋号を薬研屋と名のる永瀬鉄工所の社長で、先代永瀬庄吉も川口町長を勤めている。高石幸三郎は、四～七代および十代市長として、戦時中の統制の厳しい時代を含め長く政務にたずさわっている鋳物卸問屋高石喜太郎商店の社長であり、他に衆議院議員も勤めている。八代大泉寛三は、他に衆・参議院議員、川口鋳物工業組合理事長、川口商工会議所会頭を歴任し地域発展に貢献するが、もとは山形県尾花沢市の出身で、東京に伝動機械工場を創業後、大正十一年（一九二二）に川口に移転し、後に鋳造工場（大泉工場）を開業した。ここにも、先に見たような新参者であっても、経済力を持ち評価を受ければ地域のリーダーになることができたことが伺えるのである。十一～十四・十六・十七代を勤めた大野元美は、大正九年（一九二〇）に創業した大野鋳工場の二代目社長で、六期という長きにわたり政務に携わり、他にも全国市長会会長代理や川口商工会議所会頭などの要職を歴任し、現在も名誉市民となっている。[29]十五代長堀千代吉（長堀鉄工所社長）は、青木信用金庫理事長も勤めていた。

次に、表16に大正九年（一九二〇）から昭和四二年（一九六七）までの川口市選出の歴代衆議院議員を見ると、延べ十一人で実質は七人の議員のうち、鋳物業関係者は、延べ五人、実質は三人となっている。

表17は、昭和二二年（一九四七）から平成一〇年（一九八八）頃までの川口市域選出の参議院議員であるが、鋳物業関係では小林英三と大泉寛三

表16. 川口市域選出の衆議院議員

| 選挙年月日 | 氏名 | 政党 | 職業等 |
|---|---|---|---|
| 大正9.5.10 | 野呂　丈太郎 | 憲政会 | 染職業 |
| 昭和17.4.10 | 遠山　暉男 | 翼賛会 | 鋳物製造業 |
| 22.4.25 | 田島　房邦 | 民主党 | 酒商 |
| 24.1.23 | 大泉　寛三 | 民自党 | 鋳物製造業 |
| 27.10.1 | 〃 | 自由党 | 〃 |
| 28.4.19 | 井堀　繁雄 | 社会党 | 労働運動家 |
| 30.2.27 | 〃 | 〃 | 〃 |
| 33.5.22 | 高石　幸三郎 | 自民党 | 鋳物卸売業 |
| 35.11.20 | 井堀　繁雄 | 民社党 | 労働運動家 |
| 38.11.21 | 大泉　寛三 | 自民党 | 鋳物製造業 |
| 42.1.29 | 小川　新一郎 | 公明党 | |

（『川口大百科事典』平成11年より作成）

が就任している。とくに小林英三は、昭和二二年から十八年間の長きにわたり就任しており、昭和三〇年（一九五五）には厚生大臣を務めた。小林は、広島県尾道市の出身であり、大正八年（一九一九）に創業した國際重工業の社長で、他に川口鋳物工業協同組合理事長、日本鋳物工業会会長、全国鋳物工業連合会会長、埼玉県議会議員などを歴任した[30]。

表18は、明治四三年（一九一〇）から昭和四二年（一九六七）までの川口市域選出の埼玉県議会議員である。延べ三十五人の議員のうち、鍛造業を含めた鋳物業関係者は述べ十六人である。昭和三年（一九二八）以降は鋳物業関係者が選出されないことはなく、昭和一〇年代には鋳物業関係者一人のみかあるいは二人に対して鋳物業以外が一人、その後定数の変化もあり、昭和二〇年代には三人に対し鋳物関係が二人、昭和三〇年代には四

表17. 川口市域選出の参議院議員

| 氏名 | 在職期間 | 職業 |
|---|---|---|
| 小林　英三 | 昭和22.5～昭和40.6 | 鋳物製造業 |
| 大泉　寛三 | 昭和35.11～昭和37.6 | 鋳物製造業 |
| 佐藤　泰三 | 平成4.7～ | 医師 |

（『川口大百科事典』平成11年より作成）

表18. 川口市域選出の埼玉県議会議員

| 選挙執行年月 | 氏名（職業等） |
|---|---|
| 明治43.1 | （補選）福原幸太郎（在職中死亡） |
| 44.9 | 野呂丈太郎（染織業他） |
| 大正4.9 | 野呂丈太郎 |
| 大正15.1 | 田中徳兵衛（味噌醸造業） |
| 昭和3.1 | 田中徳兵衛、小林英三（鋳物製造業） |
| 7.1 | 遠山暉男（鋳物製造業） |
| 11.1 | 遠山暉男 |
| 15.1 | 遠山暉男、田島房邦（酒商） |
| 17.6 | 高橋善次郎（鋳物製造業） |
| 22.4 | 高橋八郎（鋳物製造業）、江部賢一（社会大衆党）、<br>佐山耕三（鋳物製造業） |
| 26.4 | 高橋八郎、江部賢一、稲川次郎（鋳物製造業、川口鋳物工業協同組合理事長） |
| 30.4 | 高橋八郎、江部賢一、佐山耕三 |
| 34.4 | 新井健一（機業）、飯塚孝司（機業）、宮岡義一（医師）、<br>永井巳之助（鋳物製造業） |
| 38.4 | 飯塚孝司、宮岡義一、細野民治（鋳物製造業）、<br>石田彦吉（鍛造業）、小川新一郎 |
| 42.4 | 石田彦吉、飯塚孝司、細野民治、伊佐杯幸太郎、<br>小浦太郎（社会党）、宮岡義一 |

（『川口大百科事典』平成11年より作成）

～五人に対し二人となっている。

最後に川口市議会議員については、表19に市制が施行された昭和八年（一九三三）の議員一覧を示した。これを見ると、政党として見れば当時は保守系が二つに分かれながら多数を占めていたが、業種を見ると、鋳物関係業に属する議員が定数三〇人のうち過半数の十六人で、五十三パーセントにおよんでいる。他には、飲食業が五人、当時芝村から前川あたりに立地していた機織業が三人である。また廻漕業とは芝川舟運による運送業である。

次に表20は、昭和十七年（一九四二）からの川口市誕

表19. 川口市議会議員　第1回選挙（昭和８年５月20日）　定数30名

| | 氏名 | 政党 | 職業等 |
|---|---|---|---|
| 1 | 野呂　豊吉 | 民政派 | 機業 |
| 2 | 永瀬　平五郎 | 政友派 | 鋳物製造業 |
| 3 | 高石　幸三郎 | 〃 | 鋳物卸売業 |
| 4 | 田島　房邦 | 民政派 | 酒商 |
| 5 | 浅倉　多吉 | 〃 | 鋳物製造業 |
| 6 | 竹ノ谷才次郎 | 政友派 | 酒商 |
| 7 | 永瀬　寅吉 | 〃 | 鋳物製造業 |
| 8 | 保坂　平次郎 | 〃 | 鋳物製造業 |
| 9 | 千葉　寅吉 | 民政派 | 鋳物製造業 |
| 10 | 田中　徳太郎 | 政友派 | 味噌醸造業 |
| 11 | 平野　仙太郎 | 〃 | 料理店 |
| 12 | 天野　新三郎 | 中立 | 前川口町助役 |
| 13 | 横江　一雄 | 政友派 | 料理店 |
| 14 | 大泉　寛三 | 〃 | 鋳物製造業、川口鋳物工業組合理事長（昭9） |
| 15 | 浜田　芳太郎 | 〃 | 鋳物製造業 |
| 16 | 金子　政治 | 〃 | 酒商 |
| 17 | 大木　伊之助 | 〃 | 薪炭鋳物材料商 |
| 18 | 佐山　耕三 | 民政派 | 鋳物製造業 |
| 19 | 飯塚　留次郎 | 政友派 | 機業 |
| 20 | 白井　福蔵 | 〃 | 鋳物製造業 |
| 21 | 田中　正義 | 社会大衆党 | 青物商 |
| 22 | 渡辺　源蔵 | 中立 | 薬種商 |
| 23 | 安達　藤一郎 | 政友派 | 廻漕業 |
| 24 | 篠田　金市 | 〃 | 機業 |
| 25 | 高橋　善次郎 | 〃 | 鋳物製造業 |
| 26 | 芝崎　真之助 | 民政派 | 鋳物製造業 |
| 27 | 岩田　源次郎 | 〃 | 鋳物製造業 |
| 28 | 小池　与四郎 | 〃 | 薪炭鋳物材料商 |
| 29 | 蓮沼　弁治郎 | 〃 | 銑鉄商 |
| 30 | 矢作宇九十郎 | 〃 | 農業 |

（川口市『川口市史（通史編下巻）』より作成）

生後三期目の議員である。これは、定数三十六人のうち鋳物業関係者は二十一人で、五十八パーセントを占めており、おそらくこれが鋳物業関係者が最も多くの市議会議員を輩出した時であると思われる。注意すべきことは、この時に鋳物関連業者のうち機械業の者が四人選出されていることで、鋳物業の発展に伴って開始された機械工業が次第に力をつけていったことを伺うことができる。また青木地区の釣竿業や神根地区の花卉業を背景としている議員も見られる。

その後、昭和二二年（一九四七）には、鋳物業関係者は定数三十六人のうち二十人と五十六パーセントを占め、昭和二六年（一九五一）には、十七人と四十七パーセントを占めていた。

また聞いたところによると、昭和十七年から議員を務めた熊澤喜利之助（表20・№15）は、幸町三丁目の鋳物兼機械工場の熊澤製作所の社長であるが、議員を降りた後の昭和二六年には、熊澤の子分であり下請けであった木型屋の大石政人を、熊澤の票によって当選させたという。このようにかつては、当人は立候補せずに、子分を議員に就かせ権力を行使した鋳物屋の親方もいたのである。

以上見てきたように、かつて言われた議員の八割とまではいかないが、市長や国・県・市の議員の要職が長い間にわたって大きな割合で鋳物工場社長が勤めてきたことが明らかとなった。産業が地域の経済だけでなく、行政や政治をも担ってきたのである。またそこには、川口に特有の人物評価のあり方を伺うことができるのである。

## 六、鋳物産業と自治会

ここでは、鋳物産業がささえている地域社会つまり町会や祭礼に関する自治組織の様相を見ていく。

幸町三丁目町会は、昭和のはじめにつくられた町会であるが、昭和三〇年代頃の当町会の集まりの座順は、所帯を持っている人のうち、上座から、人を雇っている人（社長や経営者）、人を雇っていない一人親方、家を持っ

表20. 川口市議会議員　第3回選挙（昭和17年7月20日）　定員36名

| | 氏名 | 職業等 |
|---|---|---|
| 1 | 高橋　八郎 | 鋳物製造業 |
| 2 | 永井　平蔵 | 鋳物製造業 |
| 3 | 永瀬　四郎 | 旧川口宿本陣 |
| 4 | 永瀬　吉五郎 | 鋳物製造業 |
| 5 | 永瀬　勝美 | 鋳物製造業 |
| 6 | 野崎　重蔵 | 鋳物製造業 |
| 7 | 小林　英三 | 鋳物製造業（川口鋳物工業協同組合理事長） |
| 8 | 江部　賢一 | 労働運動家 |
| 9 | 高橋　三次郎 | 機械業（川口機械工業協同組合理事長） |
| 10 | 福田　芳五郎 | 鋳物製造業 |
| 11 | 小松原新太郎 | |
| 12 | 小林　武治 | 機械業（埼玉県輸出機械器具工業協同組合理事長） |
| 13 | 千葉　寅吉 | 鋳物製造業 |
| 14 | 大野　元次郎 | 鋳物製造業 |
| 15 | 熊澤喜利之助 | 鋳物製造、機械業（東日本井戸ポンプ工業会理事長） |
| 16 | 森藤　勘次郎 | 機械業 |
| 17 | 佐山　耕三 | 鋳物製造業 |
| 18 | 浜田　清 | 鋳物製造業 |
| 19 | 永瀬　凡作 | 鋳物製造業 |
| 20 | 矢島　撰一 | |
| 21 | 倉下　与市 | 鋳物製造業 |
| 22 | 福原　米三 | 鋳物製造業 |
| 23 | 飯塚　孝司 | 機業（川口繊維工業会会長） |
| 24 | 増田　貞次郎 | 釣竿業 |
| 25 | 伊藤　寅吉 | |
| 26 | 大泉　寛三 | 鋳物製造業 |
| 27 | 加瀬　源一 | 薪炭商 |
| 28 | 吉岡　順三 | 鋳物製造業 |
| 29 | 石田　増之助 | |
| 30 | 船津　徳助 | |
| 31 | 保坂　喜八 | 精米業 |
| 32 | 蓮沼与左衛門 | |
| 33 | 西野　憲太郎 | 製材業 |
| 34 | 高橋　浩太郎 | |
| 35 | 今泉　嘉幸 | |
| 36 | 田中　幸之助 | 医師 |

（『川口の歩み』・『川口大百科事典』より作成。なお『川口商工名鑑（1950年版）』を参考にした）

ている職人、借家に住んでいる人の順に座った。当時の青木一丁目町会の集まりの座順もほぼ同様であったが、たとえ独身者であっても、家を持っている人は、借家に住む人よりも上座に座れたという。つまり、町会における家の序列である家格は、経済的規模が一つの規準であったのである。

しかし、昭和三〇年代頃まで鋳物屋は、自工場において完成する製品を持っていたが、昭和四〇年頃から機械部品鋳物の生産へと転換がはかられ、昭和五〇年頃になると、町会の集まりにおける座順も変化し、例えば日立製作所や池貝鉄工というように、お得意先の会社の規模の大きさの順に座るようになったという。

昭和三〇年代頃の町会では、鋳物屋の親方がかなり威張っていた。当時の幸町三丁目町会は、熊澤喜利之助（熊澤製作所社長）と向井雪助（向井鋳工所社長）と島村某（大工・地主）が仕切っていた。熊澤と向井は町会長を勤め、市議会議員にもなった。先にも記したが、後に熊澤が市議会議員へ立候補しなくなると、その子分であり下請けであった大石政人（木型屋）が熊澤の票によって市議会議員になったという。熊澤は、他に民生委員も長く努めたという。

熊澤喜利之助は、神奈川県秦野の出身であり、東京本郷で戸車工場に勤めていたが、社長が急死したため、大正十四年（一九二五）に弟子を引き連れて川口に来て、長堀千代吉の兄に工場を借りて機械工場を開業、その後鋳物工場を始めた[31]。その熊澤が頭を下げていたという「川口のボス」は、参議院議員の小林英三（國際重工業社長）、県議会議員の細野民治（細野鉄工所社長）・佐山耕三（佐山鉄工所社長）・稲川次郎（双葉鋳造社長）・高橋八郎（第一鋳造所社長）と、矢崎健治（鋳物卸売問屋矢崎本店社長）であったという。

## 七、人物評価の一基準　―「金ばなれがいい人」―

それでは、「川口のボス」にはどのような人が成り得たのであろうか。それは、先にも指摘したが、大きな財産を持ち、それを気前よく地域に寄付することのできる人である。そのような人のことを「金ばなれがいい人」と言い、公のために金を出せる人がボスになれるのだという。逆に、ケチで寄付をせずに、コツコツ貯金ばかりしている人は、たとえ大きな財産を持っていても、評価はされないのである。

金山町においても、祭礼の役員・町会の役員・学校のPTA会長などは、鋳物屋が努めることが多く、かつては鋳物屋の天下であったという。それは、鋳物屋は様々な時に寄付金を出すことが多いからであり、よく「口を出したきゃ金を出せ、金をださなきゃ口出すな」と言ったものだという。

ただし、寄付金を集める時には、もう一つ外してはならないポイントがあった。次は、熊澤喜利之助の四十九日の法要において、県議会議員永井巳之助（永巳鋳工所社長）があいさつに披露した話である。

かつて永井や石田彦吉など日露戦争の海軍帰りの者たちが、旅順港閉塞作戦で活躍し戦死した小池幸三郎の銅像を建立しようとしたが、資金が足りなかった。そこで永井は熊澤に相談をしたところ、熊澤に「百人位記入できる寄附金帳を買って来い。」と言われ、帳面を買ってくると、何番目かに「熊澤喜利之助　一円也」と記した。そして熊澤は、「これより上の方から順に寄付を頂いて来い。一番目は岩田三史だろう。これで寄付金額が建立資金に足りなかったら、また相談に来い。俺がなんとかする。」と言った。そして、無事に寄付金が集まり、銅像を建立し、祝賀会も開くことができたという。

これは、熊澤喜利之助の地域における家格と人の分を見る眼の確かさを讃えた話である。つまり、有力者から寄付金を集める場合には、寄付金帳に記載する順序と寄付金額の割合が家格に応じて予め一定しているのだと言い、それを無視した集め方をすると義理知らずとして非難されたことから、それを見る眼と配慮が必要であったのである。[32]

# 八、結語

以上、鋳物産業の発達した埼玉県川口市において見てきたように、産業地域社会では、その特色として、産業が、地域の政治的リーダーを輩出することにより、地域をささえ、発展させ、またその社会秩序を形成してきたのである。具体的には、歴代の市長、国会議員、また県議会議員や市議会議員については、最盛期には定数の五割以上を輩出してきた。つまり、地域をささえる産業は、それによって力を得た企業や人物が政治的権力を持つことができたことから、地域の社会秩序つまり地域の政治的秩序を形成し維持してきたのである。

また、産業の発展は、その人口流入や都市化の影響も考えられるが、この地域においては、他の農村などで見られるような家の歴史の古さを優位とする考え方よりも、むしろ経済的優位の家を尊ぶ考え方を根づかせていた。それは、早くも明治末期から大正期に、地主派と工場派の対立として表面化している。そして川口は、たとえ新参者であっても、地域に多大な寄付を行い貢献することにより、大きな評価を受けることができた。つまり川口は、「金ばなれがいい人」と言って、経済力を持ち地域貢献をすることによって、政治的権力を手にすることができる社会なのであった。

このように産業地域社会である川口は、外部から入ってきた資本や組織、技術や人材などの新しい企業の力を、絶えずうまく受容しながら発展してきたのである。

最後に本稿では、本稿の目的にのっとることから、関連の可能性も考えられる政党など政治派閥による影響についてはあえて後に譲ることとした。

# 第二節　短歌にみる鋳物の町の精神史

## 一、目的

埼玉県川口市は、古くから鋳物工業が発達し、かねてより「鋳物の町」として知られてきた。中でも、昭和三七年に放映された、早船ちよ原作作品を映画化した、吉永小百合主演の日活映画『キューポラのある街』は、様々な反響を呼び、この町を全国に知らしめた。そして、歴史学・社会学・地理学をはじめとした様々な研究者たちがこの町を注目し、現在も新聞や写真家たちにも取り上げられており、人々の関心を集めているところである。

かねてより筆者は、川口の鋳物工業が、技術革新を経験し、江戸時代の日用品鋳物生産から近代資本主義産業の一端をになう機械部品鋳物の生産へ転換を果たすことに成功したという歴史的な特色と、これを可能にして今日にまで至る地域的な特色に注目している。この町を、鋳物工業とその関連産業によって経済的・社会的・文化的にささえられてきた「産業地域社会」として捉え直し、その歴史や文化、また日本人にも共有されるところのものの考え方や感情までも掘り起こしたいと考えている(33)。

一方、富士講や小谷三志の研究者として知られている岡田博氏は、昭和四年に現在の埼玉県児玉郡美里町甘粕に生まれ、昭和二〇年に戦争から復員後、機械旋盤工となり、実際に昭和二七年から川口市幸町の熊澤製作所に勤務し、以来川口や鋳物業と関わり続け、昭和三八年には鳩ヶ谷市で那賀鉄工所を創業している。岡田氏は、その旋盤工としての人生の傍らで、短歌会に所属し指導を受け、平成五年（一九九三）に歌集『鋳物の街』、平成九年（一九九七）に歌集『キューポラの下にて』という、川口鋳物業や鋳物の街川口を詠んだ二冊の短歌集を刊行している。

先に筆者は、これらの歌集が町の様子や著者をはじめ川口に働く人々の心情をよく詠いあてていることから、鋳物の町の精神史と、[34] 生活誌として、[35] 短歌を分析しながら鋳物業の町における人々の考え方や生活の様子、心持ちなどを紹介してきた。これらを踏まえて本稿では、改めて民俗資料として短歌を対象とする有効性を論じたうえで、岡田博という実際にこの町に働き生活した一人の職人の詠んできた二つの短歌集を分析することにより、鋳物の町川口という産業地域社会の特色と、そこで生きてきた鋳物業関連産業の職人・職工たちの精神史と生活史の一端を明らかにしたいのである。

## 二、民俗資料としての短歌の有効性

まずここでは、従来の研究から、民俗学における短歌の民俗資料としての位置づけ、研究意義について見ておく。

民俗学において、従来取り扱われてこなかった短歌を、民俗資料として研究対象にした研究者は矢野敬一である。矢野は、短歌を「近現代に広範な広がりを見せたことばの技法」としてとらえ、新潟県岩船郡山北町の女性Iさんの短歌に詠まれた山林の風景に刻み込まれた記憶を読み取っている。[36]

短歌は、第一次世界大戦後に大正デモクラシーの影響が民衆の教育経験に色濃く反映したことにより、また第二次世界大戦後には、出版文化の普及と民衆運動の影響などによって、民衆が表現する民衆文芸の一つとして確固たる地位を得ていった。[37] これらを踏まえて、矢野は、短歌のもつ近現代において多くの人々の表現手段となったという表現形式としての一般性と、またその歌材の多くが日常生活を対象化するという内容としての一般性の二つの特徴から、「近現代という時代を区切ってみた場合、風景を表象することばとしての短歌は民俗学の資料として意義をもつものといってよい。」と断言している[38]。

矢野は、Iさんの山林の風景を詠んだ短歌を三つに類型化し、次のように指摘している。第一に、山林での労働の場面を通して、造林活動を行ううえで必要となる世代間の連続性を意識する内容のものからは、近代資本主義の刻印が付されていること、具体的に言えば世代間の労働の継承という形で風景に記憶化されているとする。第二に、林野の植林や伐採、売買の場面が、林業に関わる人たちの人生の折り目にまつわる記憶に結び付けられて風景に刻み込まれているとしている。第三に、ここ二〇年ほど衰退の一途を辿ってきた林業に対して、短歌は、あらためて山林にまつわる記憶を想起し直し、忘却を免れるための戦略として位置づけることができるとしている。そして矢野は、Iさんの短歌は、たんなる個人史の次元を越えて、山に生きた山北町の多くの人々の記憶が幾重にも織り込まれたものであるという重要な指摘を行っている[39]。

以上のような矢野の研究が示した、民俗学にとって最も重要なことは、文芸の民衆化により、とくに近現代において、地域の産業や風景を詠んだ短歌は、個人の自分史としての次元を越えて、そこに生活する地域の人々の歴史や生活、ものの考え方や感情を窺い知る、貴重な民俗資料と成り得るとしたことである。それは、近代産業研究においても同様なのであり、有効な資料であると思われる。

また一方、そもそもこのような短歌や俳句は明治以降に形式化したものとされており、それまでの歌についての研究を見ると、とくに松尾芭蕉の俳諧を民俗学の資料として取り上げているのが、他ならぬ柳田國男であった。

柳田は、昭和七年に発表した「山伏と島流し」の中で、「至って月並みな言葉使いではあるが、俳諧には時代の生活が現れて居る。（中略）平凡人の心の隈々が、僅かにこの偶然の記録（＝俳諧）にばかり、保存せられて居て我々をゆかしがらせるのである。俚俗と文芸とを繋ぎ合わせようとする試みは、なる程最初から俳道の本志であったに違いない。（中略）歴史を一つの温か味のある学問とする為にも、我々はもう一度、古今の俳諧を見直さなければならなかったのである。（傍線筆者）」と述べ、俳諧の民俗資料としての価値を高く評価しており、また、

「家の消滅異同と婚姻制との交渉などは、俳諧を主要の史料として利用せぬ限り、殆どその近世の変化を明らかにし得ないとまで私等は考えて居る。」とまで言い切っている。[40] そしてこれから、明治期に消滅した山伏と島の流人の生活を伺い見ているのである。

また柳田は、「生活の俳諧」の中でも、「俳諧はその芸術的価値以外に、如何なる文化史的価値を我々に供与するか。」との問いを発して、俳諧の変遷を辿りながら芭蕉の俳諧を特徴づけ、これから「単に事実を明らかにし得るだけで無く、同情ある同時代人の之に対して抱いて居た感覚を、窺がうことができるのである。（傍線筆者）」として、例えば俳諧研究の成果として、木綿が農村に入った時代の様子、稲扱器普及の影響、旅の女性の地方への影響、山伏の精神的威力、昔の人たちの泣く場面などの解明をあげていのである。[41]

このようにして柳田は、『芭蕉七部集』をはじめとする俳諧を民俗資料として読み解きながら、名著『木綿以前の事』を著しているのである。

以上見てきたことから、個人が詠んだ短歌は、その対象や内容によっては、貴重な民俗資料として研究することができるのである。柳田と矢野の成果を根拠として、筆者は、機械旋盤工であった岡田博氏が詠んだ二編の短歌集を対象として、鋳物産業に関わってきた人たちや鋳物の町で生活してきた人々の生き方や考え方、感覚の一端を明らかにしたいのである。

## 三、「産業の町と文芸」への視点

ここでは、前節の指摘を踏まえ、短歌を民俗資料とした産業に関わる民俗的事象研究の背景について、一つの視点を指摘しておきたい。

まず第一に、先に見た第一次世界大戦後の民衆文芸の普及の影響の大きさの問題である。江戸時代以来続いてきた徒弟制度や職人たち、町工場の世界では、よく「技は盗んで覚えろ」とか「習うよりも慣れろ」、「身体で覚えろ」などと言われてきた。これは、職人に特有な教育法の一面として捉えることができ、一つには、技術や技能、手仕事における熟練した身体的な感覚の大切さを表現しているのである。また二つ目は、東京都大田区の旋盤工であった小関智弘氏も、これに対して「教える側が職人ですから教え上手ではないかもしれませんが、育て上手ではありました。」と言っているが、一時代前の職人たちは、最高の知識や技術を持っていながら、それを第三者に伝える言語力や表現力という面では、あまり上手でない人が多かったのである。[42]

このような職人社会に対する、第一次世界大戦以降の教育経験の普及は、非常に大きな影響をもたらしたことが予想される。本稿で取り上げる岡田博氏や大田区の小関智弘氏のように、それまで活字で表現されることが稀であった職人や職工の慣習的な生活や経験、記憶が、短歌で詠まれたり、文章で紹介されるようになったのである。[43] このことは、私たち研究者にとってみれば、願っても無い幸運であると言わなければならない。

このような民衆文芸の進展には、次の川口における岡田博氏の経歴を参照すれば、筆者などはもう一つ、昭和二四年（一九四九）の社会教育法施行に伴う、地域行政による公民館活動など社会教育の推進の影響も挙げられるものと考えるのである。[44]

次は、郷土愛に基づいて作成されたものであろうか、鋳物業や川口の町を題材にした文学作品は他にも存在している。例えば、先に掲げた早船ちよ『キューポラのある街』[45]をはじめ、井上こみち『凧とキューポラの町から』[46]、鈴木正興『キューポランド・チルドレン』[47]などがあげられる。なお、文学ではないが、写真家増田明弘氏の写真集『キューポラ』[48]や医師である寺島万里子氏の写真集『キューポラの火は消えず　―鋳物の町・川口―』[49]と『川口鋳物師・鈴木文吾』[50]、またキューポラを描き続けた洋画家富丘三郎氏の活動などがある。[51]

先に見た大正から昭和の時代の流れの現象なのであろうが、人々は何故にこのように鋳物業や川口の町を、文学や芸術の手法によって描こうとするのであろうか。おそらくこれらの人たちは、単なる郷土愛だけでなく、何らかの切っ掛けによって鋳物の町川口に魅力を感じとっているからこそ、作品にまで仕上げたのであろう。「産業と文芸」あるいは「産業の町と文芸」は、近現代を考えていく視点の一つなのではないか。

## 四、岡田博氏の経歴と生き方　―旋盤工、歌人、郷土史研究家―

ここでは、短歌の解釈と分析を深めていくうえで、岡田博氏の略歴に触れておきたい。

表21を参照していただきたい。岡田博氏は、昭和四年（一九二九）六月四日、埼玉県児玉郡松久村（現美里町）甘粕に生まれ、昭和一九年の国民学校在学中に、山口県の防府海軍通信学校に入校した後、海軍横須賀鎮守府に少年通信兵（海軍二等兵曹）として務め、終戦後復員した。岡田氏は、この一年九ヶ月の海軍兵士としての生活が、その後の氏の生きざまに大きな影響を与えているという。例えば、小心のくせに直ぐに死んだ気になって立ち向かうことなどを挙げており、また復員後に工場に就職したのも、海軍兵士間で存在した現場第一の考えからであったという。昭和二〇年以降、県北あたりの工場で、機械工として「ヘラ絞り」という仕事をこなしていたが、昭和二二年に労働基準法が制定された頃は、読書と思考が好きな青年であり、当時すでにぎこちないとしながらも短歌を詠んでいたのである[52]。

昭和二七年（一九五二）、亡き父の友人の紹介により、川口市幸町三丁目の熊澤製作所に就職した。熊澤製作所は、鋳物場と機械場があり、鋳物場はプレスの本体を主とする機械鋳物・井戸ポンプ・戸車・建築用ブラケットを主要生産品とし、機械場は井戸ポンプ製作と戸車製作に分かれており、岡田氏は井戸ポンプ製作の工場に配属された。このようにして岡田氏は、生涯をかけて旋盤工として川口鋳物業に携わり、様々な経験をしていき、詩や短歌に鋳物の町川口への郷土愛を詠んでいくのである。しかし昭和三〇年頃になると、鍋釜は東芝やナショナルがつくり、井戸ポンプは日立が生産するようになり、川口の鋳物工場も機械工場も、次第に自社製品の生産を

表21．岡田博氏略歴

| 年月 | 事項 |
|---|---|
| 昭和 4年（1929）　6月 | 埼玉県児玉郡松久村（現美里町）甘粕に生まれる。 |
| 昭和19年（1944）　2月 | 国民学校高等科2年在学中、山口県防府市の海軍志願兵防府通信学校に入校する。 |
| 昭和20年（1945）　9月 | 海軍横須賀鎮守府所属の少年通信兵（兵長）より復員する。以来毎年8月靖国神社と千鳥が渕に慰霊に訪れる |
| 11月 | 旋盤工見習として就職する。 |
| 昭和27年（1952）　2月 | 川口市幸町3丁目の熊澤製作所に入社する。 |
|  | 川口市立中央公民館青年学級に参加し、その修了生による「いづみ会」に入会、詩を詠む。 |
| 8月 | 8月に『会報いづみ』を発刊する。 |
| 昭和32年（1957） | 短歌会「砂廊」に入会し、大野誠夫氏に師事する（昭和52年まで）。 |
| 昭和34年（1959）　4月 | 熊澤製作所が閉鎖し、茨城機械製作所（川口市並木町1丁目）に入社する。 |
| 昭和36年（1961）11月 | 茨城機械が倒産し、新光製作所となり、同社の労働組合委員長となる。 |
| 昭和38年（1963）　6月 | 那賀鉄工所を創業する。 |
| 昭和47年（1974）　9月 | 鳩ヶ谷市文化財保護委員となる。 |
|  | 『鳩ヶ谷の古文書』の編集に参加し、小谷三志や富士講の古文書を解読、小谷三志の研究を開始する。 |
| 昭和50年（1975）頃 | 岩科小一郎氏主催の富士講研究会に参加する。 |
| 昭和51年（1976）頃 | 小谷三志翁顕彰会を発足する。この頃より富士登山を開始する。 |
| 昭和52年（1977） | 鳩ヶ谷郷土史会が発会し、以来機関誌『郷土はとがや』に多くの論文・報告を掲載する。 |
| 昭和53年（1978） | （財）日本常民文化研究所の「富士講と富士塚」調査に参加する。 |
| 昭和55年（1980） | 鳩ヶ谷郷土史会副会長に就任する。 |
| 昭和56年（1981） | 第12回埼玉文芸賞準賞を受賞する（「小谷三志と二宮尊徳の相互影響について」）。 |
| 昭和59年（1984） | 『歴史読本』（新人物往来社）第9回郷土研究優秀賞を受賞（「小谷三志と富士信仰経典ー不二道の政治思想」） |
| 平成元年（1989） | 月報『まるはとだより』を刊行する。 |
| 平成 2年（1990）　2月 | 鳩ヶ谷市民短歌会が発会し初代会長となる。水野昌雄氏に師事する。 |
| 平成 5年（1993）　2月 | 鳩ヶ谷市民短歌会叢書第1集『鋳物の街』を発刊する。 |
|  | まるはと叢書から短歌集『塀風歌みつわ』、『そらにみつ』を発刊する。 |
| 平成 9年（1997）　8月 | 鳩ヶ谷市民短歌会叢書第8集『キューポラの下にて』を発刊する。 |
| 平成10年（1998）　5月 | 富士信仰研究会（後の富士山文化研究会）の発足に尽力する（後に会長を務める）。 |
| 平成11年（1999）11月 | 那賀鉄工所を廃業する。 |
| 平成14年（2003） | 鳩ヶ谷郷土史会会長に就任する。 |
| 平成16年（2004）　6月 | 『二宮尊徳の政道論序説』を発刊する。 |
| 12月 | 鳩ヶ谷市民短歌会叢書第14集『現幽融通抄ーわが心の自叙伝ー』を発刊する。 |
| 平成23年（2011）　6月 | まるはと叢書第10集『青年詩集工都川口日録抄』を発刊する。 |

（歌集『鋳物の街』・歌集『キューポラの下にて』・『岡田博自選集Ⅱ ー鳩ヶ谷居住恩礼探訪抄ー』・歌集『現幽融通抄ーわが心の自叙伝ー』・『青年詩集工都川口日録抄』・（財）日本常民文化研究所『富士講と富士塚ー東京・埼玉・千葉・神奈川ー』より作成）

やめて、大工場の下請けになっていったという。[53] 昭和三四年（一九五九）に熊澤製作所が閉鎖となり、並木町の茨城機械製作所に入社したが、二年後にはその工場も不渡り手形を出し倒産し、昭和三八年（一九六三）に鳩ヶ谷に那賀鉄工所を開業した。当時は、五馬力のモーター一台によってベルト掛けで旋盤やフライス盤を動かす設備からの出発であったが、工場名の「那賀」は、故郷の美里町の大部分が含まれていた江戸時代の郡名「武州那賀郡」からとったと言い、まさにこれは、「一国一城の主」と同様に「一郡一城の主」の実現であったのである。当時の状況を記した「那賀鉄工所始末記」によれば、岡田氏の工場の創業目的は、企業を大きくすることでことではなく、資産を築くことでもなく、残業を習慣労働化しないことや日曜祝日は必ず休むことなどを定めた七項目の開業目的と、二宮尊徳の報徳思想に基づいた十項目の経営方針を実践することであった。そして、これを三十六年間実践し、「昼の本業」と次に紹介する文化財保護委員をはじめとする「夜と日曜の天職」とを両立させたのであった。[54]

このような旋盤工岡田博氏は、もとより読書好きではあったが、地域の文学活動に参加して行くのは早い頃からである。熊澤製作所に入社した数日後、当時民生委員・児童委員でもあった熊澤喜利之助社長から、「仕事がひまだからと定時にしまい、悪いことばかりやってないで、中央公民館でやっている青年学級へ行け」と命ぜられたのが事の始まりであるという。青年学級で集まった文学青年・文学少女たちが、「いづみ会」を結成し、ガリ版刷りによる『会報いづみ』を創刊し、川口を詠んでいる詩を構成し掲載するなどを行った。[55] これは、先に指摘した社会教育法施行に伴う地域の社会教育活動推進の影響と言ってもよいであろう。また、岡田氏の短歌活動の開始も早く、昭和三二年（一九五七）に、知人の紹介により短歌会「砂廊」に入会し、大野誠夫氏に師事している。その後も、平成二年（一九九〇）に鳩ヶ谷市民短歌会を発会し、初代会長を務め、水野昌雄氏に師事している。その間、『鋳物の街』、『塀風歌みつわ』、『そらにみつ』、『キューポラの下にて』、『現幽融通抄　―わが心の自叙伝―』といった短歌集を発刊している。

一方、昭和四七年（一九七四）、岡田氏は、幼少からの経験からか、地元のある石橋の銘文を解読できたことから、鳩ヶ谷市文化財保護委員への就任を依頼される。これにより『鳩ヶ谷市の古文書』の編纂に携わることとなり、いまだ解読されていない小谷三志や富士講関係の古文書の活字化を行う。その後、岩科小一郎氏主催の富士講研究会や富士信仰研究会、鳩ヶ谷郷土史会に参加し、時には会長などの役職を務め、また自ら小谷三志翁顕彰会を運営し、地域に根ざした小谷三志、富士信仰、社会思想史の研究を行ってきたことは知られている。

以上のように経歴を概観してきたが、岡田氏は、川口鋳物業に関わる機械旋盤工を本業として、それだけでなく短歌や詩の文学活動や小谷三志などを対象とした研究活動にも、かなり造詣が深いのである。言ってみればこのことは、岡田氏の文章力や表現力、分析力、思考力などにおいて、専門性が高く今まであまり紹介されてこなかった鋳物産業の歴史や技術、工場の職人・職工の世界などといったものが第三者に伝達されることにかなり有益なのではないか。このことを踏まえ、筆者は、岡田博という個人のつくった短歌を民俗資料として取り上げ、これらから川口鋳物産業やこれをささえる地域社会を研究し解明していくことが可能なのではないかと考えるのである。

## 五、短歌集『鋳物の街』と『キューポラの下にて』

岡田博氏は、川口鋳物産業と鋳物の町川口について、『鋳物の街』と『キューポラの下にて』という二つの短歌集を刊行している。いずれも良く鋳物産業とその町について詠っていると思われるのであるが、この二つには、短歌の詠まれ方に若干の相違点があることから、ここではまず、それぞれの構成を概観しながら、その違いと特色を確認する。

まず、『鋳物の街』は、著者が川口市の工場で勤務をはじめた昭和二七年から昭和四八年にわたる十二年間と、編纂された平成四年（一九九二）までに折にふれて詠まれた歌である。[56] その構成は次のとおりで、二十八題二百八十二首におよぶ短歌集である。表題の（　）内に詠まれた年号が示されており、いつ頃に詠まれたかが明確にされている。年号のない歌は刊行前の編纂時に詠まれたものであろう。

後に紹介する『キューポラの下にて』の表題と比較すると明らかであるように、例えば「川口・昭和二十七年」は岡田氏が川口に出てきた年であるし、「安保の年」・「熊沢喜利之助会長逝く」・「川口市民病院入院」・「創業十周年」などのように、その年の具体的な出来事や記念が表題とされている。内容についても、川口における生活や労働の現実、記念日における苦しさや喜びなど、岡田氏の実感が多く詠まれてきたのである。

川口・昭和二十七年（一九五二年）
春（一九五三年）
夏（一九五四年）
蛙の声（一九五六年）
はたらき小泉定吉氏に逢ふ（一九五八年）
安保の年（一九六〇年）
残業（一九六一年）
青年工去る（一九六二年）
詩（一九六三年）
初心（一九六四年）
嵐の中（一九六五年）
青色申告（一九六六年）
人を欲し（一九六七年）

風吹かば（一九六八年）
熊沢喜利之助会長逝く（一九六九年）
川口市民病院入院（一九八九年）
星座（一九七〇年）
嘆き共にし　一（一九七〇年）
嘆き共にし　二（一九七〇年）
嘆き共にし　三（一九七〇年）
籠城（一九七一年）
虚無という
城（一九七二年）
消ゆるキューポラ（一九七二年）
夜更けなば（一九七二年）
不渡り手形（一九七三年）
創業十周年（一九七三年）
川口に拾う

（歌集『鋳物の街』[57]）

これに対して『キューポラの下にて』は、平成八年（一九九六）七月に写真家増田明弘氏によって刊行された写真集『キューポラ』、また翌年平成九年に刊行された医師寺島万里子氏による写真集『キューポラの火は消えず—鋳物の町・川口—』という、鋳物業における鉄を溶かす熔解炉であるキューポラを題名としたこの二つの写真集を切っ掛けとして刊行されたものである。増田氏がこれの春夏秋冬の様子や美しい姿を撮影し、寺島氏は長年鋳物工の塵肺に関わってきた医師としてキューポラの下で働く人たちを写しており、岡田氏は、これらの作品に感銘を受けつつも、長年実際にキューポラのもとで働いてきた一人の職人としては、何か知れぬ心満たぬものがあったのだと言い、「見習工から工場の親父になった一人の歌詠みとして短歌で勝負してやろう」と、そこに働いてきた人たちの心持ちを詠んだものがこの歌集である（写真6参照）。このようなことから、平成九年（一九九七）の四月十七日から五月十四日までのわずか一月の間に詠んだもので、四十八題の四百四十一首である[58]。

その構成は次のとおりであるが、こちらは時や場面からとった表題は少なく、「カジヤ・ハツリヤ」・「焚き屋」・「酸素熔接屋」など鋳物業関連職工の名称を表題としているものが多い。『鋳物の街』と同様な気持ちを詠んだ歌もあるが、どちらかと言えば現実の場面における実感よりも、川口鋳物産業に関わる人たちの習慣や気持ちに立った、希望や理想、理念や思想、考え方などを良く捉えて詠んだ歌も多いのである。

序の歌
男の街
匂いと臭い
尾根の上高く
曙影
述懐
歴史
歴史の一　代悲白頭翁
歴史の二　駅頭ネオン
歴史の三　父病めば
歴史の四　鍋と釜

写真6．歌集『キューポラの下にて』

オートレース
新地の灯
中年工
中子工一　敗残の兵
中子工二　うしろめたさを
中子工三　飼い殺し
積みこしき
砂の鏡餅
余熱
鋳物川口
久能山東照宮にて
マンションの街
田口型範創業五十周年祝賀会
リリア三階ギャラリーにて
補遺1　工業団地
補遺2　外国人労働者
補遺3　廃業吹き止めの日

（歌集『キューポラの下にて』[59]）

以上の点からも、岡田博氏という個人が詠んだ短歌集を、川口鋳物産業に携わる人たちやその地域社会に生活する人たちの、ものの考え方や感情を窺い知る民俗資料として、分析し研究することができると考えるのである。

また、当時の実感のこもった生活誌としてのみならず、この二つの歌集を分析することにより、内容によって、理想と現実の中で、現実を乗り越えてまでも継承し続けた希望や思想を精神史として抽出することも可能であると考えるのである。

## 六、短歌に見る鋳物の町の精神史

ここからは、具体的に筆者の関心が引かれた短歌を紹介し、川口鋳物産業とその地域社会について、その生活や考え方、生き方について紹介していく。

### ①鋳物の町の様子

まず、『鋳物の街』に掲載された鋳物の街川口の様子を歌ったものである。

川口は鋳物の町よ街行けば
　鍋釜かまど街にあふるる

川口は鋳物の街よ昼も夜も
　炎の柱屋根にたつ街
　　（「川口・昭和二十七年」～昭和二七年）

昭和二七年は、著者が熊澤製作所に入社した年である。表1を参照いただきたい。この年は、昭和二五年の朝鮮特需の翌々年で、景気は下がってきてはいるが、工場（組合員）数が六〇二軒も存在しており、鋳物業はまだ活気に満ちていたのであろう。最初の歌は、鋳物製品があふれている街の活気をうたい、次の歌は、吹き（溶解・注湯作業）の際のキューポラや甑炉から吹き上がる炎の特異な光景と迫力を歌い、ともに鋳物業と町の力強さを歌っている。筆者が古老から聞いた話によると、夜吹きの時は、川口の街はまるで火事のようであったという。

富士見えて屋根の上高くたこあがる
　鋳物の街に今日は空あり
　　　（「詩」〜昭和三八年）

この歌は、正月の晴れ晴れとした気持ちを詠んだものである。「今日は空あり」とは、普段この街は、工場から排出される煤煙や粉塵によって、なかなか青空を見ることがなかったのだという。しかし、それらが鋳物工業が盛況の証しであり、人々の活力源であったのである。次は、鋳物工場の様子を詠んだ歌である。

吹きの日は四十度越す砂の上
　鋳物工みな勇みて走る
ほとばしる白き湯鉄に映ゆる裸形
　見慣れてもなお地獄絵に似て
　　　（「夏」〜昭和二九年）

溶解された鉄「湯」の温度は、一千五百度以上である。前の歌は、吹きの日の熱い工場の中で、湯入れをする鋳物工たちの勇ましい姿を歌い、次の歌は、上半身裸で汗と砂にまみれ、火傷も当たり前の凄まじい光景を「地獄絵」に似ていると表現している。このような独特な労働態度を持っている社会では、特有な文化が生まれているのではないだろうか。

次は、『キューポラの下にて』で詠まれた、鋳物の町の様子である。

みなみんな昔の話川口の
　すべてが鋳物に拠りていたる日

（「匂いと臭い」）

これは、著者も最後の「明日への希望」という詩の中でも述べているが、川口鋳物業が、その特色として木型業・機械業など様々な関連産業とともに体系をなしており、そしてあらゆる面で地域をささえていた。松井一郎は、これを「産業地域社会」と呼んだが[60]、実際そこに働いている人たちの観念としてもあったことを意味しているのである。

工場街石もて囲うノロ捨て場
　湯気立ちのぼり硫黄の臭い
　　（「匂いと臭い」）

朝明けぬ暗きうちより鳴り始め
　子守歌にと慣れしガラの音
　　（「歴史の五　ガラの音」）

鋳物の街の特色は、音や匂いという五感においても存在した。川口は今でも、工場の前を通れば吹きの時は少々の硫黄の匂いがするし、ガラの音を聞くことができる。これらは、鋳物業が今よりも盛んであった頃にはよりすごかったのであろう。そしてこれは、昭和四〇年代以降に新しく他から移り住むようになった者たちにとっては、臭い・うるさいとしか受け取られず、公害問題にもなったが[61]、以前からそこに生活しその文化を担ってきた者たちにとっては、ある種の懐かしさや良い匂いと音に感じられるのである。

川口は街全体が活気あり
　男女分かたず働きし街
　　（「機械工場二　戸車挽き」）

また当時は、このような環境の中に活気があったのである。おそらくは、このような鋳物業の匂いと音によって、産業地域社会川口の人たちは、町が繁栄していることを、五感を通して感じていたのである。

**②鋳物の町の魅力（一）—一城の主への夢と生きがい・働きがい—**

次は、鋳物の町川口の魅力と言ってもよいであろう、生きがいや働きがいをうかがうことができる歌である。まずは『キューポラの下にて』から、鋳物工業や川口の魅力的であるところを詠っている五句である。これらは、おそらく鋳物業がかなり盛んであった昭和三〇～四〇年代の頃には皆が感じていたことであるのかもしれない。

そのかみは若きが大志抱き来て
　志遂げ住みし川口
　　（「序の歌」）

川口には、地方から人々が、鋳物工をはじめとした様々な職を求めて出てきた。中でも集団就職は、鋳物業界にとってても優秀な人材の確保につながった。それらは、農家の次三男も多かったが、彼らは大きな夢を持って生活をしていたのである。そして、その大志とは何か。

借り工場砂場の隅に込めし型
　一城の主一歩踏み出す
　　（「歴史の九　買い湯」）

これは、買湯屋といって、川口に特有な鋳物業の経営法であり、工場を間借りして鋳型をつくり、また湯（溶けた鉄のこと）を買って製品をつくる鋳物屋のことである。これは、古来からの職人技術を尊重し優先する考え方を背景に存在してきたと思われる。そして、将来工場主になることを目的とし、この間に資金を蓄え、顧客と信用を獲得し、経営力を培ったのである。これが川口を全国で最も工場数の多い鋳物産地にしたひとつの理由であると思われる。大志とは、農村では養子か本家の下に位置する分家として終わる次三男にとってみれば、人を雇い一城の主となることであったのである。[62]

男ばかりなれど軍とはことなれり
　階級はなく腕が物言う
　　（「男の街」）

そして、その夢の実現には、階級のようなものに縛られることはなく、修業して腕を磨くことこそ肝要であった。このように川口は、希望を抱き、それを実現することのできる町であった。これは、民俗的な職人技術優先の考え方と、産業発展と都市の発達という社会変革の時代から生まれたものなのではないか。

川口は鋳物の街ぞ白熱の
　湯鉄の光りに男光る街
　　（「男の街」）

鋳物業は、中には中子づくりを女の人が行うこともあったが、本来は男の職場であり、女人禁制とした工場や、「吹き」（溶解・注湯作業）の前夜に性交してはならないといった工場もあるくらいに神聖なもので、これに従事することは男の誇りでもあった。

川口を金が物言う街にして
　鋳物屋県議市議を占めしが
　　（「歴史の四　鍋と釜」）

鋳物屋の親方は、財産家が多かったから、議員を務める親方も多かった。表18は、川口市域選出の埼玉県議会議員一覧であるが、昭和三年（一九二八）以来鋳物工場社長が選出されない時はなく、とくに昭和二〇年代には、三人中二人までも鋳物屋の社長が議員となっている。また表20は、昭和二二年当時の川口市議会議員一覧であるが、定数三十六人中二十一人までも、機械業・鍛造業等を含む鋳物関連業社長によって占められている。このような点においても産業は、地域社会をささえていたのである。
次に、『鋳物の街』における「一城の主」や働きがいを詠んだ歌である。

一城の主の器と婚礼の
　婿ほめこどば負いし弟子われ
　（「熊沢喜利之助会長逝く」～昭和四四年）

これは、親方の葬儀にあたって、自分の婚礼時の思い出を詠んだもので、この街の鋳物関連産業に携わる人にとって、工場は「城」であり、「一城の主」になることこそが人生の目標であり、このように賞されることが最高の褒め言葉なのであった。

妻子より仕事大事に生くる職
　腕一つもて築く城あり
　（「城」～昭和四七年）

生き甲斐と働き甲斐を持つ職場
　つくり見せむとて意気込み来しが
　（「創業十年」～昭和四八年）

このようにこの街の人たちにとって、生きがいとはすなわち「働きがい」のことなのであった。

**③鋳物の町の魅力（二）　―モノックリたちの誇り―**

もう一つ川口の町に特有なものとして、「気が短く、言葉が荒く、良く働くが、宵越しの金は持たない」という職人気質があげられるという。[63]『キューポラの下にて』では、職人の心構えや誇りを詠っている。

職人と工員とは違う職人は

仕事で給料取るを誇りき
（「屋台酒」）

昔も今も鋳物職人は、例えば鍋・釜・竈の日用品から船や自動車の部品にいたるまで、自分のつくった製品が使用され、生活をささえ船や自動車を動かしているということに誇りをもっているという。このような一つのモノを生み出していくことを尊び、これを生きがいに感じる心は、古くからの職人の心情を受け継いでおり、職人たちの人生はもちろん、鋳物産業、地域社会を発展させる原動力となったにちがいない。川口は、このようなモノツクリたちの街なのであった。

盗む以外に技術修得出来ぬ業
天候により砂は息する
（「中子場の老爺」）

腕磨きよく働いて金を貯め
我見習えと説きし川口
（「歴史の九　買い湯」）

そして彼らが必要としたのは、「砂は息する」という微妙なカンの技術なのであり[64]、それは、親方や兄弟弟子たちから盗んで覚えるものであった。川口鋳物業は、このようにして発展してきたのである。

良き弟子の育ち師を抜く器量持つ
鋳物川口燃えしよき日よ
（「歴史一　代悲白頭翁」）

また、師は弟子たちの成長を願い、弟子が師を追い越していくのもまた喜ばしいことであった。このような厳しくも人情味のある徒弟社会や人づき合いもまた、川口に特有の文化なのであった。

**④近代資本主義産業への発展**

川口の鋳物工業は、江戸時代以来の鍋・釜・鉄瓶といった日用品鋳物から、水道用鋳鉄管・鉄柵などの土木建築鋳物へ移行し、そして京浜工業地帯を背景とした機械部品鋳物の生産へと転換し、発展してきた。それは、明治時代における西洋式生型法の導入、動力送風機の導入、燃料の木炭からコークスへの転換、高炉銑鉄の導入、キューポラの導入などの技術革新の進展によってなされてきたものである。これによって川口の鋳物業は、近代資本主義産業としての鋳物工業に発展したのである。[65]

　川口は鋳物の街よその鋳物に
　　拠って生活を立てる各業
　　　（「歴史の六　カジヤ・ハツリヤ」）

鋳物業の近代化は、木型屋・鍛冶屋・工具屋・砂屋・機械屋・銑鉄屋など様々な関連業種を生み出した。このように川口は、全てが鋳物屋ではないが、かなり多くの人たちが鋳物産業に関わっており、文字通り「鋳物の町」なのである。

　新しき一つの工具現れて
　　プロ素人の差消えし川口
　　　（「歴史の六　カジヤ・ハツリヤ」）

また昭和四〇年代以降にも、鋳物工場は機械設備化を実施していく。しかし一方で、近代化は、作業の均質化を招き、寂しいことには逆にこれが職人の技や手間を省いていくことにもなったのである。

**⑤好景気と地域社会観**

先に見てきたような夢や魅力ある鋳物の町において、次は、『鋳物の街』から実際の労働や生活の様子、習慣を見ていく。

鋳物工場は、景気の変動を受けやすく、景気の良い時は忙しく人手不足になり、反対に景気の悪い時は仕事がなくて辛いのである。このようなことから、「鋳物屋は三代続かない」と言われ、鋳物業も川口の街も、先にも見た盛況で夢を追える良い時もあれば、不況でどうしようもなく辛い時もあり、その変動の波は実に激しいのである。この章と次の章では、景気変動の中での街や生活の様子、工員たちの感情を見ていく。

戦後、昭和二五年頃の朝鮮特需の後は景気が悪化し、昭和二九年から三〇年前半頃にはさらに不景気となったが、昭和三〇年後半から三一年になると神武景気が訪れた。しかし、昭和三二・三三年の鍋底不況による低迷の後、昭和三五・三六年には岩戸景気が訪れた。

表22川口鋳物業生産量推移表によれば、神武景気によって昭和三二年（一九五七）に一五万九千三百三十九トンであった鋳物生産量が、翌年には鍋底不況により一二万五千六百二十九トンに減少し、昭和三六年（一九六一）の岩戸景気には、二倍の二六万七千六百二十二トンにまで増大している。昭和三六年は、鋳物工場数も六三六軒で、川口鋳物史上二番目に多く、高度経済成長期最大の工場数である（表1参照）。翌年の昭和三七年には日活映画『キューポラのある街』が公開されており、当時は川口鋳物工業の最盛期と言ってもよいであろう。次の歌は、その岩戸景気の忙しさを詠んだ歌である。

　日曜には休みたしという我が願い
　　不自然のごとし川口の街
　何処へ行くも川口の街に在る限り
　　変わらぬ残業七十時間
　父たるは月に二日の日曜日
　　佐久子寸時も離れずにおり

表22. 川口鋳物業生産量推移表
（『川口鋳物ニュース』440号より作成）

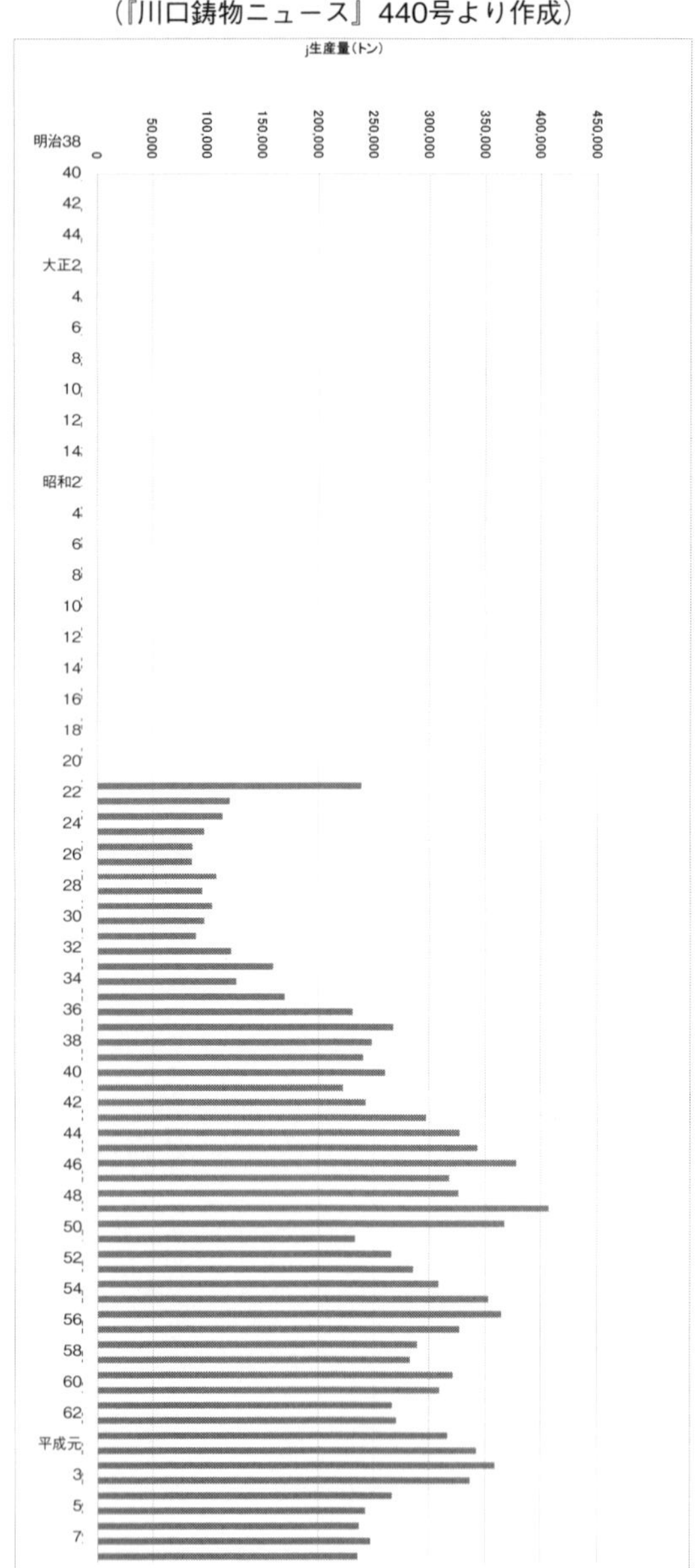


（「残業」～昭和三六年）

当時は、仕事が忙しく、休日は月に二日のみで、どこの工場も残業に追われた。しかし、昭和三〇年代のほとんどの鋳物工場の賃金体系は、「受け取り」という請負制で、製品の重量や数量の出来高払いであり、月給や日給で支払われることは少なく、[66]残業手当はつかなかった。ところが昭和三〇年代後半にもなると、月給や日給に移行する工場も現れていたのであろう。

残業に皆勤手当のつく職場
　活気と集う流れ職人
　　（「青年工去る」～昭和三七年）

次の歌は、昭和四二・四三年に訪れたベトナム特需の時に詠まれたもので、昭和四三年（一九六八）には生産量がはじめて三二万トンを超えたのである（表22参照）。

不況には仕事取り合い好況に
　人奪い合う川口の街
　　（「人を欲し」～昭和四二年）

このように景気がよい時は、人手が足りなくなり、腕がよく即戦力になる職人が、高い給料で他の工場に引っこ抜かれた。

ボーナスの翌月転職多きこと
　常識という川口の街
　　（「風吹かば」～昭和四三年）

川口の工場のボーナスは、昭和三〇年代末頃までは「餅代」程度の小額であったという。それでも職人にとってボーナスの金額は、半年間の事業主の自分に対する評価であり、次の半年への期待であった。金額がまわりの者より多ければ納得するが、同額かあるいは少なければ職人としての誇りが許さないことから、ボーナス翌月の転職者が多いのだという。つまり、川口の鋳物職人にも機械工にも、一工場や一企業の従業員というよりも、川口という街全体に雇われているという考え方と感覚があったのである。ただし師弟関係は、この雇用関係とは異なる特別な人間関係なのであったという。[67] このようなこの時代の鋳物職人や機械工の企業観や地域社会観、人間関係のあり方については、これからも調査研究されなければならないであろう。

⑥不景気

次に、『鋳物の街』から、不景気の時の苦しさや辛さを詠んだ歌を紹介する。まず、朝鮮特需の後の不景気における仕事のない時に詠まれた歌である。当時の不況は、朝鮮特需により十万七千四百五十一トン（昭和二六年）あった生産量が、八万八千九百六十三トン（昭和三〇年）にまで減少した不況であり、工場数も二十八軒減少している（表1・22参照）。

無断欠勤三日続けば退職と
　されるならわし川口のまち
　　（「小泉定吉氏に逢う」～昭和二八年）

このように景気が悪く仕事がない時は、そこそこ腕があっても仕事につけない人が多いことから、無断欠勤を三日すると解雇になってしまうというのである。

次の歌は、岩戸景気後の安定期の後、昭和三九年に訪れた証券不況の時に詠んだものである。この不況も、昭和三六年の最盛期から見れば、昭和四二年（一九六七）までに四十九軒の工場が倒産した厳しい不況であった（表1参照）。

仕事なく週に五日の操業と
　なりし鋳物屋多きこの月
　　（「初心」～昭和三九年）

百時間残業続けし記憶持つ
　工場仕事なく五時門を閉づ
　　（「嵐の中」～昭和四〇年）

このように仕事のなさは、工場の操業時間や操業日数に露骨に表れた。

そして次は、ようやく不況が終わり、ホッとした時の歌である。

街のすみ戦にかかわり無きがごとく
　ベトナム特需の引き合いありぬ
　　（「風吹かば」～昭和四三年）

また不況の時は、当然のことながら工場の倒産も相次いでおこった。次は、先に見た証券不況の時と昭和四八年（一九七三）のオイル・ショックの時に詠まれた歌である。実はこのオイル・ショック以降、川口の鋳物業は減少を続け、平成八年（一九九六）では工場数二二五軒、四〇万トンを超えていた生産量も二十三万五千七百四十二トンとなっているのである。

今日もまた工場倒産の話きく
　仕事がなくて資金きれしと
　　（「初心」～昭和三九年）

一声の電話に一年無と帰する
　不渡り発行逃亡の報
　　（「不渡り手形」～昭和四八年）

鋳物工場は、現金でなく「約束手形」を発行し商売をすることが多い。注文通りに納品しても、相手工場の資金がきれて、手形通りの代金額が支払われない時、支払えない工場は倒産し、支払われない工場はただ働きとなり経営難になる。時には、不渡りを出して夜逃げをしたという工場もあったという。

**⑦後継者不足**

鋳物工業を存続させる課題の一つに後継者不足がある。昭和二〇年代後半には、鋳物製造の作業は、「きつい・

きたない・きけん」の「三K職場」として嫌われ、若者の来ない職場となっていった。[68] 次も『鋳物の街』から、後継者不足に苦労し悩む歌である。

川口に鋳物工場を希望する
　中学生は一人無しという
　（「川口・昭和二十七年」～昭和二七年）

春ごとに北より来たりいつとなく
　川口びととなる人の群れ
　（「春」～昭和二八年）

この頃すでに川口の鋳物工場に就職する若者は少なく、県北や北関東、東北地方に求人を出していった。これによりまた縁故を頼って、農家の次三男たちが集団就職をしてきた。これは、昭和四〇年頃まで行われ、それによって集められた若者たちは「金の卵」と呼ばれたが、後継者不足の課題は解消されなかったのである。

明治生まれが今も現職取り鍋を
　にぎる鋳物師湯鉄に映ゆる

へらと砂玩具に育ち鋳物師を
　天職の老続く後なし
　（「嘆き共にし（一）～昭和四五年」）

一城の主の器青年に
　見出す幸はなきか川口に
　（「消ゆるキューポラ」～昭和四七年）

これらの歌は、自分の後を継ぐ者がいないことの淋しさ・嘆きを詠い、年老いても仕事を続ける職人の姿を描写しているのである。

**⑧職業病**

日本の高度経済成長と人々の生活をささえた川口鋳物工業の発展は、別の辛い面を生み出していた。それは働く職人の腰痛や塵肺といった職業病である。鋳物工業の花形といわれた鋳物職人たちも、影ではこうした苦しさ・辛さに耐えながら、仕事を続けてきたのである。

生型の職人たれも似て同じ
　四十で腰は曲がりのびざる
　　（「蛙の声」～昭和三一年）

このように、型込めや型合わせには中腰の姿勢が多く、大量に重量の型を持ち上げるため、どうしても腰に負担がかかり、腰痛に苦しむ職人も多かった。

道具箱一つかつぎて渡り歩き
　老いてヨイヨイと呼ばれ消えぬる
　　（「小泉定吉氏に逢う」～昭和二八年）

この歌は、鋳物砂に含まれる珪素を吸って、それが肺にたまってしまう「塵肺」のことを言っているが、これにかかると四十歳代末になって急に体力・気力が衰える。これを「ヨイヨイ」と言ったのである。

職業に倒るゝ誇り老工の
　砂吸いし肺かげり持つ街
　　（「嘆き共にし（一）」～昭和四五年）

鉄溶かす街に齢を積み積みて

かげり持つ肺誇り持つ死

（「篭城」～昭和四六年）

このように職人たちは、腰痛や塵肺といった職業病についても、鋳物師としての誇り、鉄を溶かして製品をつくることへの誇りや生きがいによって乗り越えてきたのである。

**⑨象徴としてのキューポラ**

これまで見てきたように、映画『キューポラのある街』以来、川口とキューポラは切っても切れないものとなっている（写真7参照）。『キューポラの下にて』の次の歌からは、実際に鋳物工場や川口で働いている人たちにとっても、キューポラがあるシンボルとして思われていることをうかがうことができる歌である。

廃業の後の死化粧銀色に

塗られて光る二基のキューポラ

（「曙影」）

この歌は、廃業した工場を詠っているのであるが、キューポラが鋳物工場の象徴として詠われている。このように、新聞など他の紙面においても、たびたびこれが鋳物工場や鋳物業の象徴として扱われているのである。

焦げ爛れし鉄の鋳立つ屋根の上

近代設備のしるしキューポラ

（「序の歌」）

次にこれは、鋳物工場の近代化の象徴として使われている。キューポラは、

写真7．工場に立つキューポラ（川口市教育委員会提供）

明治時代における鋳物業の近代化のひとつであり、それまでの甑炉という熔解炉に代わって出現し、徐々に鋳物工場に設備されるようになり、昭和三〇年代にその最盛期を迎えた。

おそらく、ジュンという一人の少女を中心に、昭和二〇年代初頭の時代背景と職人気質や企業形態といった前近代的な考え方との中で、新しい「近代的な自我」の目覚めを描くことを主題とした早船ちよ原作の『キューポラのある街』第一巻においても、[69]キューポラという言葉を、鋳物業の象徴であるとともに、近代あるいは近代化のシンボルとして扱っているのではないかと考えられる。とすればこの作品の名を言い換えて言うならば、「近代または近代化への希望のある街」であるとも考えられるのである。

死なざりし後ろめたさを癒しくれし
　戦の後のキューポラの下
　　（「序の歌」）

この歌は、戦争の兵役から帰った時の心境を詠んだもので、キューポラは、その後ろめたい疲れた心を癒してくれる、まるで「故郷」のような精神的な心のささえとして詠まれている。

このように「キューポラ」は、様々なところで引用され登場しているのであるが、川口で働き生活している人たちにとっては、まさに鋳物業のシンボルであり、近代化のシンボルであり、またふるさと川口のシンボルなのである。

これに対して『鋳物の街』では、シンボルであるキューポラが無くなっていく淋しさを歌にしている。昭和四〇年代に入ると、不況を乗り切り、日本の近代化や高度経済成長、人々の生活をささえてきた川口の鋳物工業にも、大きな変化が訪れた。東京で働き川口に住む人たち「川口都民」が増えてきた。これによって鋳物工業は、公害として問題化され、昭和四七年頃から工場が移転を余儀なくされたのである。市内では新郷や南平の工業団地へ、また市外や県外へ転出していく工場も多くなった。しかし鋳物屋は、本当は川口で鋳物業を行いたいのである。また操業を停止する工場も増えているが、工場に代わって建てられたマンションの隣の工場が、公害にされて辞めざるを得ない場合もあった。次の歌は、キューポラを鋳物工業のシンボルとして詠い、工場が少なくなっていく情景と淋しさを詠んでいる。

キューポラを遠く遠くへ遂いやりて
　川口の街に並び建つビル
キューポラの炎誇りし夜吹きいま
　公害と呼ばれ川口遂わる
　　（「消ゆるキューポラ」～昭和四七年）

また、昭和四八年のオイル・ショック以降、ますます工場の数が少なくなっていき、川口を代表する鋳物屋である「増金」も昭和六〇年に、「千葉寅」は昭和五〇年代に廃業した。なくなっていく鋳物工場を見つめて、岡田氏は、川口鋳物産業の衰退を悲しんでいるのである。

増金も千葉寅もまた火の消えて
　ネオンに影する黒きキューポラ
ビルが建ち人が集うを栄華とし
　鋳物の匂い街を遂わる、
　　（「川口に拾う」～平成四年）

このように鋳物の町は変化を余儀なくされている。鋳物の町川口のシンボルであるキューポラが、次第にその姿を消していくのは、実に淋しく悲しいことである。

### ⑩明日への希望

『キューポラの下にて』の最後に、岡田氏は、短歌ではなく、次のような詩で歌集を締めくくっている。それは、川口鋳物産業とその社会に対する未来への希望の歌である。

職人の街川口は時代の移りとともに動きながら
伝統を持ち続け
新たな道を開き
一つのまとまった工都川口として
明日を約束している
「キューポラの火は消えず」
それはスローガンだけでなく
川口の工場のあらゆる業種が
提携し合い一つになって一体になって
昨日までの川口がそうであったように
明日の川口に大きな道を開いている
未来への展望を開いている

（「一枚の設計図から」）（傍線は筆者）

また岡田氏は、「あとがき　二」においても、「川口の工業は鋳物業を基盤に、木型・金型製作を機械加工業だけでなく、素材の鋳材店・燃料店・材木店・鋼材店そして、機械工場は、機械加工（旋盤・フライス・平削り・穴削り等）から熱処理（焼鈍・焼入・調質）、研磨（内面・平面・円筒）・歯切、ホーニング、彫刻等々、それからの業種が、それぞれ一流の技術を持って、連携して一つの企業のようになって、一つの製品をつくっています。

その連携が、明日の川口を約束する光明であると信じています。[70]」と、機械加工や熱処理、研磨等々にいたるまでの鋳物関連産業を列挙しながら、これが「明日の川口を約束する光明」であると言い切っている。

　つまり岡田氏は、川口鋳物工業とこの街は、様々な関連業種からなる一つの産業共同体であり、これが一つになっているからこそ、これからもなくならないのだと言い、将来の鋳物産業への希望を詠っているのである。

## 七、結語

　以上のように短歌は、近代産業の民俗学的研究に有効な資料なのである。本稿では、岡田博氏という個人の実感をとおしてであるが、『鋳物の街』と『キューポラの下にて』という二つの短歌集を資料として分析してきたが、これらは近代産業川口鋳物産業の時代の流れ、盛況と衰退の歴史を、そこに働く職人・職工の気持ちを通して、鮮やかに物語っていると言うことができるのではないか。

　この歌集からは、鋳物の町川口に存在する、モノツクリをはじめそこに暮らしてきた人たちの誇りや希望や生きがいといったものを確認することができた。この町は、夢を描いて、それを実現しようとし、またモノをつくる喜びと生きがいを持つことができる町なのであり、ひとつにはこれが産業とその地域社会を発展させてきたのである。また、一城の主、町に雇用されるという産業協同体としての意識といった、産業地域社会における近代の考え方をうかがうことができた。そして、そのような精神文化のシンボルが「キューポラ」であったのであり、その精神文化は、「ものづくりの町」を標榜する現代の川口にも受け継がれているにちがいない。

　また短歌集からは、現実的な激しい景気の変化の中での忙しさ、苦しさ、辛さ、倒産や後継者不足の淋しさ、悲しさ、病の辛さなども読み取ることができた。国民のくらしをささえてきた川口鋳物工業は、言い換えれば、このようなものに耐え乗り越え、夢や誇り、生きがいを持って、前向きに努力してきた鋳物師をはじめとした多くの職人や職工たちの人生によって発展してきたのである。

筆者は、彼らの生き方を産業地域社会川口の特色ある精神文化であると考えるのであり、その人生の集積が鋳物産業の歴史を形成してきたと考えるのである。

# 第三節　近代鋳物職人の生き方について　—慣習の変化と外来新技術—

## 一、目的と方法

職人とは、本来は「職能を持つ人」という意味からきているとされており、現在は手仕事によってさまざまな製品を生み出す手工業者について言われている。時代とともにその概念や範囲は変化してきているが、職人の最も基本的で不可欠な要素は優れた技術を保持していることにある。まず親方の家に住み込む徒弟制度や渡りなどによって技術を習得し、体得した技術への気概や誇りによって、自身に腕自慢の職人気質と称される気質を形成し、技術への飽くなき追求、生活態度や職祖神（仏）信仰など職人としての生き方を持っていた。

近世には、城下町などに職人を集めて住まわせた職人町が形成され、一定期間の修業を経て技術を身につけ一人前になると、一部の者は親方になり、他は親方の下で職人として働いた。職種や地域によっては、居職や出職といった形態をとった。

近代になると、明治政府によって株仲間が廃止され特権制度がなくなり、職業の自由が認められたことから、職人の世界は大きく変化していったという。また職人は、政府の殖産興業政策を背景として、工場制機械工業が進展する中、外国からの新技術の導入にも大きく貢献した。そして技術革新や大量生産、分業化が進む中で、製品生産において部分的に熟練技術を有する職人的職工が誕生した。昭和三〇年代以降、職人が姿を消していく中で、町工場ではその後も職人的技術や気質、生き方が職人的職工に引き継がれていったのである[71]。

このように近代になると、職人の技術や生き方が大きく変化していったのであるが、それはどのような変化なのであろうか。

本稿では、埼玉県の川口鋳物工業において、聞き書き等によってわずかながら収集することができた何人かの鋳物職人（職工）の「経歴」を資料として取り上げる。これによって、つまりその経歴を辿ることを通して、職人としての生き方の変化と近代産業史における役割などについて分析する。言ってみれば経歴は、その人の人生の概要であり、生き方・考え方が随所に伺える資料であると考えられることから、職人においてのみならず有益な研究資料になるのではないか。

一方、ここ四十年間における社会学では、ライフヒストリー（生活史）研究と称し、個人の生涯を社会的文脈において記述・記録し研究する学問分野が発展してきた[72]。本稿の研究は、これに隣接する可能性も充分に想定できるが、「人の生き方」は、未だあまり研究が進展しているとは言えないことが[73]、民俗学においても重要な研究課題であることは間違いないことである。

そこで本稿では、現在のところ収集できた資料にその妥当性を含めて限りはあるが、川口周辺地域における近代の鋳物職人・職工二十人の技術修得までの経歴を分析し、職人・職工の生き方と西洋からの新技術との関わりについて、研究の視点と課題を論じることを目的とする。

## 二、技術向上への飽くなき追求

まず、職人Aは、明治四三年（一九一〇）に現在の茨城県日立市に生まれ、川口に出てきて親戚の鋳物職人に徒弟に入り、焼型法を習得した。しかし、兄弟子を見返すために鋳物修業の遍歴を決意し、半生をかけて日本各地の鋳物工場を渡り歩いた。そして、生型法・機械部品・蝋型法・アルミ鋳物・漆の焼き付け・煉瓦積み・大物製品などの鋳造技術を習得していくのである（表23参照）。この職人Aは、三田村佳子が、かつて行われていた渡り職人「西行」の慣行を伝えるものとして紹介した鋳物職人である。[74]彼には、技術向上を最優先の目的とした修業の旅をする職人の姿を伺うことができる。また、二十八歳の時に一度鋳物工場を創業するが、徴用を受けた後、四十歳の時に鋳物業を辞め、食堂を始めたところなどにも、経営者としてよりもむしろ技術にこだわる職人としての生き方が伺えるのである。

次に、大正五年（一九一六）に東京都足立区で生まれた職人Bも、十九歳の時に渡り職人になり、生型法や蝋型法、乾燥型による多くの製品の鋳造を行い、四十二歳で鋳物工場を創業しているが、二十六歳の頃、群馬県高崎で花見をして旅費を使い果たし、三日間鋳物工場で稼いだ資金で帰ってきたといい、遊びが派手な職人気質を見受けることができる（表24参照）。

優秀な技術を持った職人でも、工場を創業することなく、工場に雇われた職人で人生を

表23．鋳物職人Aの経歴（磯貝義美）

| 年月日 | 事象 |
|---|---|
| 明治43年（1910） | 茨城県多賀郡豊浦町川尻（現日立市）に生まれる。 |
| 大正11年（1922） | 親戚である埼玉県川口市の鋳物職人磯貝安之助氏に徒弟に入り、焼型法による風呂釜の鋳造を習得する。 |
| 大正15年（1926） | 川口の榎枡鋳工所に徒弟に入り、生型法を習う。<br>川口機械製作所にて鉄管の鋳造を習得する。<br>工場の兄弟子からいじめをうけたことから工場をやめ、兄弟子を見返すため鋳物修業の遍歴を決意し、以後日本各地の鋳物工場を渡り歩く。 |
| 昭和 3年（1928） | 東京の池袋・新宿・柏木町・森田の鋳物工場を渡り歩き、自動車部品や機械部品の鋳造を行い習得する。 |
| 昭和 4年（1929） | 東京蒲田の鋳物工場を渡り歩く。 |
| 昭和 5年（1930） | この頃、蝋型の研究をはじめる。 |
| 昭和 6年（1931） | 東京の鈴が森、王子の熊野前の鋳物工場や、川口の赤沼鋳物を渡り歩き、機械の付属部品やアルミ鋳物の鋳造を行う。 |
| 昭和 7年（1932） | 東京の葛西橋・砂町の鋳物工場や、川口の長谷川鋳物工場、新潟県高田の鋳物工場を渡り歩く。<br>川口の秋本鋳物工場にて漆の焼付けを習得する。 |
| 昭和 8年（1933） | 大阪の鋳物工場を渡り歩き、大物製品の鋳造を行う。また大阪府住吉・西広の鋳物工場にて煉瓦積みを習得する。 |
| 昭和11年（1936） | オガタ鋳物工場にて軍艦甲板用ベッドの鋳造を行う。 |
| 昭和13年（1938） | 兵庫県神戸の赤石鋳造を渡り歩く。 |
| 昭和14年（1939） | 川口市飯塚にて鋳物工場を創業する。 |
| 昭和15年（1940） | 結婚する。 |
| 昭和19年（1944） | 徴用により日本ピストンリング川口工場鋳物部に就業する。 |
| 昭和20年（1945） | 2月に2度目の召集をうけるが、8月に復員し王子の熊野前の鋳物工場にて鍋のタネやアルミ鋳物を製作する。 |
| 昭和21年（1946） | 自宅でアルミの鍋・釜を製造し、千葉方面の農家に行商する。 |
| 昭和25年（1950） | 鋳物屋を廃業し、川口で食堂「みよしや」をはじめる。 |
| 昭和42年（1967） | 岩槻市黒谷に転出し、趣味で鋳造工芸作品をつくる。 |

（『川口鋳物師磯貝義美の世界展記念パンフレット』（1999年）等により作成）

終わる人も多かった。明治二八年（一八九五）生まれの職人Ｃは、渡り職人として技術を習得し、後に工場に雇われ、驚くほど良い作品を作る名人であったが、酒が大好きで五十五歳位で早死にしたという(75)。

大正八年（一九一九）生まれの職人Ｄも、徒弟終了後、鋳物工場に務めた後、市内の四軒の工場を渡り歩き、技術を習得し、佐久間鋳工の職長を務めた（表25参照）。渡りの慣行が市内の四軒の工場のみになっているこ

表24．鋳物職人Ｂの経歴

| 年月日 | 事象 |
|---|---|
| 大正 5年（1916） | 東京足立区加賀に生まれる。 |
| 昭和 5年（1930） | 川口の鋳物工場永芳鋳工所（モナカヤともいう）に徒弟に入り、石田親方から、生型法手込めによる金庫の足と車の鋳造を習得する。 |
| 昭和10年（1935） | 珍しく難しい仕事がしたいと思い、渡り職人となる。<br>川口の永瀬鋳物工場（ナガタメ）、永瀬磯次郎工場（ナガイソ）、新井鋳工所などの鋳物工場を渡り歩き、金庫等の鋳造を行う。 |
| 昭和11年（1936） | 東京の清水鋳物工場にて生型で織機部品を鋳造する。<br>夏の2か月間、新潟港町の渡辺鋳物工場で、生型の掻き型で鉄管を鋳造する。 |
| 昭和13年（1938） | 山口県下関の鋳物工場で、船のエンジンカバーをつくる。<br>北海道の室蘭鉄工で、3か月間、3人がかりの大物を鋳造する。 |
| 昭和14年（1939） | 大木重工業にて、海軍省の船のイカリや三菱の航空機のエンジンを鋳造する。 |
| 昭和17年（1942） | 石川県金沢の小松の鋳物工場にて1週間、蝋型を行う。<br>この頃、群馬県高崎に花見に行ったが、遊んで旅費をつかいはたし、当地の鋳物工場で3日間つかってもらったお金で帰ってきたことがあった。 |
| 昭和21年（1946） | 大木重工業にて、3,000貫の大物を鋳造する。 |
| 昭和29年（1954） | 川口市元郷の伊藤愃六工場にて、乾燥型により道路をならすローラーを鋳造する。 |
| 昭和31年（1956） | 川口市領家の東宝鋳造にて、荏原製作所のベッドや鉄管を鋳造する。 |
| 昭和33年（1958） | 足立区加賀で鋳物工場を創業する。主な仕事は、大木重工業に勤めた当時の弟子が開業した鋳物工場の下請けであった。 |
| 昭和60年（1985） | アルミ鋳物生産に転換し、新宿の三池工業から依頼された旋盤の窓などを鋳造する。 |
| 平成11年（1999） | 生産を停止する。 |

表25．鋳物職人Ｄの経歴

| 年月日 | 事象 |
|---|---|
| 大正 8年（1919） | 大宮市指扇の農家に生まれる。 |
| 昭和 8年（1933） | 川口の永平鋳工所に、職長の紹介で徒弟に入る。 |
| 昭和13年（1938） | 年季が明けて、引き続き永平鋳工所に職人として勤める。 |
| 昭和15年（1940） | 徴兵により、千葉県稲毛の陸軍防空学校に勤務し、高射砲の研究をする。 |
| 昭和17年（1942） | 復員し、永平鋳工所にて請け負い仕事をする。 |
| 昭和19年（1944） | カネヘイの職長であった長堀氏の娘と結婚する。<br>4月に2度目の召集にあう。 |
| 昭和21年（1946） | 復員し、再び永平鋳工所に勤める。 |
| 昭和23年（1948） | 善光寺新道にある鋳物工場を2軒渡り歩いた後、日の出鋳工にて機械鋳物や荏原製作所のポンプをつくる。 |
| 昭和28年（1953） | 川口金属工業にて、ミーハナイトの鋳造を習得する。 |
| 昭和29年（1954） | 佐久間鋳工に入社する。 |
| 昭和36年（1961） | 佐久間鋳工の職長となる。 |
| 昭和52年（1977） | 佐久間鋳工を57歳で定年退職する。 |

とは、職人ＡやＢに比べると技術向上へのこだわりが薄くなってきていると見ることもできるが、やはり職人として技術優先の考え方および生き方を伺うことができるのである。

## 三、工場主への夢

江戸時代から続いた特権が廃止され、明治時代中期以降、努力次第で工場を開業することができるようになったことから、「一城の主」と言われた工場主になることを夢見て、川口に出て腕を磨く鋳物職人たちも大勢いた。

明治二六年（一八九三）に児玉町に生まれた職人Ｅは、十二歳の時に島崎鋳工所に徒弟に入り、焼型法を習得した後、親方の紹介状を持って修業に出て、生型法による船舶用エンジンの鋳造技術を習得し、買湯業の後、金山町に土地と旧工場建物を購入し鋳物工場を創業し、船舶用エンジンの生産を行った（表26参照）。職人Ｅは、先に見た職人Ａや職人Ｂのような多くの技術は修得していないのであるが、生型による船舶用エンジンの技術を習得し、着実に工場創業に結び付けている。彼の渡りは、親方の紹介状を携えていることも職人Ａ・Ｂとは異なる点であり、初めから修得する目的を持った渡りであったのではないかと思われる。またこれは、修得した新しい技術を活用して、自分の工場で生産していることから、例えば西洋建築技術の場合と同様に、渡り職人が新技術を習得するだけでなく、これをさらに広める役割も行っていたことを示す事例であろう。[76]

表26．鋳物職人Ｅの経歴

| 年月日 | 事象 |
|---|---|
| 明治26年（1893） | 児玉町本泉村に生まれる。 |
| 明治38年（1905） | 川口の島崎鋳工所（ドジョヘイ）に徒弟に入り、焼型法を習得する。 |
| 明治45年（1912） | 親方の紹介状を持って修業に出る。<br>神奈川の浦賀ドッグ、神戸の三菱造船所、○○の造船所にて、生型法による船舶用エンジンの鋳造を習得する。 |
| 大正13年（1924） | 川口市青木のオキナカ鋳工所の片隅を借りて買湯業をはじめ、船の焼玉エンジンをつくる。 |
| 昭和 8年（1933） | 川口市金山町201番地（現2－22）に土地と旧工場建物を買って、鋳物工場を創業する。 |
| 昭和18年（1943） | 船舶用エンジンを生産する。 |

また、明治三八年（一九〇五）に川口で生まれた職人Fは、十二歳で徒弟に入り、生型法による機械部品の鋳造技術を習得し、市内の二つの工場で郵便ポストやストーブの鋳造技術を習得し、三十二歳の時に鋳物工場を創業した（表27参照）。職人Fは、手先が器用で高度な腕前を持っていただけでなく、製品開発も得意であり、買湯業も経験せずに工場創業を果たした(77)。

これら二つの事例からは、鋳物職人が技術向上を追求しながらも、自分が先の職人Cや職人Dのような一職人であるだけでなく、一城の主たる工場主（経営者）になりたいという希望を持っていたことを伺うことができる。当時は、明治中期の企業勃興期以来、工業発展に伴って多くの工場や企業が誕生していたことから、鋳物業界のみならず、職人が実力次第で工場主になることができたし、多くの人々が「一城の主」を夢見ていたのである。

## 四、近代新技術の普及と地域貢献

表28の職人Gは、「川口鋳物近代化の祖」と言われた永瀬庄吉である。彼は、安政四年（一八五七）、万延元年（一八〇〇）に創業し二代続いた「薬研屋」永瀬鉄工所の三代目として生まれた。先に見た職人A・B・C・Dとは異なり、技術にこだわる職人でもあるが、鋳物工場を継承し経営者になるために生まれ、修業したのである。祖父より焼型法を修得し、明治五年（一八七二）には、鋳物師ではなく日本画師荒木雲堂から修得した絵の技術を鉄瓶

表27．鋳物職人Fの経歴

| 年月日 | 事象 |
|---|---|
| 明治38年（1905） | 川口市金山町に6人兄弟の末っ子として生まれる。 |
| 大正 6年（1917） | 金山町の小野沢鋳工所に徒弟に入り、生型法による切断機などの機械部品の鋳造を習得する。 |
| 昭和 4年（1929） | 川口の島崎鋳工所（ドジョヘイ）にて、郵便ポストをつくる。<br>川口の小櫃鋳工所にてストーブをつくる。 |
| 昭和 5年（1930） | 小野沢鋳工所にもどる。結婚する。 |
| 昭和 7年（1932） | 川口市幸町に鋳物工場を創業し、切断機などをつくる。 |
| 昭和11年（1936） | 工場を有限会社とする。 |
| 昭和27年（1952） | この頃、アヅマボイラー（循環式風呂釜）を開発し、特許をとる。 |
| 昭和50年（1975） | 工場を浦和市間宮に移転する。 |
| 昭和53年（1978） | 社長を息子に譲り、会長となる。 |

（川口市教育委員会『川口市民俗調査報告書第1集「生き方のフォークロア1・小山巳之助（上）」』より）

鋳造に活かし、すでに「川口三名人」の一人に評されている。明治七年（一八七四）には、有馬製作所に入り、イギリス人技師ギンクから西洋式生型法を修得し、明治十年には生型法による鋳造を開始している。また、蒸気機関による送風やコークスの導入、仕上・工作機械の設置など、いち早く技術革新つまり西洋新技術の導入を押し進め、国の大工場とも結び、土木用トロ車輪や鋳鉄管を受注・生産し、川口で最も近代化した大工場となった。また永瀬庄吉は、自分の工場に関わること以外に、埼玉県で最初の電灯事業を興し、金融会社を設立し、川口町長・川口町議会議員・川口鋳物組合長等を歴任している。[78]

このように永瀬庄吉は、職人としての技術向上の追求心の他、工場主

表28. 鋳物職人Ｇの経歴（永瀬庄吉）

| 年月日 | 事象 |
|---|---|
| 安政 4年（1857） | 埼玉県川口市の2代続く鋳物屋永瀬鉄工所に生まれる。 |
| 明治 2年（1869） | 祖父（初代庄吉）より鋳物技術（焼型法）を修得する。 |
| 明治 5年（1872） | 日本画絵師荒木雲堂より絵を習い、鉄瓶に絵模様を鋳出させる。庄吉は、花鳥鋳出し鉄瓶で、「川口三名人」に数えられる。 |
| 明治 7年（1874） | 有馬製作所（後の工部省赤羽製作所）へ入所し、イギリス人技師ギンクより西洋式生型法を教わる。蒸気機械を見る。 |
| 明治 8年（1875） | ギンクの帰国に同行しようとして2回目の家出をする。 |
| 明治10年（1877） | 生型法による鋳造を開始する。<br>手作りで蒸気機関を製作し、送風機をまわす。<br>燃料を木炭からコークスに換える。<br>東京華族学校の正面鉄門を製作する。 |
| 明治14年（1881） | 吉原大門を製作する。 |
| 明治17年（1884） | 永瀬鉄工所を相続する。 |
| 明治20年（1887） | 蒸気機関による本格的な溶解作業を開始し、同時に自作の蒸気機関を他の鋳物屋に販売する。<br>鋳物製品の仕上げ・組立て用工作機械を設置する。<br>水道用鋳鉄管の製造を開始する。 |
| 明治25年（1892） | 荒川河川敷に鉄骨煉瓦造の工場を新設・移転。<br>チルド法の研究に成功し、土木用トロ車輪の生産を開始する。 |
| 明治27年（1894） | 東京市に500ミリ水道用大口異径管を納入する。<br>宮内庁・海軍省の指名業者となる。<br>東京砲兵工廠の指定業者となる。 |
| 明治33年（1900） | 埼玉県最初の火力発電による電灯事業を開始する。<br>火力発電動力により大規模な精米会社を開業する。 |
| 明治35年（1902） | 川口町町議会議員に就任する。 |
| 大正元年（1912） | 工場を長男寅吉に譲る。 |
| 大正 9年（1920） | 川口商事㈱（金融機関）を設立する。 |
| 大正10年（1921） | 川口鋳物組合組合長に就任する。 |
| 大正14年（1925） | 川口町長に就任する。 |
| 昭和 3年（1928） | 紺綬褒章を受ける。 |

（永瀬正邦『川口鋳物師　永瀬庄吉の記録』より作成）

つまり鋳物屋の親方として、川口鋳物業界をリードし、近代新技術を積極的に導入するだけでなく、これを川口地域に普及し、また公的役職を歴任することにより地域発展に貢献しているのである。永瀬だけでなく、その後にも鋳物工場社長が、組合代表・市議会議員・市長・県議会議員・国会議員等を務めることも多かったことから[79]、彼らには自分の工場の発展とともに、その次には地域社会に貢献したいという志向性があったのであろう。

## 五、日本の鋳物工業への貢献

川口鋳物師たちの活躍の舞台は、川口だけではなかった。

江戸時代末期にすでに、先に見た永瀬鉄工所の初代永瀬庄吉は、幕府の命により韮山の反射炉の火床を鋳造したり、江戸小菅の銭座の棟梁として幕府に招かれていた[80]。また、川口で修業した鋳物職人が江戸深川において買湯屋を営むこともあった[81]。

幕末の川口鋳物師岩田庄助の弟子の小島吉五郎は、江川太郎左衛門に招かれ、伊豆で砲術家宮浦松五郎の下で大砲鋳造に協力し、後に宮浦とともに広島で大砲鋳造に協力するが、明治になると、工部局赤羽分局の鋳物主任、明治十七年（一八八四）に蔵前工業学校の鋳物師範、同二七年には新橋鉄道工場の鋳物主任を歴任した。小島の薫陶を受けた中田伊之助・奥山春は、ともに芝浦製作所の鋳物職長を務め、同僚の福田重次郎は呉海軍工廠の鋳物頭目（工場長）を務めた。釜市の弟子上州源は横須賀造船所の鋳物工場頭目、永瀬忠次郎の弟子山田藤吉は横浜燈台局の鋳物場主任、同じく内田安造は室蘭製鋼の工手、同永瀬伊之助は神戸造船所の鋳物工場頭目、永瀬彦四郎は新橋鉄道工場の鋳物職長、佐川芳兵衛は大阪汽車会社の鋳物職長としてそれぞれ活躍した。

また、明治元年に川口に生まれた福田八五郎は、浅倉弁蔵の徒弟となり鉄瓶の製造技術を修得し、後に新橋鉄道工場に入り機械鋳物の修業をし、その後赤羽海軍造兵工廠に入って銅合金鋳物の製造に従事した。この工廠で、福田はイギリスのアームストロング社に二年間留学し、艦船のスクリュー鋳造にかけては海軍部内一の腕利きであり、「舶来職人」とも呼ばれ、呉海軍工廠鋳物工場頭目を務め、昭和の初めには東京高等専門学校の教壇に立ったのである[82]。

このように川口の鋳物工場で徒弟として技術を修得した後、海外から導入した機械用鋳物の技術を修得し、日本各地の官営や民営の鋳物工場で活躍し、日本の工業化に貢献した職人も少なくなかったのである。逆に日本の工業化のとくに初期においては、職人が機械工場労働力の基幹工として利用されたことが指摘されており[83]、まさにこのような職人たちを言うのであろう。

## 六、伝統技術の継承

川口鋳物業が西洋新技術を導入し技術革新を行い、日用品鋳物生産から機械部品鋳物へ転換していく中で、伝統的な焼型法による天水桶や梵鐘造りを継承した職人がいた。職人Hは、東京国立競技場の聖火台の製作者として有名な鈴木文吾である。彼は、大正十一年（一九二二）に茨城県水戸市に生まれ、川口町に転入し、十歳の頃から、父について鋳物の修業をはじめた。昭和十一年（一九三六）に市内の鋳物工場に鋳物工見習として就職したが、後に技術修得のために名古屋と

表29．鋳物職人Hの経歴（鈴木文吾）

| 年月日 | 事象 |
| --- | --- |
| 大正11年（1922） | 茨城県水戸市に生まれる。 |
| 大正15年（1926） | 川口町に転入する。 |
| 昭和 7年（1932） | 鋳物職人である父万之助について、鋳物の修業をはじめる。 |
| 昭和11年（1936） | 川口の芝川鋳造に鋳物工見習として就職する。 |
| 昭和13年（1938） | 軍需品以外の仕事をしたくて名古屋・広島の鋳物工場にいく。 |
| 昭和17年（1942） | 川口に帰る。 |
| 昭和18年（1943） | 兵隊に召集される。<br>東京の大島の鋳物工場に下宿する。 |
| 昭和19年（1944） | 下宿先の工場の娘と結婚する。 |
| 昭和20年（1945） | 川口に帰る。 |
| 昭和30年（1955） | 川口市元郷氷川神社の天水桶を製作する。 |
| 昭和33年（1958） | 東京の国立競技場の聖火台を製作する。 |
| 昭和35年（1960） | 鈴木鋳工所を創業する。 |
| 昭和53年（1978） | 川口市立高等職業訓練校にて技術指導にあたる。 |

広島に行った。昭和三三年（一九五八）には、父親の死に遭遇（そうぐう）しながらも、川口鋳物の威信をかけて東京国立競技場の聖火台を製作した（表29参照）。

彼は、徒弟制度が姿を消しつつあったことから見習として就職し、また当時すでに伝統的な焼型法による天水桶や梵鐘の鋳造を行う職人が数少なくなっていたことから技術修得のための渡りの経験も少ないが、川口に天水桶や梵鐘の製作依頼が全く無くなった訳でもなく、昭和三五年には工場を創業している。また市立高等職業訓練校の講師も努めた。

## 七、工場の職人的職工

昭和四年（一九二九）に埼玉県の現在の日高市に生まれた職工Iは、昭和十九年（一九四四）に福禄川口工場の福禄青年学校に所属し、週三日技能者養成所に通い機械等の勉強をしながら、工場で軍需品をつくっていた。当時は、すでに徒弟制度がくずれ、見習い制度が行われており、大きな工場であった株式会社福禄では、青年学校を設置し、一二五人がこれに在籍していた。戦争が終了すると、工場はストーブ生産に戻り、職工Iは、最初は機械場の組立て工、間もなく鋳物工として生型法手込めによる中物部品や胴の鋳造を行い、平成元年（一九八九）に工場が閉鎖するまで務めた（表30参照）。

彼は、分業化されたストーブ生産工程のうち、造型・注湯を行う「胴屋」・「中物屋」と称された鋳物の職工であるが、徒弟や渡りの経験はないが見習いとして生型手込め

表30．鋳物職工Ｉの経歴

| 年月日 | 事象 |
|---|---|
| 昭和 4年（1929） | 埼玉県日高市に生まれる。 |
| 昭和19年（1944） | 川口の福禄川口工場の見習いとして福禄青年学校に入り、そこから週3日技能者養成所に通い勉強し、軍需品をつくる。 |
| 昭和20年（1945） | ストーブ生産に移り、当初は組立工として機械場に勤務したが、間もなく鋳物工として、生型手込めによる中物や胴の鋳造を行う。 |
| 昭和30年（1955）代 | 福禄をはじめ鋳物製石炭ストーブ製造の最盛期となる。 |
| 昭和60年（1985）代 | 角型や角型炊事、蛸型などの胴を1人で鋳造した。 |
| 平成元年（1989） | 福禄川口工場閉鎖に伴い退職する。 |

の熟練技術を修得し、「福禄の職人」としての職人気質を持っている。[84]
　また、職人A・B・Dの経歴を見ても明らかなように、戦前から昭和三〇年頃までは普通に渡りの慣行が見られ、職人の移動性が極めて高かったし、[85]かつての職人は、工場に雇われているというよりも、川口の街に雇われているという感覚を持っていたと言われ、腕前が評価されないとすぐに工場を辞めてしまったという。[86]これらに比べれば職工Iの福禄川口工場における叩き上げであり勤め上げの経歴は、あるいは多い時に工員三〇〇人を数えた大工場であるからであろうか、現代の終身雇用に近いようにも思われるのである。

## 八、徒弟制と西洋外来技術　―職人の生き方に見る新技術受容の問題―

　尾高煌之助によると、日本工業化初期の横須賀海軍工廠を例として、ここに勤務していた旧職人たちが熟練労働力の提供という重要不可欠な役割を担い、工業化の歩みに一つの輝かしい貢献をしたのだという。またこの時期に金属加工業や機械製造業を興そうとしたときには、それらの知識と技能、経験を持っていた伝来の職人たちの存在が不可欠であったのだという。[87]
　つまり、西欧外来技術の導入と日本工業の近代化には、我が国に在来の職人たちの存在が必要不可欠であったのである。このことは、先にも記したように職人G（表27）や第五項で見た川口市外で活躍した職人たちの生き方に窺い知ることができる。
　また職人Eにおいては、渡り慣行において西洋式生型造型技術を修得していることを見た。そしてもう一点指摘しておかなければならないことは、職人A・B・Fの生き方において、西洋式生型法が徒弟制の中で習得されていることである。このことは、先の指摘と同様に、我が国の産業の近代化における西洋新技術受容過程を考えるうえで極めて重要な問題である。

つまり、近代化の進行とともに消滅していったとされる徒弟制自体が、西洋新技術受容に大きな役割を担っていたことが考えられるのであり、言い換えれば、西洋新技術受容には、渡りや徒弟制といった在来の職人の技術習得システムと彼らの生き方が重要な役割を果たしていると言えるのである。

またこのことは、今後の産業史の研究において、これらを一つの原動力とした日本産業の日本的な発展という視点をも導くことができるのではないか。

## 九、結語

以上のように、人によって断片的ではあるが、近代における川口周辺の鋳物職人（職工）二十人の経歴を資料として、その生き方について分析・考察してきた。もちろんこれが全ての鋳物職人の生き方の傾向を網羅しきれているとは思われないし、また調べていくうちに分かってきたことは、一人の職人が要素としていくつかの生き方を持っていることもある。よって本稿において提示した資料の厳密な意味での位置づけは今後の課題とさせていただきたい。

しかし、昔から行われてきたと思われる生き方としては、技術にこだわりその向上を追求し続ける生き方と職人気質（A・B・C）、その中でも伝統技術にこだわる生き方（H）、またこれも古くから伝えてきたと思われるもので、親方として地域に貢献しようという生き方（G）を確認することができた。

また、近代新たに現れたものとしては、明治に株組織が崩壊した後に現れたと推察される、工場主（経営者）になろうとする生き方（E・F）、川口の外で活躍し官営や民営の大工場などの職長として西洋新技術の普及に努める生き方、分業化の進展に伴う職人的職工の生き方（I）などを確認することができた。

そして、これらの資料を見ると、第一に古来より伝わる徒弟制度や渡りといった日本的な職人の技術習得システムの慣行によって西洋からの新技術が修得されていったことを指摘することができる。また第二として、市外の大工場の職長として活躍した職人だけでなく、本稿で紹介した全ての鋳物職人（職工）の生き方が、大きな意味で大なり小なり日本の近代化や鋳物産業の近代化に貢献していると考えることができるのである。

以上見てきたが、日本の工業の発展において、職人や職工たちの果たした役割は非常に大きい。今後、一つの研究の視点として他の事例を含め検証し、併せてこのような生き方を表出させる考え方および時代背景と社会背景についても研究を深めていきたい。

# 註

（1）竹内淳彦　一九八八『技術革新と工業地域』大明堂　一九四頁
（2）松井一郎・永瀬雅紀　一九八七『埼玉の地場産業　―歴史・課題・展望―』埼玉新聞社　五一～五二頁
（3）三戸公　一九九四『「家」としての日本社会』有斐閣　二四・七七頁等
（4）西山夘三　一九八九『すまい考今学　―現代日本住宅史―』彰国社　一四五頁
（5）前掲（4）一四五～一四六頁
（6）色川大吉　一九九六「「企業城下町」水俣の民俗」佐高信『現代の世相2　会社の民俗』所収　小学館　九七～一〇六頁
（7）高畠通敏・関寛治編　一九七八『政治学』有斐閣　二頁
（8）鎌田彗　一九九六「悲しみの企業城下町」佐高信『現代の世相2　会社の民俗』所収　小学館　八七～九三頁
（9）尾高邦雄編　一九五六『鋳物の町　―産業社会学的研究―』有斐閣　二六頁
（10）和歌森太郎　一九八一「村寄合の座順」『和歌森太郎著作集』第一〇巻所収　弘文堂　八三～九五頁
（11）平山和彦　一九九一「村寄合における議決法」『伝承と慣習の論理』所収　吉川弘文館
（12）田中宣一　一九八三「村規約と休み日の規定」『日本常民文化紀要』第九号
（13）守随一　一九三七「村ハチブ」柳田國男編『山村生活の研究』所収　岩波書店　一六四～一七一頁
荒井貢次郎　一九五九「制裁」『日本民俗学大系』第四巻　平凡社　一七七頁
竹内利美　一九七六「村の制裁」『信州の村落生活』中巻所収　名著出版　一八七～二六二頁
小松和彦　一九八八「村はちぶ」『日本民俗研究大系』第八巻　國学院大學　二二九～二四四頁
（14）福田アジオ　一九八八「民俗と政治　―民俗学の反省―」桜井徳太郎編『日本民俗の伝統と創造』所収　弘文堂　二三～二六頁
（15）前掲（14）二九～三七頁

(16) 室井康成　二〇一〇「「ガバナンス」の現在と民俗学研究の方向」『日本民俗学』第二六二号
(17) 室井康成　二〇一〇『柳田国男の民俗学構想』森話社
(18) 宇田哲雄　一九九七「村落政治の民俗」福田アジオ・赤田光男編『講座日本の民俗学』第三巻（社会の民俗）所収　一五五〜一六七頁
(19) 柏木亨介　二〇〇八「寄合における総意形成の仕組み　—個人的思考から社会集団的発想への展開—」『日本民俗学』第二五四号
(20) 坪井洋文　一九八四「ムラの論理　—多元論への視点—」『日本民俗文化大慶』第八巻　小学館　五〜三〇頁
(21) 室井康成　二〇〇九「「親類主義」の打破　—きだみのるの市議選出馬とその意義をめぐって—」『京都民俗』第二六号
杉本仁　二〇〇七『選挙の民俗誌—日本的政治風土の基層』新泉社
(22) 川口市教育委員会　一九九四『川口市民俗文化財調査報告書第三集「鋳物の街金山町の民俗Ⅰ　—大正末期から昭和初期の様子—」』三頁
(23) 川口市　一九八八『川口市史・通史編』下巻　一七四〜一七九頁
(24) 川口大百科事典刊行会　一九九九『川口大百科事典』巻末資料二三〜二四頁
(25) 前掲（23）二五一〜二五六頁
(26) 前掲（23）二五六〜二五七頁
(27) 岡田博　一九九七『鳩ヶ谷市民短歌会叢書第八集「キューポラの下にて」』
(28) 前掲（9）五六〜五七頁
(29) 前掲（24）六一・六五頁
(30) 前掲（24）一九〇頁
(31) 岩田孝司・平野利友　一九三四『川口市勢要覧』関東商工新聞社　四四一頁
(32) 前掲（9）五一頁
(33) 宇田哲雄　二〇一四「民俗学における産業研究の沿革と重要性について　—産業民俗論序説—」『日本民俗

学』第二七八号

(34) 宇田哲雄　二〇〇一「鋳物の町の精神史一端　―歌集『キューポラの下にて』から―」『風俗史学』第一四号

(35) 宇田哲雄　二〇〇二「短歌に見る鋳物の街の生活史　―歌集『鋳物の街』から―　その一」『まるはとだより』第一五二号

宇田哲雄　二〇〇二「短歌に見る鋳物の街の生活史　―歌集『鋳物の街』から―　その二」『まるはとだより』第一五三号

(36) 矢野敬一　二〇〇三「風景に刻まれた記憶と短歌　―山村と林業の近現代―」岩本通弥編　二〇〇三『現代民俗誌の地平３　記憶』所収　朝倉書店

(37) 大門正克　二〇〇〇『民衆の教育経験　―農村と都市の子ども―』青木書店　一三一〜一四五頁

(38) 前掲(36)九二〜九三頁

(39) 前掲(36)九三〜一一三頁

(40) 柳田國男　一九三二「山伏と島流し」『木綿以前の事』所収　定本柳田國男集第十四集　筑摩書房　一五一〜一五五頁

(41) 柳田國男　一九三七「生活の俳諧」『木綿以前の事』所収　定本柳田國男集第十四集　筑摩書房　一六二〜一八五頁

(42) 小関智弘　二〇〇六『職人ことばの「技と粋」』東京書籍　九〜一〇頁

(43) 大田区の旋盤工であった小関智弘氏は、町工場を題材にしたノンフィクション作家として、数々の作品を発表していることは広く知られているが、彼も、かねてより同人雑誌にエッセイなどを寄稿していた。

小関智弘　二〇〇二『大森界隈職人往来』岩波書店　一七六〜一七八頁

(44) 宇田哲雄　二〇一二「まるはと叢書第十集『青年詩集　工都川口日録抄』」『民具マンスリー』第四四巻一一号

(45) 早船ちよ　一九九一『キューポラのある街』第一〜六巻　けやき書房

(46) 井上こみち　一九九〇『風とキューポラの町から』くもん出版

(47) 鈴木正興　二〇〇一『キューポランド・チルドレン』文芸社
(48) 増田明弘・井上こみち　一九九六『フォト&エッセー集「キューポラ」』岩淵書店
(49) 寺島萬里子　一九九七『寺島万里子写真集「キューポラの火は消えず ―鋳物の町・川口―」』光陽出版社
(50) 寺島萬里子　二〇〇四『川口鋳物師・鈴木文吾』
(51) 富丘三郎遺作集発行委員会　二〇〇〇『富丘三郎画集』
(52) 岡田博　二〇一一『青年詩集　工都川口日録抄』一一三～一一六頁
(53) 前掲(52)一一七～一一八頁
(54) 岡田博　二〇一〇『岡田博自選集Ⅱ ―鳩ヶ谷居住恩礼抄―』二七～四九頁
(55) 前掲(52)三～四頁
(56) 前掲(27)一四一頁
(57) 岡田博　一九九三『鳩ヶ谷市民短歌会叢書第一集「鋳物の街」』一～四頁
(58) 前掲(27)一三九～一四〇頁
(59) 前掲(27)目次
(60) 松井一郎　一九九三『地域経済と地場産業 ―川口鋳物工業の研究―』公人の友社　二四二～二四四頁
(61) 前掲(23)六六一～六六五頁
(62) 高橋寛司　一九九五「川口の鋳物の今と昔(八)」『埼玉新聞』一九九五年八月二十九日号
(63) 前掲(62)
(64) 川口市教育委員会　一九九一『川口市民俗調査報告書第一集　生き方のフォークロア一　小山巳之助(上)』二四～二九頁
(65) 前掲(23)一七二～一八九頁
(66) 前掲(64)三九頁
(67) 岡田博氏のご教示による。
(68) 前掲(27)一三〇頁

(69) 前掲（45）第一巻　三〇八～三〇九頁
(70) 前掲（27）一四一頁
(71) 三田村佳子・宮本八恵子・宇田哲雄　二〇〇八『日本の民俗十一　物づくりと技』吉川弘文館　一九～二四頁
(72) 有末賢　二〇一二『生活史宣言—ライフヒストリーの社会学』慶應義塾大学出版会　三～九頁
(73) 千葉徳爾は、柳田國男が民俗学における「人の生き方」の重要性を認めていることを指摘したうえで研究を試みている。千葉徳爾　一九八九「「人の生き方」について」『日本民俗学』第一七七号
(74) 三田村佳子　一九九八『川口鋳物の技術と伝承』聖学院大学出版会　二一六～二三四頁
(75) 前掲（64）一七～一八頁
(76) 初田亨　一九九七『職人たちの西洋建築』講談社選書　一四八頁
(77) 前掲（64）四頁～一二頁
(78) 永瀬正邦　二〇〇六『川口の鋳物師　永瀬庄吉の記録』
(79) 前掲（24）六～一三頁
(80) 前掲（78）二一二頁
(81) 川口市　一九八八『川口市史・通史編』上巻　六六四頁
(82) 内田三郎　一九七九『鋳物師』埼玉新聞社　一五七～一六〇頁
(83) 尾高煌之助　一九九三『職人の世界・工場の世界』リブロ・ポート　九頁
(84) 川口市教育委員会　二〇〇〇『川口市民俗文化財調査報告書第五集—川口のストーブ生産—』一九～三二頁
(85) 前掲（64）一六頁
(86) 前掲（35）
(87) 前掲（83）九・一七頁

# 第三章　近代鋳物産業の民俗技術

# 第一節　鋳物関連製品の変遷と地域産業史

## 一、目的

民具学は、その学問対象が拡大するに従い、徐々に近現代の工業製品や機械による大量生産品、機械化されたモノ・工業製品を研究対象とするようになってきた。今日に至るまでたびたびその重要性について指摘、あるいは再認識され、いまなお少数ではあるものの、様々な視点や研究対象において成果が示されるようになっている。これらを従来の民具に対して「機械製民具」と呼び、その研究の重要性も説かれ出している。(1) しかし、このような新しいモノは、実に生活の広範囲に及び、社会変革と相まってとくに高度経済成長期以降人々の生活を大きく変化させ、改めて「民具」の定義と民具学のあり方自体をも問う大きな問題ともなっている。(2) また、新しいモノ研究はいまだ途についたばかりで、それぞれの研究対象においてなされ、どこまでのモノを対象としたらよいのかいまだ明瞭な基準は示されていない。

このような研究の現状を踏まえるとともに、今後ますます盛んになるべき近現代のモノに対する研究の進展に期待し、本稿では、やや大きな視点に立ち、鋳物工業で知られている埼玉県川口市における組合や自治体が作成した製品カタログにおける鋳物関連製品全般ついて、その内容と変遷を分析する。概して川口鋳物工業の製品は、日用品から建築金物を経て機械部品に変化したと言われているが、本稿では、その様相を確認しながら、その背後に存在する産業形態の変化やこれらを受容した近代社会生活の変化にも目を向け、今後の民具研究における新たな視点を提示する。

一方、これまでに川口鋳物工業における製品カタログを利用した研究は、鋳物問屋の経営状況という観点から、三田村佳子による鍋平商店という鋳物問屋の作成した明治時代のポスターと大正三年（一九一四）のカタログの研究があり、個々の製品を紹介しながら、在庫調べや資産台帳についても調査した丹念な研究がある。(3) これに対して本稿では、当カタログに加え、地域の産業製品という観点を重視することにより、大正五年（一九一六）に川口鋳物同業組合で出された『川口営業案内誌』(4) と、昭和二七年（一九五二）に川口市が刊行した『川口市特産品綜合カタログ』(5) という主として3つの製品カタログを対象とする。

## 二、江戸時代の鋳物製品

大正時代のカタログを見る前に、まず、江戸時代における川口の鋳物製品について見ておく。文政十一年（一八二八）成立の『新編武蔵風土記稿』によれば、当時は、十四人の鋳物師によって、「鍋、釜、風呂釜、鉄瓶、銚子、火炉、花活」がつくられていたという。これらの日用品は、長い間江戸十組問屋の釘店組傘下の問屋からの注文によってつくられ、大消費地江戸の需要を満たしてきたのである。他にも古くから寺院へ奉納される梵鐘や寺社に設置される天水桶などが知られているが、いずれも鋳物職人によって、古来から伝わる伝統的な惣型（焼型）法と呼ばれる技法によって鋳型がつくられてきたものである。

一方、文化十一年（一八一四）から十方庵敬順によって書かれた『遊歴雑記』には、「此駅南うら町筋に釜屋数十軒あり、但し鍋のみ鋳家あり、釜のみ作る舎あり、或いは鉄瓶又は銚子、或いは釣、扨は蓋と、作業家々に司る処わかれて両側に住宅し、見物を許せば、細工場に入ておのおのその鋳形を見る、一興といふべし」(6) と鋳物作業の様子が描かれている。「釜屋」とは鋳物屋のことであるのは言うまでもなく、当時は工場ではなく「細工場」で鋳造作業が行われていた。ここで注意しなければならないことは、当時の川口鋳物業では、鍋専門の鋳物屋、釜専門の鋳物屋といった製品による専業化がすすんでおり、それだけでなく鉄瓶の蓋や釣のみをつくる鋳物屋もあり、製品によっては分業化が進展していたということである。これに対して、平成になっても梵鐘や天水桶は最後まで一人の職人によってつくられており、釜・風呂釜・花活など日用品もまた本来は一職人一製品が多かったのであろうと思われる。

## 三、大正時代の鋳物製品

『川口営業案内誌』は、大正五年（一九一六）に川口町の鋳物製造および販売業者によって親睦・信用増進・弊害矯正・斯業改良・販路拡張を目的に設立された川口鋳物同業組合によって発刊されたもので、川口町の沿革から鋳物業および組合を紹介し組合員名簿を掲載するだけでなく、地域の小学校・軍事・交通・寺社等について記し、巻末三十八頁にわたり製品一覧を絵によって紹介している。

また、これに掲載された組合員名簿によれば、組合員一五三人中、工場名を記しているものはわずか二十八人（二十九工場）で、鋳物販売業者は五人となっている。[7] このように当時の鋳物屋の多くが「工場」を称していないのは、いまだ家内工業的な小規模な生産であったと言えるであろう。しかし、これら全てが職人一人だけで行っているのではなく、おそらく何人かの弟子や職人をかかえ親方請負を行っていたことが推測される。

製品一覧は、釜・鉄瓶・鍋の部、火鉢の部、五徳及び銅壷の部、火消壷・台釜・竈・重能の部、焜炉の部、花活・砂鉢・水鉢等の部、ポンプ及び満金の部、欄間・鉄柵・門扉の部、風窓及び持送の部、雑品の部、天水桶の大きく十一に分けて紹介しており、これらを便宜上日用品、建築金物、その他の三つに分類すると、日用品が最も多く一七一製品、建築金物が一〇四、その他が四で、合計二七九の製品が掲載されている（表31参照）。しかしそれぞれの製品に複数の規格があることから実際の製品数はこれどころではなく、三田村が調査研究した鋳物問屋鍋平商店の大正三年（一九一四）のカタログには一七五四種類にもおよぶ商品が掲載されている。[8] これらは、ほぼ全てが川口で生産されていたようであり、[9] この二つのカタログにおける主要な製品について見ると、ほぼ同様なものが選定できることから、三田村がわかりやすく作成したものを図5に転載させていただいた。

　図5を見ると、完成品だけでなく釣手や釜輪、焚口などの部分品としても掲載されており、当時はそれぞれで

表31. 大正5年の主要製品

| | |
|---|---|
| 日用品 | （釜・鉄瓶・鍋の部）75<br>火吹上等大中釜、茶釜、磨鈫付小釜、普通大小平釜、改良鰊釜、羽反釜（そば釜）、床風呂釜、焼芋釜、菓子煎釜、紀州口、紀州両口、焼出付ヒョットコ、焚口付ヒョットコ、新型改良ミノ付、並おんぶ風呂、丸呂釜、水管式改良紀州、ともゑ風呂釜、ツキ抜鉄砲、並横口鉄砲、焚口付鉄砲、足駄風呂パイプ入、頂角風呂、長州風呂、風呂釜用焚口、風呂釜用網<br>上等木瓜釣付、あられ鉄瓶、羽付瓶、丸形瓶、永友瓶、南部粉鉄瓶8、上等成変鉄瓶（象篏木瓜釣付）8、富士形銚子、茶の湯風呂（釜付）、手取釜、あられ湯釜、上等錆色木瓜釣鉄瓶釣計り2、<br>誂形鳥焼鍋、大久保鍋、タライ牛鍋、タライ磨中穴付、普通丸形2、北国向丸形、縁付料理、丸煎、芝鍋、松戸ほーろく、並絲引鍋、改良絲引鍋、阿古屋、三徳鍋、角立耳塞屋鍋、口付鍋、誂形平耳肉鍋、上等木瓜形耳深形牛鍋、鉄青海、はりま<br>（火鉢の部）19<br>銅張形、切立形、達摩形、玉子形、風呂成、切立形火入、香炉形小火鉢、仙徳形小火鉢、太鼓形小火鉢、香炉形火入、大阪形火入一号、大阪形火入二号、大阪形火入三号、火入小釜、灰吹、仙徳火鉢、蝉形火鉢、風呂形袋足、上等びんかけ形<br>（五徳及銅壺の部）17<br>鋳五徳、並製柳葉五徳、蓮葉五徳、さつま五徳、花五徳、唐草五徳、都五徳、並小角、新角形、長寿五徳、便利五徳（唐草角釜）、東津五徳、便利五徳、瓢箪五徳、銅壺五徳（瀬戸引炉）2、浪花五徳<br>（焜炉の部）13<br>角焜炉、上製水焜炉、卓上焜炉、並焜炉、朝田焜炉、並銅台、上等銅台、丸落、角落、焜炉の上置、焜炉の入子、角炉金、丸炉金<br>（火消壺・台釜・竈・重能の部）25<br>火消壺、台釜、日本竈、日の出竈、萬年竈、軍隊用ストーブ、養蚕暖炉一号、養蚕暖炉二号、北海道向切立ストーブ、胴張形総鋳鉄製、腰網形総鋳鉄製、角台胴張ストーブ、花形台重能、共柄重能（大・小）、中京火のし、手提げ重能、鋳重能、徳用台重能、竈焚口、北海道向焚口、ロストル、平釜輪3、重目網、軽目網、立目網、場網<br>（花活・砂鉢・水鉢等の部）22<br>台付花活6、台なし花活6、長角形水盤、小判形水盤、寸銅花立、池の坊用御源女形、コップ形、瀬戸引水鉢<br>サイダー抜、ニッケル鍍金鈫、丸焼板、角焼板 |
| 建築金物 | （ポンプ及び満金の部）27<br>軽便井戸ポンプ、並井戸ポンプ、軽便自在口、松田式井戸ポンプ、<br>溝付車、最上平底車、中透平車、最上溝付底車、アキシル（袖付）、最上袖付底車、アキシル（重平車）、セビ車、底車、ブルック車、改良ブルック、大形ブルック2、打物万力、井戸車、引揚車、ポンプ車、ハヅミ車3、羽車3<br>（欄間・鉄サク・門扉の部）28<br>欄間一号～十四号、鉄柵一号～十号、門扉一号～四号<br>（風窓及持送の部）28<br>風窓一号～二十号、風窓別一号、持送り一号～七号<br>（雑品の部）21<br>鴨金、吹子羽口、硝子分銅、マット、フレンス、角形フレンス、ジャッキ（キリン）、モンケン、鋳鉄製角床、鉢の巣、下水蓋、回転金具、鋳物引手（細目丸形、利久、丸木瓜、平木瓜、軍配、新五分、深為形）、金わかし、三角座金 |
| その他 | やげん、鉄亜鈴、半鐘、天水桶 |

（川口鋳物同業組合事務所『川口営業案内誌』より作成）

販売していたのである。それぞれの製品については三田村の『川口鋳物の技術と伝承』に詳しく紹介されており、本稿では全てを紹介できないが、日用火器や日用品においては先に見た鍋、釜、鉄瓶、花瓶など、その他においても半鐘や天水桶など、江戸時代から生産されてきたものと、明らかに新しくつくられるようになった製品がある。例えば、ストーブは安政年間に西洋から入ってきたものであるし、竈は本来の土石製のものに対し明治二〇年代に鋳鉄製がつくられるようになった[10]。建築金物の鉄柵や滑車も、需要が多かったが、明治以降のものであろう。これらは、明治時代に西洋から伝来した西洋式生型法による鋳型によってつくられたものである。

従来の鍋や釜、天水桶は、一つないし二つの鋳型によってつくられてきた製品であるのに対して、ストーブや竈は約十個程度の鋳型によって部品がつくられ、これを組み立ててつくられている。つまりこれらは、一人の職人ではなく、複数の職工によってつくられているのである。

以上概観してきたこれらの主要製品は、『絵引・民具の事典』を参考にすると、サイダー抜や亜鈴や建築金物の一部以外は、当事典に掲載されている民具も多く、あるいは竈や焜炉などのようにその民具と同様な機能を有するモノや、井戸ポンプなどのように民具に付随するモノもかなり多く、庶民の生活に極めて重要なものであったことがわかるのである[11]。

## 四、昭和二七年頃の鋳物関連製品

次に、昭和二七年（一九五二）に川口市によって刊行された『川口市特産品綜合カタログ』を見ていく。川口市は、昭和八年（一九三三）に川口町・横曽根村・青木村・南平柳村が合併して市制が施行され、昭和十五年には神根村・新郷村・芝村を合併している。よってこのカタログには、鋳造関係製品だけでなく、芝地区の特産である織物・紡績、南平柳地区の味噌、青木地区の釣竿なども掲載されており、製品の数も『川口営業案内誌』に

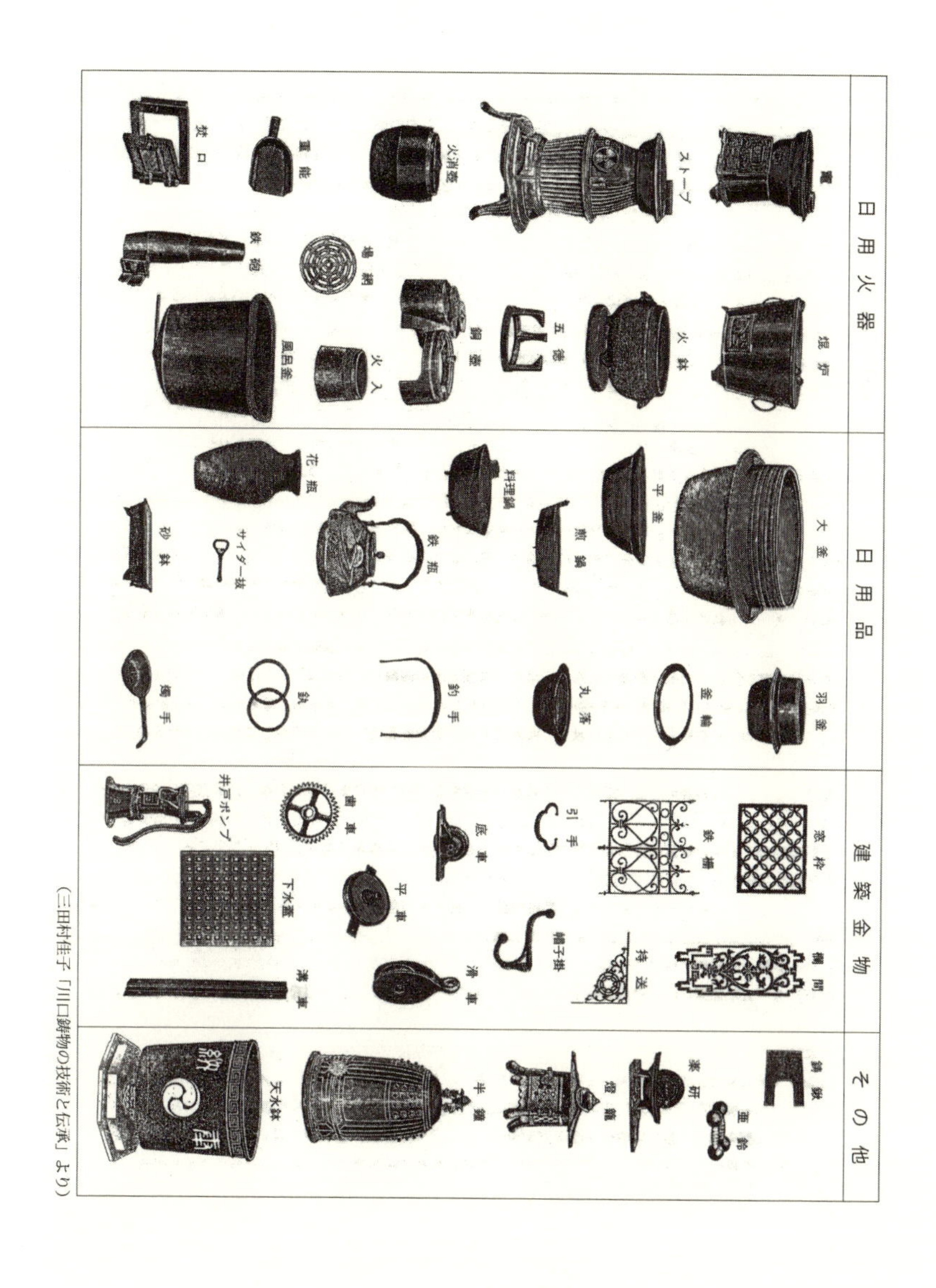


図5. 大正3年の主要製品

比べて多くを紹介してはいない。

　鋳造関係製品については、六十五製品が紹介されているが、そのうち日用品が十五、建築金物が十八で、機械製品が三十二製品と最も多くなっており、川口鋳物工業が従来の日用品生産から機械部品生産に転換したことを示している（表32参照）。日用品は、主力製品であるストーブが六製品と多く、他は琺瑯鍋やアルミ製の釜・火鉢・バケツなど戦後にでてきた素材による製品である。建築金物は、建築部品だけでなく、各種ポンプや鋳鉄管、消火栓、街路灯など設備製品が多くなっている。機械製品については、農機具が二つのコーナーに分けて十二製品が紹介され最も多く、その内容的も米撰機や藁打機、製縄機などこれまで民具として扱われてきたものである。また、建設・交通運輸の機械や食品加工・繊維・工作・印刷など様々な産業機械や医療器具なども見られ、治療椅子など果たして民具として捉えてよいものかと思われるものもある[12]。

　巻末には、これらの製品の主要な生産工場が掲載されている（表33参照）。これら機械製品は、当時市内にそれらを生産する機械工場やメーカーが存在していたことを物語っているのであるが、当時の川口において鋳物工業に関連して機械工業が大きく発達してきたこと、その下請けの部品生産に鋳物工場が関わ

表32. 昭和27年における川口市特産品

| 区分 | 製品 |
|---|---|
| 日用品 | ストーブ（瓦斯ストーブ・貯炭式ストーブ2種・胴張ストーブ・円型ストーブ・練炭ストーブ）、竈（文化竈・モミガラ竈・瓦斯レンヂ）、火鉢、アルミ釜、鍋（柄付鍋・改良鍋・琺瑯鍋）、アルミバケツ、<br>6種15製品 |
| 建築金物 | 建築設備（街路灯・消火栓）、ポンプ（手押しポンプ・ウイングポンプ・ピニヨンポンプ・自動式カスケードポンプ）、建築金物（鋳鉄管・チルド車輪・歯車・安全カップリング・自動注油式置メタル・戸車・ブラケット）、秤（上四棹秤・台秤）、工具（万力・ジャッキ）<br>5種18製品 |
| 機械製品 | 農機具①（遷流式精米機・米撰機・籾摺機・藁打機・製縄機・石油発動機）、農機具②（製粉機・製餅機・製麺機・搾油機・大豆圧扁機・撒粉機）、建設用機械（ロードローラ・ミキサー・捲揚機・クレーン）交通運輸機械（トラック・電車・貨車・デーゼルバス・自転車）、食品加工機械（合成調理機・球根皮剥機・氷削機）、繊維加工機械（編紐機・ミシン）、卓上ボール盤、印刷機、キャメル包装機、治療椅子、アンモニヤコンプレッサー<br>11種32製品 |
| その他 | 解剖器、各種鋏、鉛筆、麻雀牌、釣竿、ビール・シトロン、味噌・醤油・ソース、紡績・織物 |

（川口市『川口市特産品綜合カタログ』より）

っていたことを示している。主要な製品については図6に図示した。

## 五、製品の生産体制と地域産業史

ここでは、いくつかの製品ごとにその工場における生産体制について見ていく。

まず石炭ストーブであるが、昭和二〇～三〇年代の川口は、全国のストーブ生産の約八〇%を生産する特産地であった。ストーブは、幕末に西洋から移入されたものであり、また大正八年（一九一九）頃には貯炭式ストーブが移入され、北海道開拓の進展と住宅や住空間の変化とともに、庶民生活に普及していったが、一部において日本古来の囲炉裏や火鉢の食住習慣を継承していった。[13]また生産においても、西洋式生型法という鋳造技術が用いられ、二〇～三〇個の金型によって造られた部品を組み立ててつくられているが、川口鋳物業の古来からの特色である薄肉鋳造技術を継承しており、随所に職工の熟練技術も生きていた。大正時代から昭和四〇年代にかけて庶民の暖房生活をささえた、まさに近代の民具と言えよう。㈱福禄川口工場では、第一工場（仕上場・機械場）・第二工場（鋳物場）・第三工場（倉庫）にわかれ、鋳型づくり・溶解および注湯・仕上げ・組立て・検査・ナオシ・塗装・梱包・出荷という生産工程を、鋳物屋（胴屋・中物屋・小物屋）・割り屋・吹き前・雑役・組立て工・検査係・ナオシ屋・塗り屋・荷造り屋などの職工たちが作業していた。[14]

モミガラ竈は、籾殻を燃料として開発された竈で農家に普及したが、ストーブと同様に十数個もの鋳造部品によって組み立てられている製品であり、詳細な生産工程は未調査であるが、複数の職工によって生産されていた。図6に掲載されているものは、㈱田原製作所の「福々竈」である。㈱田原製作所は、大正四年に創業し、当初は田原鋳工所と称していた鋳物工場で、[15]同じく図6に掲載されている「福々米撰機」を開発し特許権を取得し、主力製品としていた。この製品は、それまで農家で使用されていた万石（千石）どおしに対して、米糠の選別に効

表33.『川口市特産品綜合カタログ』における主要生産工場一覧

| 製品名 | 主要生産工場 |
|---|---|
| ストーブ | ㈱福禄工場、㈱三星鋳造、㈱双葉鋳造、㈱鉄道工機、㈱菅原鋳工所、㈱岩田工業、伊藤合名会社、徳永鋳工所、渡辺鉄工所、中村鋳物工所 |
| 土木建築・鉱山機械 | ㈱関東機械製作所、㈱森藤鉄工、㈱渡辺機械工業、㈱岡田索道 |
| 街路灯 | ㈱丸万金属機器製作所 |
| 消火栓 | ㈱茂又鉄工所、㈱森田鉄工所 |
| 万力 | ㈱ミツシメ製作所、渡辺製作所 |
| 卓上ボール盤 | 倉持鋳工所、川辺製作所、㈱御法川工場、高木鉄工所 |
| ジャッキ | 埼玉機器製作所、㈱渡辺鉄工所、㈱樋山工業、橋本鉄工所 |
| 各種メタル・伝導機 | ㈱大泉工場、㈱細金鉄工所 |
| 歯車 | ㈱小原歯車工業、能登歯車製作所 |
| チルド車輪ロール | ㈱永瀬鋳工、大場鋳工所、㈱永彰工業 |
| 鋳鉄管 | ㈱細野鉄工所、㈱遠山鋳工 |
| 各種ポンプ | ㈱熊澤製作所、金子ポンプ製作所、渡辺ポンプ製作所、増永鋳工所、㈱西尾鉄工所 |
| 球根皮剥機・合成調理機 | 斉藤鉄工所 |
| 秤・枡 | ㈱草加量器製作所、本橋製衡所 |
| 印刷機・裁断機 | ㈱永井機械製作所 |
| キャラメル包装機 | (資)臼田製作所 |
| 編紐機 | ㈱佐山鉄工所、葛生製作所 |
| 医療機械 | ㈱福山工業、㈱井尻歯科川口工場 |
| ミシン | ㈱リバーミシン、㈱三和産業、㈱笠松鋳工所 |
| 竈 | (資)国際重工業、㈱森安鉄工所、㈱鈴木パーライト、㈱田中鋳工、㈱田原製作所、㈱第一鋳工所、㈱中西燃焼科学 |
| 瓦斯器具 | ㈱菅原鋳工所、㈱東和鋳造、㈱大熊鋳造、㈱千葉鋳物、渡辺鉄工所 |
| 軽合金製品 | ㈱関東軽金属製造、㈱埼玉軽金属製造、㈱八木橋軽合金、㈱武内軽合金、㈱日本機器工業、(有)大和アルミ製作所、正田軽銀鋳造所、川口軽銀製造所 |
| 自動車 | ㈱民生ディゼル工業、㈱ディゼルトラクター |
| 車両 | ㈱日本車両製造 |
| 自転車 | ㈱山口自転車工場、㈱山崎サンビー製作所 |
| 琺瑯鉄器 | ㈱日東琺瑯工業 |
| 戸車・ブラケット | ㈱星野鋳工所、㈱長堀鉄工所、㈱熊澤製作所 |
| 鋏 | 富山製作所 |
| 精米機・製粉機 | ㈱大泉工場、東洋鋳工所、㈱横山鉄工所、㈱山口産業、㈱渡辺鉄工所、㈱中村製作所、㈱山本鉄工所、㈱西尾鉄工所、(有)丸六商会工場 |
| 籾摺機・米撰機・藁打機 | ㈱田原製作所、㈱飯塚鉄工所、㈱江口製作所、保坂鋳工所 |
| 餅練機 | 須崎製作所、(合)浅香鋳工所、浅香機械製作所、山中鉄工所 |
| 製麺機 | 大東麺機製作所、(有)山崎鉄工所、㈱田中機械製作所 |
| 製縄機 | ㈱三浦製作所、㈱江口製作所 |
| 発動機 | ㈱明和製作所、㈱三浦製作所、㈱篠田製作所 |
| 搾油機 | (資)岩井鉄工所、㈱太田製作所 |
| 鉛筆 | ヨット鉛筆川口工場 |
| 麻雀牌 | 田中工芸社 |
| 電気アイロン | ㈱三信電器製作所、中津電機製作所、㈱混合電気製作所 |
| 味噌・醤油・ソース | 田中徳兵衛商店、カネキ味噌株式会社、西山喜八郎味噌醤油醸造所、スプリングケース本舗 |
| ビール・シトロン | 日本ビール株式会社川口工場 |
| 紡績織物 | 埼玉紡績株式会社、新井織物株式会社、太陽毛糸紡績株式会社、土屋紡織工業株式会社、山崎紡織株式会社 |

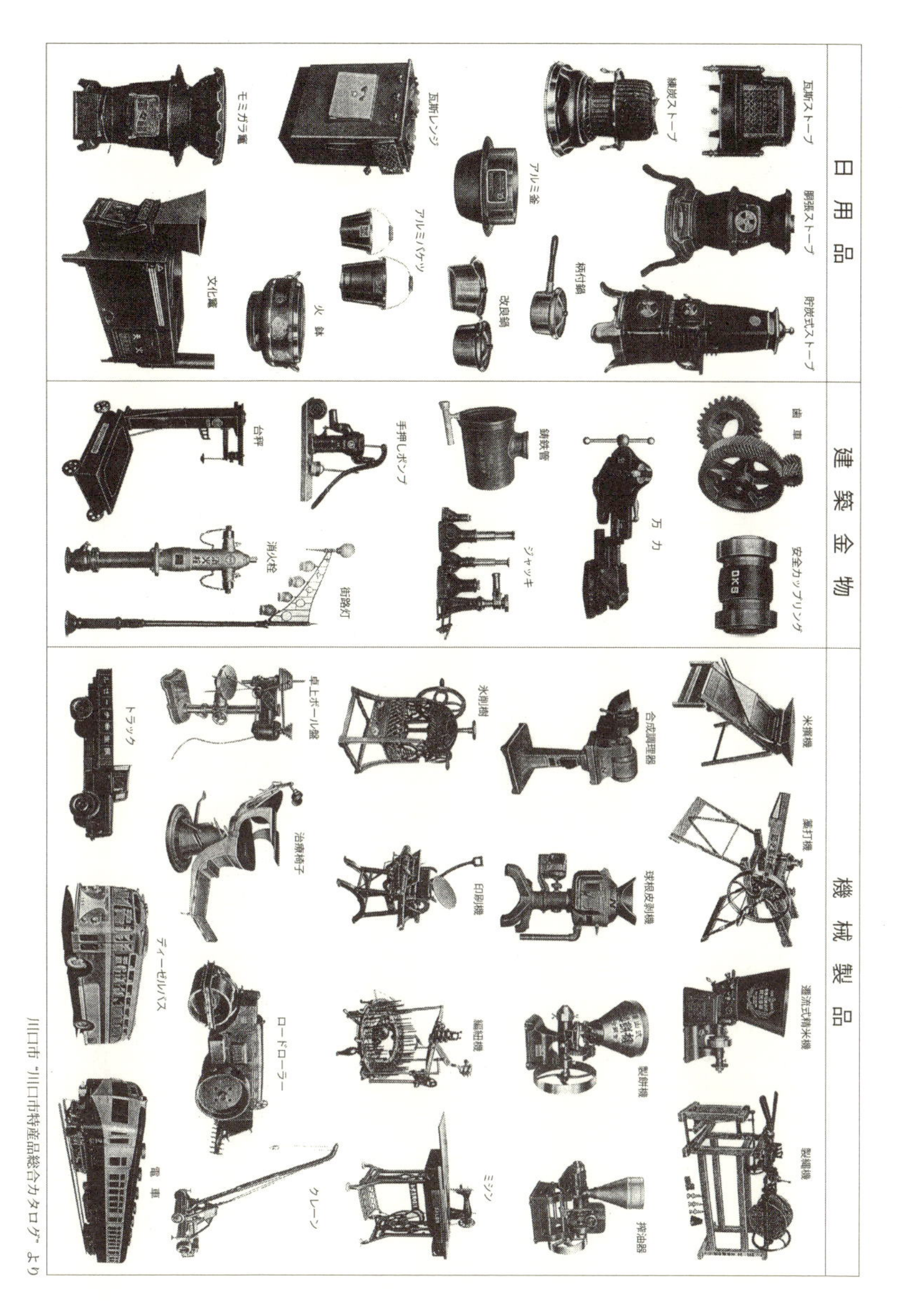


川口市"川口市特産品総合カタログ"より

図6. 昭和27年の主要製品

果をあげたことから、米糠の食料化に成功するとともに、併せてその後の精米時間をも短縮し、大当たりしたものであるという。当工場では、鋳造工場とともに木工場を設置し、その生産を行っていたのである。[16]表33では街路灯をつくっていたとされる㈱丸万金属機器製作所も、大正五年の創業時は丸万鋳工所と称する鋳物屋であった。[17]当工場も主力製品として製縄機も製造していたことから、㈱田原製作所と同様に木工場あるいは組立工場を有していたと思われる。[18]

このように本来の鋳物工場が、製品の一貫生産を目指して、機械加工工場や木型工場を併設していく事例は少なくなく、建築金物を生産する工場にも見られる。チルド車輪ロールを専門的に生産していた㈱永瀬鋳工は、明治十一年（一八七八）に日用品鋳物工場として開業したが、昭和十二年にチルド車輪で特許を取得し、後に設備の近代化を実施し機械工場を併設していった。[19]同様に㈱永彰工業や鋳鉄管を生産している㈱細野鉄工所や㈱遠山鋳工も、強靭鋳鉄など品質向上を目指す一方で、機械工場や木型工場を併設している。しかし、このように鋳物工場が自社製品を持っていたのはこれらの製品までであり、これより複雑な機械製品については、鋳物工場はメーカーや機械工場の下請けになっていったようである。つまり、自分の工場において製品を完成しなくなっていくのである。

次に、逆に機械工場が鋳物工場を設置していく事例もあり、戸車と丸喜印井戸ポンプを主力製品としていた㈱熊澤製作所は、大正七年に東京本郷の戸車工場に入社し勤めていた熊澤喜利之助が、社長急死による工場閉鎖に伴い、大正十四年（一九二六）に弟子を引き連れて川口において機械工場を開業し、その後に鋳物工場を始めたものである。[20]伝動機や精米機・製粉機を生産していた㈱大泉工場は、もとは大泉寛三が大正六年（一九一七）に東京都下谷にメタル専門の機械工場を開業し、その後大正十一年（一九二三）に川口に移転し伝動装置専門工場を開業、昭和六年（一九三一）に鋳造工場を併設した。[21]そして大泉は、川口鋳物工業協同組合理事長、市議会議員、川口市長、国会議員を歴任し、産業と地域の発展に貢献している。なお印刷機・裁断機の㈱永井機械製作所も、同様に㈱永井機械鋳造を開業している。

最後に、自動車や電車車両は、出現した明治から大正期にかけては人々の生活に非常に大きな変革をもたらしたものであるが、現代社会生活における移動・運搬にはなくてはならない重要なものとなっており、庶民の地理感覚・距離感覚・都市や郊外などの生活にかかる世界認識などを支え、その行動に大きな影響を与えていると考えられる。筆者としては、こうした点も今後何らかの視角・方法で研究されるべきと考えるが、これらが昭和二七年には川口市の特産となっていたのである。

自動車については、昭和十二年（一九三七）から昭和六二年（一九八七）の上尾・鴻巣への移転までの五〇年間、当初は日本ディーゼル工業株式会社、その後民生ディーゼル工業株式会社、日産ディーゼル工業株式会社へと社名を変更しつつ、バスやトラックなどのデイーゼルエンジン自動車を製造した[22]。また鉄道車両についても、昭和九年（一九三四）から昭和四六年（一九七一）に愛知県豊川への移転まで、市内に日本車両株式会社蕨工場が存在し、新幹線などの鉄道車両やトラックの製造を行った。敷地には、製缶・仕上工場、自動車専門工場、客車組立工場があった[23]。このように大正末期から昭和初期は、川口に近代的な大型機械生産会社が進出し、またこれを基軸に各種産業工場も進出し、これらの下請けとなる工場も現れ、川口の工業を発展させたのである[24]。

以上のように大正三年および大正五年と昭和二七年のカタログにおける製品からは、川口の鋳物産業が、江戸時代以来の日用品生産から、たびたびの戦争景気と軍需産業経験、京浜工業地帯の生成による発展と技術向上により、機械製品生産に転換を果たしたことを伺うことができる。大きな鋳物工場は、ストーブや竈の複雑な日用品の他、建築金物や機械製品の生産体制を整えていったのである。またその一方で、大正期に誕生し鋳物業と関連してきた、鍛造・鍛圧・研磨などにより歯車などの金属部品の生成・加工から製品の組立てまでを行う機械工業が飛躍的な発展をとげ、また大型機械工場が転入してくるなど、ここにも川口地域の工業史の一端を読み取ることができるのである[25]。

## 六、単独製作の民具から協同・分業製造の民具へ

以上のように江戸時代、大正時代、昭和二七年頃と川口の鋳物関連製品の変遷を地域産業史の一端とともに見てきた。その近世から近現代における流れについては、いくつかの傾向が指摘できそうである。それは、従来から川口鋳物業について言われているところの、日用品から機械製品へ、作業場（「細工場」）生産から工場生産へ、手工業生産から機械生産へ、地場産業（製品）から近代産業（製品）への移行などであり、その時代的な傾向が民具や製品についても言うことができるのである。

しかし、民具学においては工場や機械に対する捉え方がいまだ明確でないことから、民具やモノにおけるこの時代的な傾向について、もう少し視野を広げ丹念に観察する必要がある。つまり、「工場」の原理が「分業にもとづく協業」であること[26]、先に見たように川口鋳物業ではすでに江戸時代に鉄瓶など一部の製品で分業がなされてきたこと、また熊澤喜利之助は大正十四年に弟子を引き連れて川口に来て機械工場を開業したというが、これは明治期から昭和一〇年代頃まで行われていた、親方が数人から十人程度の職人や徒弟で組をつくって仕事を請け負う「親方請負制」であろうことなどを考えると[27]、これらを工場生産や機械製品で分けるのではなく、むしろ一人の職人による「単独製作の民具」から複数の職人（職工）や技能・技術による「協同・分業製造の民具（製品）」への移行と捉えるほうが、今後の研究にとっては有効なのではないか。またここで言うところの「協同・分業」は、言うまでもなく、工程や工場内におけるものだけではなく、工場や企業をこえた協業をも視野に入れている。

この視点の民具学における有効性は、今後検証されるべきであるが、例えば機械製民具は協同・分業製造民具に属するが、それ以外の江戸時代以来の民具にもこれに該当するものがあるはずである。とくに近代の工場では、

一つの製品を分業にもとづく協業によってつくるが、生産工程全てが機械化されたわけではなく、設計者と職長級の職人が全体工程を把握・管理し、機械化以前の道具や当初つくられた機械の操り方とその製造工程において、それぞれの職工による熟練や手工業的要素がものづくりの文化として残っていた[28]。それは、現代の町工場や中小工場においても指摘できる[29]。このことからこの視点は、職人仕事と機械加工、あるいは工場規模の大小にかかわらず、どのものづくり現場にも共通する視点として有効であると思われる。

またこのように考えると、筆者などは、近代の工場を支えていた親方請負制や、川口鋳物業に特有とされる買湯制度などは、近代工場の生産体制に連なるものでありながら、一つの手工業的協業組織として存在していたという点で、改めて注目されるべきと考える。

## 七、結語　―二つの民具研究―

以上のように本稿では、カタログにおける川口鋳物工業の鋳造関連製品の変遷について、鋳物を中心とした地域産業史の一端とともに分析し、一人の職人による「単独製作の民具」から複数の職人（職工）や技能・技術による「協同・分業製造の民具（製品）」への移行という視点を提示した。

そもそも今まで見てきた鋳造製品には、昔から鋳物師や鋳物職人や職工によって造られてきたという点で、民具の基本とされる「自給・自足の用具」は一つも存在しない。つまり作り手と使い手が別な製品ばかりであり、時代が下るにつれその作り手も複数になり、構造も複雑になってきている。岩井宏實は、このようなモノが民具として成立する条件として、作り手と使い手の「共通の理解」と社会における「伝統的な共有」をあげている[30]。しかし、現代の製品がこの二つの条件をどの程度満たせばそれが「民具」に該当するのかを考えると、果たして今後もこれを民具の条件として良いのであろうか。

それよりも改めて確認しておきたいことは、近現代の民具や供給型の民具すなわち製品を研究していく視点としては、民具の使い手や受容する社会の立場に立った研究と、作り手の立場にたった研究の二つが可能なのであり、またこの二つの研究が必要なのである。従来はこれら二つの研究側面がともになされてきたことも多かった。しかし、近現代社会における製品文化やその暮らしを支える物質文化を扱う場合、作り手が分業・専門化していったという事実から、両者を同じ土俵において議論することが難しくなってしまったことは否めない。このような現状を踏まえると、逆に機械生産や大量生産、画一性という言葉に惑わされてはならないし、そこに断片的にせよ職人技術の系譜を引いていたり、機械生産をささえた熟練や技能があることを見失ってはならないであろう。日本の近代化や技術革新は、むしろ職人や手工業の存在なしには成し遂げられなかったのである。そして民具学の立場からも、日本の近代化を支え、現在もなお基盤工業や先端科学技術を牽引している工場技術における「ものづくりの文化」についても、積極的にアプローチしていくべきではないだろうか。[31]

## 第二節　鋳造業の近代化と民俗技術　—伝統的焼型法と西洋式生型法—

### 一、目的

例えば民具学では、わが国の産業や生活の「近代化」についてどのように捉えればよいのであろうか。近年、近現代の工業製品や大量生産品についてもその研究の重要性が説かれているが、[32] いまだ緒についたばかりである。筆者も、先にこれら工場生産品について、民具から除外するのではなく、「協同・分業製造の民具」として位置づけ、研究することの重要性を指摘した。[33]

しかし、そもそも民俗学あるいは民具学として、江戸時代末期から明治期あるいは昭和の高度経済成長期頃までの産業の近代化や技術革新という大変革について、どのように捉えていけばよいのであろうか。

そこで本稿では、川口鋳物業を例として、伝承されてきた在来産業とその民俗技術に対して、西欧の新技術導入がどのようになされたのかについて分析し、民俗技術史における「近代化」への一つの視点を提示することを目的とする。

### 二、産業の近代化研究への視角　—歴史学の近代化論から—

日本の江戸時代末期以来の産業化政策では、各藩や幕府、明治時代には新政府が、積極的に西欧の近代工業技術と機械設備の導入をはかっていった。それは、多くの官営の大工場が設置され、外国人技師の雇用がさかんに行われたのである。この日本の近代化について、歴史学では、西欧からの近代産業・技術に対してわが国の在来産業・技術という二つ視点によって、次のように説明し位置づけている。

尾高煌之助は、工業化初期の日本にあっては、西欧の機械技術を吸収し、一般生産工程従事者に伝え監督するという極めて重要な役割を担ったのが、鋳造・熱処理・鍛造・溶接・機械加工などの技能と経験を持った日本の職人達であったと指摘している。[34] つまり日本の近代化には、西欧近代工業技術とともに、旧来の日本の職人達の存在が必要不可欠なのであった。

鈴木淳は、日本の産業革命は、全ての産業部門において外国の機械が導入されたわけではなく、それぞれの部門の技術的経済的な条件によっておこった様々な産業成長の総体が革命なのであり、その特色として、大資本を背景とした西欧直輸入の移植産業と、零細ながら民間資本が在来技術と部分的に安価な機械を用いて生産した在来産業が並存したことをあげている。[35]

また紡績業と織物業を分析した中岡一郎は、西欧型工業化をめざした紡績業と、江戸時代に成熟した手工業的在来産業である織物業の、二つの異質な流れがダイナミックに絡みあってつくりだした発展が日本の後発工業化であったと言っている。[36]

田村均は、織物業の近代化は、輸入毛織物の流行に対抗した在来織物業における絹綿交織化という技術革新が極めて重要であったとしている。つまり均質かつ平滑なイギリス糸を積極的に使用することにより、それまで伝統的に蓄積してきた高機の機能特性を充分に引き出し、ファッション性に富む革新的な縞木綿の新製品を開発していったというのである。[37]

これらの研究成果から言えることは、日本の近代化は、西欧から導入した技術だけでなく、あらかじめわが国に存在してきた技術が極めて重要な役割を果たしたということである。逆に、これなしに近代化は成し遂げられなかったのである。

　このことは、伝承文化を対象とする民俗学あるいは民具学の立場から考えても、日本産業の近代化において、それまでわが国に培われ伝承されてきた民俗技術はどのような役割を果したのかという重要な研究課題なのである。またそれは、先にみた尾高の言う外来の新技術を受容する基盤の役割を果たしたことは大変重要なことではあるが、産業部門によっても様々な特色ある様相を呈してきたのではないかと思われる。

　それだけでなく最も私たちが興味深く考える重要な課題は、外来新技術を受容した後、それまで超世代的に伝承してきた在来の民俗技術はどうなってしまったのかということである。消滅し断絶してしまったのであろうか。この問題は、とくに民具学が「近代化」あるいは「近代」をどのように捉えるかという極めて重要な課題なのではないか。

　そこで本稿では、川口鋳物業の明治期における近代化を対象として、とくに造型技術における技術革新である西洋式生型法の導入についての分析を通して、これに在来の伝統的焼型法（惣型法）とその民俗技術の果たした役割と、それが辿った系譜について考察することにより、もって近代民俗技術への視点を論じることを目的とする。

## 三、川口鋳物業の近代化

　ここではまず、川口鋳物業の近代化について整理しておく。

　まず鋳物（鋳造）とは、砂や粘土などで造った中空の型（鋳型）の中に、溶解した金属（鉄・銅・アルミ等）を流し込んでつくる製品またはその方法をいう。つまり鋳造は、金属の加工法の一つなのである。大きな作業工程としては、「造型工程」・「溶解工程」・「注湯工程」・「仕上げ工程」に分けることができる。細かく見ると、造型工程は「砂づくり」・「鋳型づくり（型込め）」、溶解工程は「ズク割り」・「炉等の補修（シタク）」・「溶解（吹き）」・

「湯出し」、注湯工程は「湯汲み」・「注湯（鋳込み）」・「型ばらし」、仕上げ工程は「砂落とし」・「仕上げ」に分けることができる（図7参照）。

『川口市史』によれば、川口鋳物業は、三重県桑名のそれとともに日用品鋳物生産への転換に成功した数少ない例のひとつであると言われている。鋳物業の近代化は、その転換の過程として把握することができ、主要なものとして次の四つの鋳物技術の変革によって成し遂げられたとされている。

①燃料の木炭からコークスへの転換
②鋳型造型の日本式焼型（惣型）法から西洋式生型法への転換
③原料のタタラ銑から高炉銑への転換
④熔鉄作業におけるタタラ踏み（人力）送風から蒸気動力や電力への転換[38]

これに加えて三田村佳子は
⑤溶解炉の甑炉からキューポラへの転換
の計五つをあげている。[39] これらの技術革新をより詳細に見ると、
①明治一〇年頃から普及したコークスは、石炭を蒸したもので火力が強く、熱効率を著しく高めた。
②明治二〇年頃から普及した西洋式生型法は、乾燥する手間が節約でき、焼型よりも製作効率がよく、機械鋳物などの大量生産に適している。永瀬庄吉がこれを紹介したと言われており、また明治四三年の荒川大洪水による

図7. 鋳物の製作工程

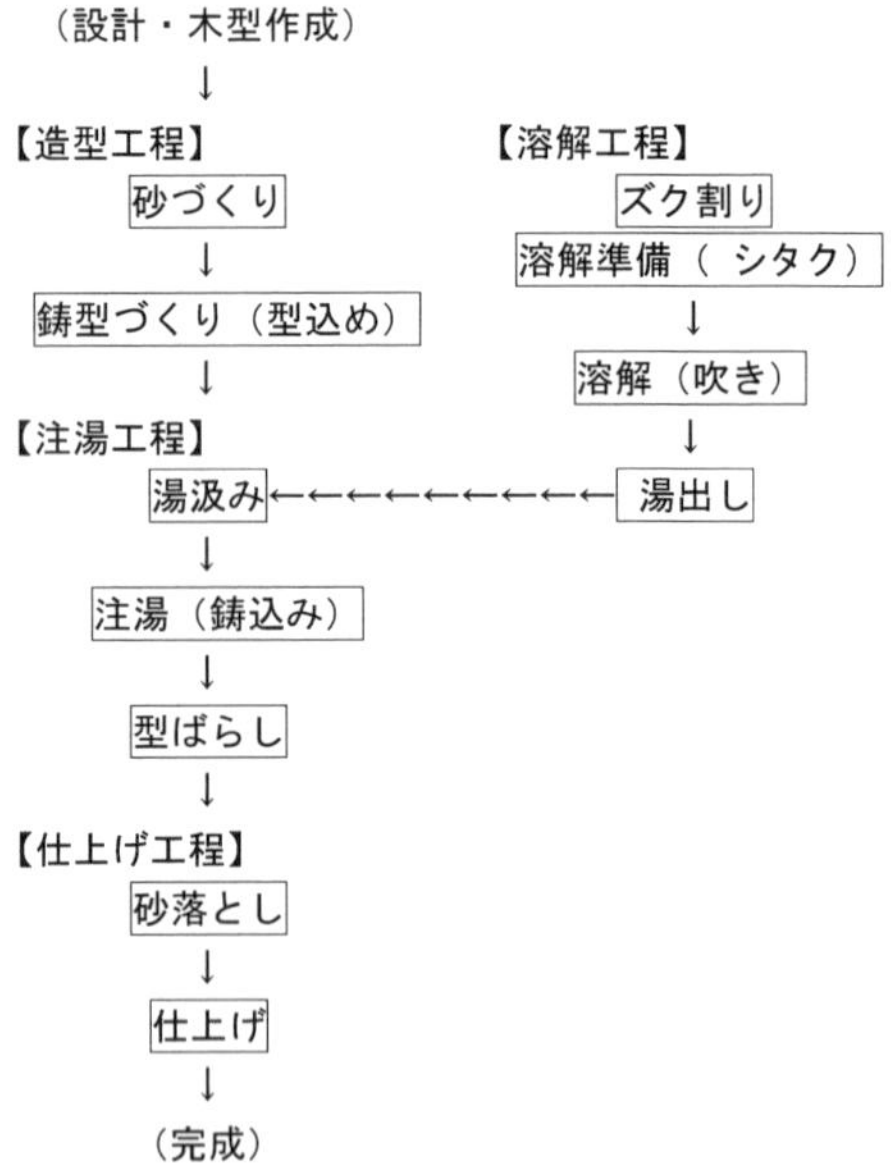

（設計・木型作成）
↓
【造型工程】
砂づくり
↓
鋳型づくり（型込め）
↓
【注湯工程】
湯汲み ←←←←←←←←← 湯出し
↓
注湯（鋳込み）
↓
型ばらし
↓
【仕上げ工程】
砂落とし
↓
仕上げ
↓
（完成）

【溶解工程】
ズク割り
溶解準備（シタク）
↓
溶解（吹き）
↓
湯出し

河川改修工事によって焼型用粘土が採取できなくなったことが焼型法衰退の一因であるとも言われている。この生型法普及が前提となり、第二次世界大戦後にモールディング・マシン（造型機）が導入されていくのである。
③陸奥や備中産のタタラ銑から輸入銑鉄や釜石銑鉄などの高炉銑への転換は、鋳造品の成分の均質化をもたらした。
④送風機は、江戸時代末期にタタラ（足踏み式鞴）からダルマ式に代わり、大量な金属溶解を実現したが、明治二〇年頃から蒸気動力が導入された。はじめてこれを導入したのも永瀬庄吉と言われている。
⑤甑炉は、江戸時代には耐火性のある土砂で壷状をつくり外側を鉄製箍で補強したものであったが、江戸時代後期に鋳鉄製に替わった。明治以降に普及したキューポラは、甑炉より高さがあり大型であることから、火力が上がり、大量生産を可能にした[40]。

以上のように鋳物業の変革は、送風機や溶解炉においては江戸時代末期に始まっていたことも考えられるが、この明治期の五つの技術革新は、大きく見てまず熱効率の向上と作業効率の向上、大量生産化を実現したと言えるであろう。これによって、川口鋳物業は、日清・日露戦争と第一次世界大戦を契機として大きく飛躍していくのである[41]。

そして見逃してはならないことは、もともとは先に見た作業工程の全てを「鋳物師」と呼ばれる職人が行っていたのだが、この技術革新による効率化と大量生産化によって各作業工程が分業化し、鋳型をつくるために用いる木型を専門につくる木型業が成立し、シタク・溶解・湯だしを「焚き屋」、ズク割りを「割り屋」、仕上げを「鍛冶屋」がそれぞれ担うにいたったのである[42]。

# 四、伝統的焼型法と西洋式生型法

ここでは、先に見た②造型技術の技術革新（近代化）に的を絞って分析を深めていく。伝統的焼型法に対して西洋式生型法を導入した効果は先に説明したが、これによって何が変化し、逆に変化しない点はないのか。つまり、西洋技術の導入によって、焼型法の民俗技術はどうなったのかという視点にたって分析する。

そうは言っても技術文化の系統を論じることは甚だ難しいことと思われる。したがって、伝統的焼型法と西洋式生型法を詳細に比較し、相違点だけでなく、その共通点の如何について分析する。これによって、両者の文化接触の様相の一端についてうかがい知ることができるのではないか。

三田村佳子の『川口鋳物の技術と伝承』は、造型技術だけでなく、分業化の進展とともに現れた「焚き屋」・「割り屋」・「鍛冶屋」の技術について詳しく報告しており、川口鋳物業研究のバイブルであるとともに、日本の鋳物技術史研究においても必須文献である。ここでは三田村の報告を基軸とし、他も参考としながら分析をすすめる。

また、前述した③輸入銑鉄の導入はその流動性の性質から、在来の焼型法にも変化を及ぼしたことが指摘されている[43]。しかし、川口鋳物業においてはすでにこれを確かめることはできないこと、本稿の目的が技術文化への視点のみを論じることであることから、この分析をすすめるのである。

川口で言われている焼型法は、わが国で古くから用いられてきた技法で、一般的には真土型の惣型法と言われる。川砂や山砂を粘土水で混練したマネ（真土）を用いて造型し、これを焼成した後に冷えてから注湯してつくる技法で、これによって鍋・釜・鉄瓶等の日用品や梵鐘・天水桶等がつくられてきた。かつては川口の荒川岸から、これに適した「鋳物砂」または「川口砂」と言われた砂が採取されたのである。

これに対して明治以降導入された生型法は、硅砂（川や海から採れる石英を主成分とした砂）を主成分とした生砂に少量の粘土水を混ぜて成型し、湿り気のある鋳型に注湯する技法である。この硅砂もかつて荒川や芝川で採取されていたと言われるが、これによって、土木建築品や機械部品が鋳造された。

焼型法が、主として上下で板を固定し回転させて成型する「挽き型」を用いるのに対して、生型法には、板で掻き削って成型する「掻き型」と製品の模型を用いて成型する「込み型」の技法がある。(44)この生型の込み型による造型法は、様々な複雑な形の機械部品鋳造に適しているのであり、併せて木型業や金型業を発展させたのである。

写真8. 焼型法による天水桶の鋳型づくり
（三田村佳子『川口鋳物の技術と伝承』より）

写真9. 生型法（込み型）によるストーブ鋳型づくり
（川口市教育委員会『川口市民俗文化財調査報告書第五集－川口のストーブ生産－』より）

次に、焼型法による天水桶の鋳型製作工程について表34に（写真8参照）、生型法の込み型による鉄管の鋳型製作工程を表35に、工程と作業内容と、使用する材料・使用する道具に留意して整理した。なお生型法による鋳型づくりは、製品や木型によって様々であるが、鉄管は明治期の最も古くから造られている基本的なものと思われ、ストーブの部品などもほぼ同様である[45]（写真9参照）。

鋳物の製作工程は、専門用語も多く、その概要を説明し理解することもなかなか難しいことではあるが、全体的に見ると、焼型法に対して生型法は、その工程量が少なくなった。無くなった主な工程としては、焼型法で計四回も行っていた「型焼き」が無くなったのである。また真土から生砂への変化から、使用する砂など使用・作成する材料数が八種類から五種類へと減少している。これらによって生型法は、作業効率向上と大量生産を実現したと見られるが、逆に焼型法にある「肌打ち」・「箆押し」・「叩き出し」などの芸術的とも言える模様作成の工程も無くなっているのである。

また、造型に使用する道具について見ると、ヘラ（箆）は、焼型法ではもとは竹製で二種類しかなかったのに対し、生型法では鉄製八種類となり、箆づくり専門の鍛冶屋もできたといわれている[46]。

また焼型法が、真土や砂を主に手で付着させていたのに対し、生型法では、型焼きをしなくなったこともあり、手や足に加えて、突棒やスタンプという道具が用いられるようになった。このことは、いまだ分析が浅いのであるが、工程によっては、道具の発達・改良や増加が見られるのかもしれない。

## 五、民俗技術の系譜

ここでは、引き続き表34と表35の比較分析から、焼型法と生型法の共通点を指摘していく。

まず第一点目に指摘できることは、焼型法で用いるホロ砂も、生型法で用いる硅砂も、ともに川口の荒川付近で採れた川砂を使用していることである。より詳しく見ると、焼型法が幾種類ものマネ（真土）を使い分けてはいるが、二つの技法がともに川砂を用いているのであり、それだけでなく第二点目として、鋳型の粘着と補強剤としてハチロ（埴汁）という粘土水を用いており、また鋳型を保護し湯の走りを良くするための塗型剤としてク

表34. 焼型法による天水桶鋳型製作工程

| 工程名 | 詳細工程 | 作業内容 | 材料 | 道具 |
|---|---|---|---|---|
| 砂づくり | ホロ砂 | 外型に使用する砂で、古い砂と新しい砂を7対3で混ぜ、篩でふるい残した荒い砂をハチロで練る。 | 焼型砂(古砂)<br>川砂(新砂) | 篩<br>スコップ |
| | マネ(真土) | 細粒の川砂に粘土を混ぜ、水を加えて混練し、焼成して粉砕する。砂粒の大きさで荒真土・中真土をつくり、飛真土は、鋳物工場の梁にたまった煤を酢で練ってつくる。 | 川砂<br>粘土<br>酢<br>煤 | 篩(五厘)<br>篩(八十本)<br>金槌<br>バケツ |
| | ウラマネ(裏真土) | 中子に用いる真土。篩に残った中子の粗いかすを強いハチロでこねる。 | ハチロ | 篩 |
| | ヘナツチ(雛土) | 埋型の種に用いる粘土で、猫目という土を水で溶いてハチロにし、絹篩でふるって流して固め、金槌で細かく砕き、さらにハチロを加えてげんこつでよく練る。 | 猫目(粘土)<br>ハチロ | 絹篩<br>金槌<br>バケツ |
| | 中子砂 | 川砂の古砂と新砂を7対3割合で混ぜ、薄いハチロ(アイノコ)でこねる。 | 川砂<br>アイノコ | スコップ |
| | ハチロ(埴汁) | 粘土を水で溶いたもの。鋳型の粘着・補強に使用する。 | 粘土 | バケツ |
| | クルミ(黒味) | 塗型剤。木炭粉を酢で溶いた炭粉は剥離剤、松煙や黒鉛を溶いたものは中子に塗って湯が走りやすくする。 | 木炭粉、酢、松煙、黒鉛 | バケツ<br>筆 |
| | 藁灰 | 黒灰はトリベの湯の保温・アクとりに用い、白灰は粉にして擂鉢ですったもので、型割れ補修に使用する。 | 藁 | 擂鉢、<br>目吹き(型割れ補修) |
| 埋型づくり | 種づくり | 定盤の上に新聞紙をのせ、木枠を置いて雛土をつめて板状にし、またその上に新聞紙を置き、スタンプで叩いて平らにし、粘土板の上下を反転して表面を板で平らにし、その上に図案を描いた和紙をのせ、ヘラでなぞって写す。それを数日間陰干しにして固くなった後、ノミで浮き彫りにする。 | 雛土 | 定盤<br>新聞紙<br>木枠<br>スタンプ<br>板、図案<br>ササベラ<br>ノミ<br>切出し |
| | 埋型づくり | 種の表面に胡麻油を塗り、紙土という和紙を水に溶かしたマネを叩きつける。和紙の繊維がガス抜き穴と亀裂防止となる。数日間陰干し乾燥する。 | 胡麻油<br>紙土 | 筆 |
| | 型焼き | 埋型が乾燥すると、松炭で素焼きをする。冷めた後に蝋を溶かして筆で凹面に塗り、ごみ除けをする。 | 松炭<br>蝋 | 筆 |
| 外型づくり | 外枠づくり | 底の金枠を置き、トリメウケの位置を中心に決めて、ウシ(牛)を支えに挽板を設置し、金槌で固定した後、底と胴の金枠をボルトで固定する。 | | 金枠、ボルト、牛、挽板、トリメウケ |
| | ホロ付け | 金枠にみご箒で水をかけて湿らせてから、ハチロを塗る。内壁の底の方からホロ砂を詰めていき、中で挽板を回転させながら、必要な厚みまで貼っていく。 | 水<br>ハチロ<br>ホロ砂 | みご箒<br>挽板 |
| | 締付け | 挽板をいったん取り出し、中で火を焚いて一晩乾燥させてから砂を締め付ける。全体に同じように締めつけなければならず、最初は掌で砂を盛り、次に拳で叩き、最後に煉瓦で叩いて締めつける。 | 松炭<br>ホロ砂 | 煉瓦 |
| | ガス抜き穴 | 金枠の外側から針金を全体にまんべんなく刺して、ガス抜き穴をあける。品物の良し悪しは湯入れの際にガスがうまく抜けるかで決まる。 | | 針金 |
| | 真土挽き | ホロ砂が乾燥すると、外型に挽板を入れてまわしながら、マネを少しずつ手で叩きつけていく。荒真土・中真土・飛真土の順に、乾かしながら3回にわたって行い、次第に細かい粒子のマネとなり鋳肌をなめらかにしていく。<br>なお荒真土の後には火を焚いて乾燥させ、最後は挽板を抜いて乾燥させる。 | 荒真土<br>中真土<br>飛真土<br>松炭 | 挽板<br>牛<br>トリメウケ |

| 工程名 | 詳細工程 | 作業内容 | 材料 | 道具 |
|---|---|---|---|---|
| 外型づくり | 篦押し・叩き出し | 外型の胴と底を切り離して、底に蓮弁、口径部に雲等の模様をつける。表面を少し削り取ってマネを塗り直し、「叩きだし」と称し蓮弁の金型に胡麻油を塗って離れやすくし、押しつけて金槌で叩いて型を移す。以前は、図案を描いた和紙を外型に押しあて、その上からヘラでなぞる「篦押し」で模様をつけた。 | 胡麻油<br>荒真土<br>中真土<br>飛真土 | オシベラ<br>蓮弁の金型<br>金槌<br>蓮弁模様を描いた和紙 |
| | 埋込み | 外型の紋や文字の部分をヘラで掘り、中心線を決め埋型の中心を合わせて埋め込む。埋型がずれないように、外型との隙間をマネでふさぐ。 | 荒真土<br>中真土<br>飛真土 | ササベラ<br>埋型 |
| | 肌打ち | ヘチマや肌打ち箒に薄いハチロで粗い真砂の砂粒をつけて、外型の表面につけていく。次に少し濃いハチロで肌うちをし、さらにもう1回計3回行う。職人の腕の見せどころである。 | 薄いハチロ<br>濃いハチロ<br>真砂 | ヘチマ<br>肌打ち箒 |
| | 型焼き | 底と胴の外型を合わせ、その中で一晩炭を燃やして乾燥させ、次に薪と石炭を入れて一時間ほどよく焼く。 | 松炭<br>薪<br>石炭 | 焙り |
| 中子づくり | モロコミ | 外型の内側を箒で清掃し、まだ型が暖かいうちに、クルミを外型に箒で叩きつけ、収縮率の高い川砂を使用した中子砂を貼っていく。最後に煉瓦で叩いて締めつける。上にジョウをのせ、隙間をふさぎ上挽きをする。 | クルミ<br>中子砂<br>アイノコ(薄めのハチロ) | 箒<br>目吹き<br>煉瓦<br>挽板<br>ウシ |
| | 裏真土挽き | 中に炭を入れて少し乾燥させ、裏真土を塗り補強する。 | 松炭<br>裏真土 | |
| | 芯金入れ | 中子の底(最も湯の圧力がかかるところ)に輪状の芯金を入れ、胴の部分に細い鉄板を横に帯状に貼り、縦に8箇所に芯金を入れる。最後に口に鉄輪を入れる。 | | 芯金<br>細い鉄板<br>鉄輪 |
| | 中子抜き | 外型ごと上下を反転し、底と胴にカンヌキを嵌め、クサビを打ち込み固定する。そして底と胴の継ぎ目に型合わせの目印として合印をつける。<br>はずした外型の内部についたスミコと真砂を追払いやタワシでこすり落とす。 | マネ | グレン、天秤、カンヌキ、クサビ、ヘラ、追払い、タワシ、ウマ |
| | 中子削り | カンナで中子を削る。削った分が製品の厚みになり、頭の中でスバリがどれ位で、どれ位削ると重さがどうなるかを考えて削る。まず胴から、縦に筋を入れ、下(口側)から削っていく。湯入れに必要な鉄の量は、削った中子砂を枡で量れば出せる。 | | カンナ |
| | 塗型 | 中子全体に塗型をする。煤(松煙)を酢で溶いて、さらにハチロで溶いて中子に塗る。 | 煤(松煙)<br>酢<br>ハチロ | 刷毛<br>バケツ |
| 型合わせ | 型合わせ | 中子の上に胴・底の順に外型をかぶせていく。底の外型は湯の入口となるセキを中央に置いてから中子にのせる。<br>胴・底を分けた際の合印に合わせ、カンヌキで締める。外型と中子がぴったり合ったところで、上下のボルトでさらい補強する。セキの周囲に砂を盛る。 | | グレン<br>天秤<br>セキ<br>カンヌキ<br>ボルト |

(三田村佳子『川口鋳物の技術と伝承』より作成)

表35. 生型法（込型）による鉄管鋳型製作工程

| 工程名 | 詳細工程 | 作業内容 | 材料 | 道具 |
|---|---|---|---|---|
| 砂づくり | 鋳物砂(生砂) | 型ばらしの際に水分を補給し、新しい砂を加え攪拌する。 | 川砂(硅砂) | スコップ |
| | 中子砂 | 〃 | 川砂(硅砂) | スコップ |
| | ハチロ(埴汁) | 砂の接着や補強に用いる粘土水。工場の隅に大きな容器に粘土と水を入れて攪拌したものを置き、それぞれの職人が絹篩で漉してバケツに取り分ける。 | 粘土<br>水 | 絹篩、バケツ、ハチロバケ |
| | クルミ(黒味) | 鋳型を保護し美肌にしあげるための塗型剤。黒鉛にコークス粉末や木炭粉末を混ぜてハチロで溶いたもの。 | 黒鉛、コークス粉末、木炭粉末、ハチロ | バケツ |
| | キラ粉 | 分かれ砂ともいい、鋳型と砂、上型と下型がくっつきあわないようにするため、木綿製袋に入れふるってかける。 | 雲母の粉、木綿製袋 | |
| 型込め（下型づくり) | | 定盤の上に下枠と、その中に二分された木型の一方を断面部を下にして置く。<br>木型の上にキラ粉をふるい、その上に肌砂を篩でふるってかける。<br>さらにバカ砂をスコップで枠の中にかけ、突棒で突き固める。<br>さらに砂を足して詰め、そこに職人が乗って足で固める。<br>最後にスタンプで均等に叩き、余分な砂を掻き均し、上面を平らにする。 | 生砂（肌砂・バカ砂)<br>キラ粉 | 定盤<br>下枠<br>木型<br>篩<br>スコップ<br>突棒<br>スタンプ<br>掻き板 |
| 型込め（上型づくり) | | 砂を込めた下型を反転して、もう一方の木型を下型の木型に合わせて設置し、そこにキラ粉をふりかけ、上枠を重ねる。湯口棒、押湯棒をつけ、肌砂をかけ、さらにバカ砂をのせて突棒、スタンプで突き固め、掻き板で均す。<br>湯口棒・押湯棒を抜き取り、縁の部分を指でなぞって角をしっかり整える。湯口は湯を入れる部分で、押湯は湯を入れた後型から上がって外に出る余った湯である。<br>上型と下型をはずして再び合わせるときの目印(合印)をつける。これは、肌砂をハチロで練ったシルシマネを、上下の枠の境目にヘラで塗りつけてから、枠の分かれ目と縦に1、2本の筋を入れるものである。<br>上型を持ち上げて反転させて別の定盤の上に置き、コベラで上型の湯口・押湯の下端を円錐状にえぐる。<br>それぞれの型のケラバ(木型に接する砂の角の部分)を水筆で湿らせて、砂に強度をもたせる。<br>ヘラで湯口からの湯道や堰を切る。<br>それぞれの木型の断面に緩め棒を挿し、これを別の棒で軽く前後左右に叩いて、木型と砂の隙間をつくって引き上げる。<br>生型は壊れやすいので、水筆で壊れた部分に打ち水をして、ヘラで砂をつけて補修する。また、マガリなどで細かいごみを拾い、砂ごみは目吹きで吹いて隅に集め、水筆の先につけて引き上げる。 | 生砂（肌砂・バカ砂)<br>キラ粉<br>シルシマネ | 木型<br>上枠<br>湯口棒<br>押湯棒<br>篩<br>スコップ<br>突棒<br>スタンプ<br>掻き板<br>ヘラ<br>定盤<br>コベラ<br>水筆<br>緩め棒<br>マガリ(ヘラ)<br>目吹き<br>バケツ |
| 型込め（中子づくり) | | 中子とりを二分し、内壁を平筆でよく払い、砂離れをよくするキラ粉をふるう。中子の上型に篩でふるった肌砂を段のある部分にていねいに詰め、次に中子砂を手で全体に詰め、砂を足して金槌の頭で叩いて固め、掻き板で平らに均す。<br>中子の下型にも同様に砂を詰め、途中で補強のためハチロを塗った芯金を入れ、通気性がよくなるようにガスヌキバリを置く。芯金に砂がよくつくように、手で砂を足しながら押さえる。その後また砂を詰めて掻き板で平らにする。それぞれに中子砂を詰めてヘラで軽くなでつける。<br>上・下の中子とりを、片面にハチロを塗ってから合わせる。両端にさらに砂を詰めてヘラで平らにする。<br>ガスヌキバリを抜いて、木槌で中子とりを脇から軽く叩いてゆるめ、上型をはずし、ヘラで欠けているところを修理し、さらに下型からも中子をはずす。<br>板筆でクルミを中子の表面全体に塗る。 | 中子砂（肌砂・バカ砂)<br>キラ粉<br>ハチロ<br>クルミ | 中子とり<br>中子台<br>平筆<br>篩<br>スコップ<br>金槌<br>掻き板<br>芯金<br>ガスヌキバリ<br>ヘラ<br>木槌<br>板筆<br>バケツ |
| 型合わせ | | 下型に中子を据えて、さらに合印を確認しながら上型をかぶせる。<br>完成した鋳型は、砂床を均し板で均し、掻き板で平らにして、片隅から順序よく並べる。 | | 均し板<br>掻き板 |

（三田村佳子『川口鋳物の技術と伝承』より作成）

ルミ（黒味）を用いている。これらのことによって、両者の造型法に共通した作業や熟練技術が必要となっているのである。またこの特徴は使用する道具類にも現れており、第三点目として、枠・篩・筆・篦・箒・定盤・目吹き・芯金など、両技法に共通して使用されているものがかなり多いのである。

第四点目は、先にも言及したが、焼型法が真土や砂を手で貼り付け、生型法も生砂を手や足、またはその延長である突棒やスタンプで込めている。つまり両技法ともに、手足の感覚や力の入れ具合が重要となる手作業の部分が非常に多いことが指摘できるのである。

このように、伝統的焼型法と明治時代に導入された西洋式生型法という造型技術には、意外に共通点が多いことがわかるのである。

次に、二つの技法に存在する最も基本的でありなおかつ重要な共通点を指摘すれば、第五点目として、金属例えば青銅や銑鉄（炭素含有量一、七〜四％の鉄）が一定の温度に熱せられれば液体となる性質と、高温の金属には砂や粘土が強いという性質への認識から、金属をこれらによって造った型に入れることにより成型できるという、古くからのあるいは世界各地にも同様に伝えられてきた民俗知識を背景としていることである。

第六点目としては、第五点目に指摘した民俗知識を前提とした、溶解された金属の性質に対応する鋳型を設計し造型する民俗技術である。つまり溶けた金属の鋳型への流入状況、これに対応する鋳型の強度や発生するガスへの対処、金属が冷めてからの収縮状況などを頭にイメージし計算して、鋳型を設計し造型する技術である。これは、鋳造業界においては「鋳造方案」と称され、それぞれの職人が修業の中で修得してきた民俗技術なのであり、科学性を追求した現代の鋳造工学においてもなお、設計者や全工程を統括する職長をはじめとして、修得・活用が必要とされる極めて重要な技術である。(47)

以上のように、焼型法と生型法におけるいくつもの共通点を見てくると、それは、今まで歴史学において指摘されてきたように、西洋式生型法は伝統的焼型法の技術があったから受容することができたということだけではない。民俗学的視点を活かして指摘をすれば、むしろ焼型法における民俗技術は、新しく受容した生型造型技術の中に活かされたと言うべきである。そして、鋳造の民俗技術史の立場から考えれば、伝統的焼型法における民俗技術は、西洋式生型法という外来技術との接触と受容を通して、一部を変容させながらも発展を遂げたのだという見方もできるのではないかと考えられるのである(48)。

またこのことは、生型法という新技術が、わが国旧来の徒弟制度や渡り慣行の中で職人たちに修得され受容されていった事実とも深く関連しているのではないかと、筆者などは考えているのである(49)。

このように考えると、次に問題にしなければならないのは、昭和期の戦中から三十年代以降における、モールディング・マシン（造型機）をはじめとした各種機械設備導入の近代化であるが、これは次の課題とさせていただきたい。

## 六、結語

少し大まかな検討ではあるが、鋳造業における伝統的焼型法と明治期に導入された西洋式生型法の比較・分析を通して、少なくとも鋳造業の近代化は、西洋からの外来新技術との接触とその受容を通して、在来の民俗技術が変容し発展したものではないかという視点を得ることができた。

もちろんこの仮説は、今後の詳細な事例集積と分析によって裏づけがなされなければならないし、産業によって様々な様相が呈されるとも考えられる。しかし、この仮説を後押しするもう一つの理由をあげれば、同じ鋳造業において、日本の溶解炉である甑炉を操ってきた焚き屋という職人が、その熟練を活かして、明治期に西洋から導入された溶解炉であるキューポラをも操るようになったのである。筆者は、この視点は、今後民俗学や民具学が、近現代を研究対象とし、産業や社会の「近代化」を捉えようとする時、極めて有効なのではないかと考えているのである。

私たちは、「近代化」という歴史的現象を、ただ単に西洋化や変化した事実だけで捉えるのではなく、西洋からの外来技術や機械設備との接触を通して、在来の民俗技術がどのように変容しながら存続しているのかという課題を丹念に研究していく必要があるのではないか。

# 第三節　石炭ストーブの生産工程と民俗的技術

## 一、目的　─中小工場の熟練技術─

先に見てきたように、わが国の近代化は、西欧から工業技術を導入することで、極めて短い期間に成し遂げられたと考えられている。

しかし日本の中小工場では、職人的労働者が、西欧の技術を自分のものにするために、鍛冶屋などから伝承してきた技術を学びながら様々な工夫をし、発見と創造を積み重ねてきたのである。森清は、そのような手工業に基礎をおく技術体系が、日本の近代化過程の底流に存在して、今なお町工場や中小工場に生き続け命脈を保っているのだと言い、それらの調査研究を促している。[50]

筆者は、近代化の中で、このように日本の職人（職工）たちが、民俗技術を基盤として工夫し、西洋新技術を受容してきたところに、工場生産においても、ある部分形を変えながらも、民俗技術が行き続けている可能性を見ているのである。

また中岡一郎も、「熟練」とは、少なからず職人や労働者の「判断」と結びついており、その判断の基準が当人の経験の量によって形成されていることから、熟練の本質は、記憶の中の徴候と結果のパターンの集積であると言うことができ、熟練は工場にも存在している。また例えば、旋盤という機械は、旋盤工の作業の段取り、機械の点検・準備、機械を構想どおりに動かす腕前にかかっているという点で、彼にとっては道具そのものであるという。[51]

これを町工場において具体的に言えば、機械や工具には、使いこなすほどに使い手のクセが乗り移ることから、工場を渡り歩いた旋盤工などは、新しい職場に入ると、前に使っていた職工のクセをとるためにまずその旋盤を分解修理してから仕事をした。そして、その整備した旋盤に、自分が持っている使いやすくつくったハンドルのニギリや、自分が削りやすいようにつくったバイト（刃物）を取り付けて鉄を削るのだという。[52]

筆者は、先に日本の鋳造業において、西洋から受容した外来新技術である西洋式生型法造型技術の中に、在来の伝統的焼型法から受け継いだ民俗技術が生きているのではないかと指摘している。[53] そこで本稿では、具体的に、分業の進展した生型造型による代表的鋳物製品である石炭ストーブの製作工程を見ていくことにより、そこに存在する職工たちの熟練技術と民俗的技術を見ていく。

## 二、鋳物業の技術革新と分業化

ここでは、石炭ストーブ工場の生産体制と熟練技術を見ていく前に、まず川口鋳物業における技術革新と分業化について改めて簡単に整理しておく。

先にも記したが、鋳物とは、金属を溶解して型に入れて製品をつくる金属の加工法をいい、その工程は、大きく見ると、造型（型込め）作業・溶解作業・注湯（湯入れ）作業・仕上げ作業に分かれる。型込めは鋳型づくりで、溶解は溶解炉を操り金属を溶かす作業、湯入れは鋳型に溶けた金属を流し込む作業、仕上げは鋳上がった製品のビリを取り磨きあげる作業である。これに生産作業前には、設計（鋳造法案の立案）・木型製作がある。

これらの作業工程を、もとは全て鋳物師が行っていた。しかし、明治以降しだいに分業化が進み、それぞれの工程に専門の職人が登場し、木型製作を木型屋が受け持ち、溶解作業の焚き屋・仕上げ作業の鍛冶屋・屑鉄を割る割り屋は工場内で仕事を請け負うようになったのである。[54] また工場外にも、鋳物材料商・燃料商・機械工具屋・

製缶屋・籠屋・酸素溶接屋・板金屋などの業種もあった。

これらの分業を大きく促進したのは、明治時代の技術革新である。それは、大きく見て五つの変革があり、造型にそれまでの日本式焼型法に対して西洋式生型法を導入し、原料をタタラ銑鉄から高炉銑鉄に換え、燃料を木炭からコークスに換え、溶解作業に使用する送風機にそれまでの踏み鞴（人力）に対して蒸気動力を導入し、溶解炉を甑炉からキューポラへと変化させていった（写真7参照）。また製品の出荷販路についても、鉄道開通と明治四三年（一九一〇）の川口駅開設に伴い、関東地方中心から東北・北陸・東海・近畿や朝鮮・台湾・中国にまでおよぶようになった。

このような産業革命によって、大量生産が可能となり、川口鋳物業は、江戸時代以来の鍋・釜・鉄瓶といった日用品鋳物の生産から、水道管や鉄柵などの土木建築鋳物生産を経て、近代資本主義産業の一端を担う機械部品鋳物の生産へと転換を果たしたのである。そして、その近代的鋳造技術基盤は、明治二〇年代前半にはほぼ確立していとされている[55]。

このように技術革新と分業化の促進により、熟練技術を有した様々な関連業種が成立し、またこれらは、組合を組織するほど大きなものとなった。そして、鋳物師は、工場や設備を有する経営者の他は、主として造型（型込め）と注湯（湯入れ）、型ばらしを行う職工となっていったのである。

その後昭和四〇年以降にも、溶解炉に電気炉が導入されるなど工場に様々な機械設備が導入され、ますます近代化が進んでいった。しかし、この高度成長期の技術革新と工場労務管理の変換による影響はかなり大きく、これによって工場における職人的職工の役割は、ますます少なくなっていったのである[56]。

## 三、ストーブ工場の生産体制

ここでは、昭和三〇年代頃における鋳物製石炭ストーブの鋳物工場の生産工程、つまり分業体制を見ていく。

まず、鋳物製石炭ストーブと日本のストーブ工業について概観する。わが国ではじめてストーブがつくられたのは、安政三年（一八五六）に箱館の武田斐三郎と梨本弥五郎という二人の役人が、入港中のイギリス船で使っていたストーブを見て、スケッチをして箱館の鋳物職人につくらせたのが始まりとされている。[57]日本にはもともと囲炉裏・火鉢・炬燵といった、採暖や暖房に供される装置や器具が存在していたが、幕末の開拓の時代に、北海道においては、古来からの暖房器具では冬の寒さに耐えられず、冬の防寒が大きな課題となっていたのである。

そこで、まずブリキ職人がつくった、薪を燃料とする鉄板製ストーブが普及していった。しかし大正時代に、薪が高騰し、炭鉱開発の進展により石炭が普及すると、各メーカーにより石炭を燃料とした鋳物製の貯炭式ストーブが開発された。その先がけとなったのが札幌市の鈴木豊三郎であり、後の株式会社福禄である。[58]大正十四年（一九二五）、鈴木豊三郎は、発注工場を探すため、設計図を携えて各地の鋳物産地をまわった。当時言われていた「鉄瓶の盛岡」・「日用品鋳物の川口」・「織機鋳物の名古屋」・「梵鐘・鰊釜の高岡」を調査し、薄肉の日用品鋳物の量産に適していること、首都東京に近いこと、工場数が多いことから、川口におけるストーブ生産を決定した。[59]ここに、鍋・釜・鉄瓶といった日用品鋳物をつくり続けてきた川口の薄肉の鋳造技術が評価されたのである。

その後川口は、福禄をはじめ、センター・三ツ星・センロク・カマダ・國際・アタリヤ・センオーなどのメーカーや工場により、石炭ストーブの特産地となった。とくに昭和二〇年代には全国のストーブ生産の約八〇パーセントを生産するにいたったのである。

ここで注目すべきことは、日本のストーブ工業は、ストーブという西欧の暖房製品を、日本に古来より受け継がれてきた鋳造技術、つまり伝統的な民俗技術を基盤としながら、明治の技術革新で導入・習得した西欧の近代鋳造技術によって操業・発展した産業なのである。

次に、株式会社福禄川口工場について見ておきたい。大正十四年に最初の石炭ストーブを生産した当時は、各部品の鋳造を川口の鋳物工場に発注し、組み立てと検査を直営で行っていた。その後需要が年々増加していったことから、昭和一〇年（一九三五）に福禄川口工場が建設された。当時のこの工場は、モールディングマシン・ローラーコンベア・高級旋盤・モーター直結の竪型ボール盤・メッキ装置などを完備し、一貫量産体制を整えた世界最先端のストーブ専門工場であったと言われており、川口における鋳物生産オートメーション化の先駆であったという。[60] また当時は、従業員が四百人もおり、養年校も設置され後進の育成も行っていた。しかしその直後に、品質確保のためか、造型は機械込めから手込めに戻り、メッキも外注生産になった。

工場建物は、第1工場・第2工場・第3工場の三つからなり、第1工場には、二階に会社事務所、一階に「仕上げ場」と「機械場」があり、各部品の仕上げ・組立て・塗装・検査・梱包までを行っていた（図8参照）。第2工場には、二階に木型屋の作業場、一階に「鋳物場」と「仕上げ場」があり、各部品の鋳造、つまり型込め・溶解・注湯・仕上げを行っていた（図9参照）。第3工場は、昭和三〇年代以降倉庫として利用されていた。そして当工場は、平成四年（一九九二）に生産を停止するまで、石炭ストーブのトップ・メーカーとして、日本のストーブ工業をリードしてきたのである。

図10は、昭和三〇年代頃の福禄石炭ストーブの製造工程図である。【　】が作業場名、□が各作業工程名、（　）が担当職工名、それに〈　〉に得意先や鋳物関連業種名を示した。鋳物関連業種名からは、川口の鋳物工業が様々な関連業種とともに成り立っていることを思い知らされるのである。例えば、小さな部品の鋳造が間に合わない時は吉田鋳物という工場に外注し、鋳物ではないマーク・灰取り箱・デレッキ・釜落とし皿などは吉沢鉄板工業という工場に、瓶かけ・上蓋・窓のメッキ加工もメッキ屋に外注した（図10参照）。

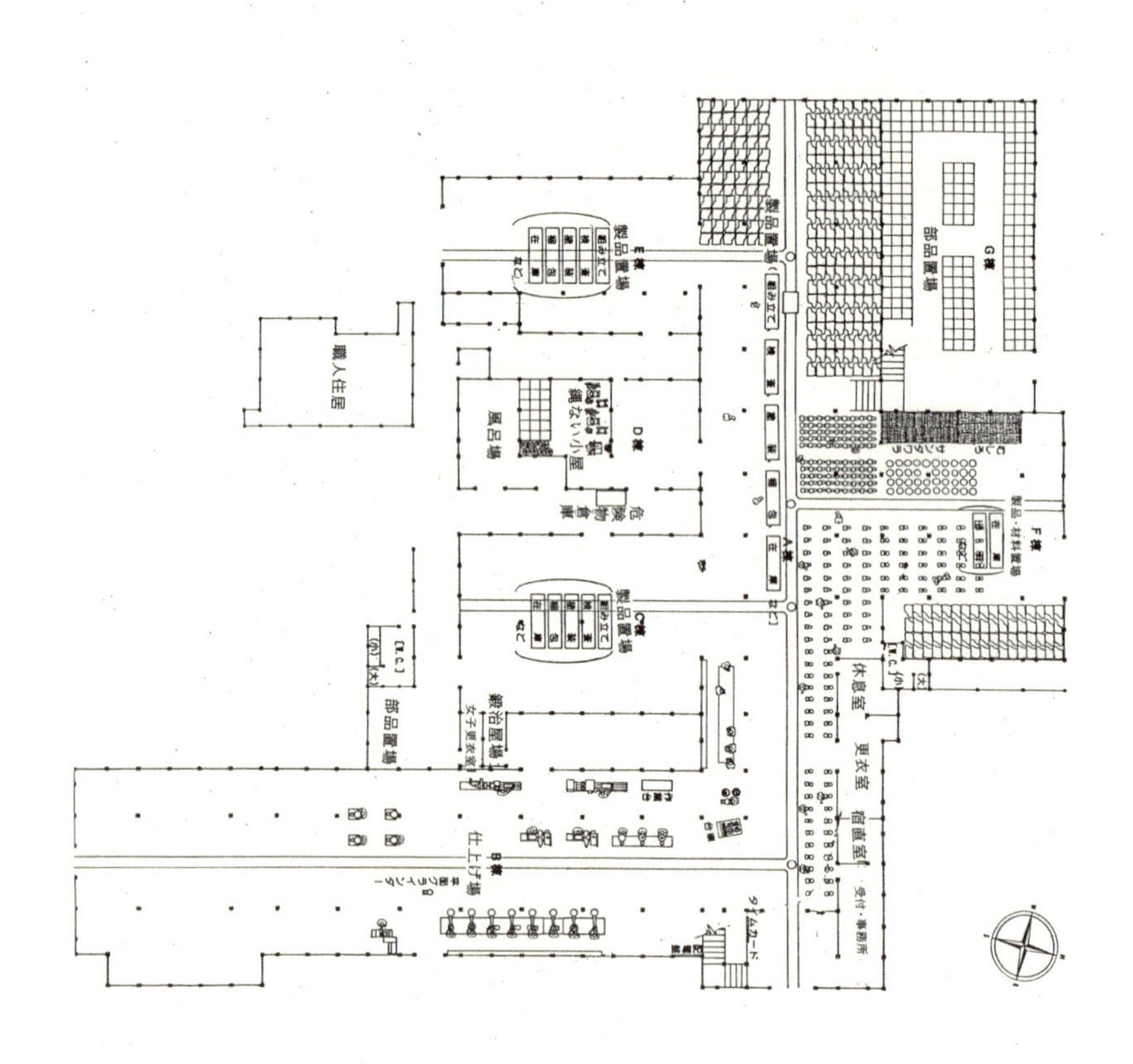


図8. 福禄第1工場作業平面図（『川口のストーブ生産』より）

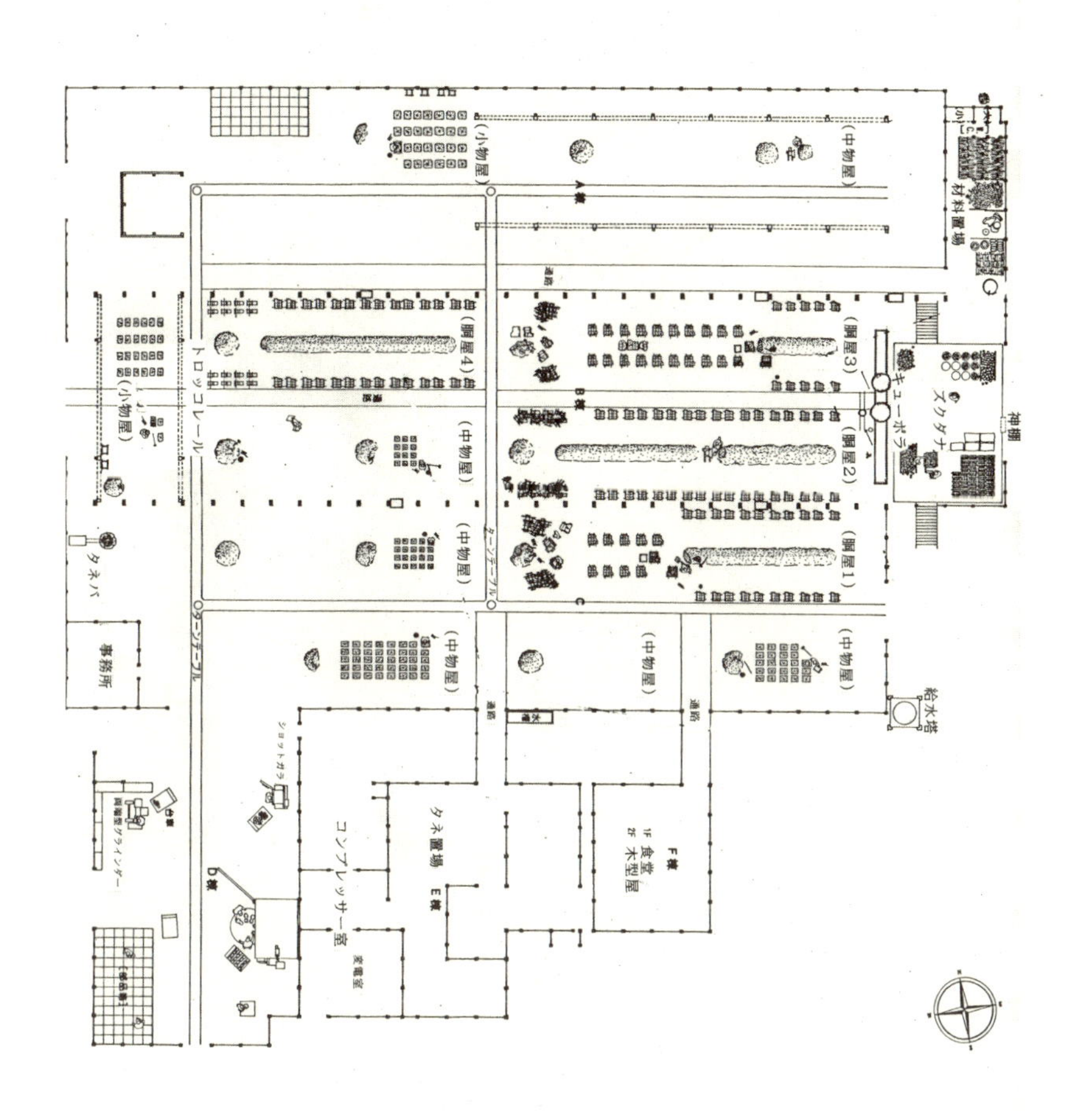


図9．福禄第2工場作業平面図（『川口のストーブ生産』より）

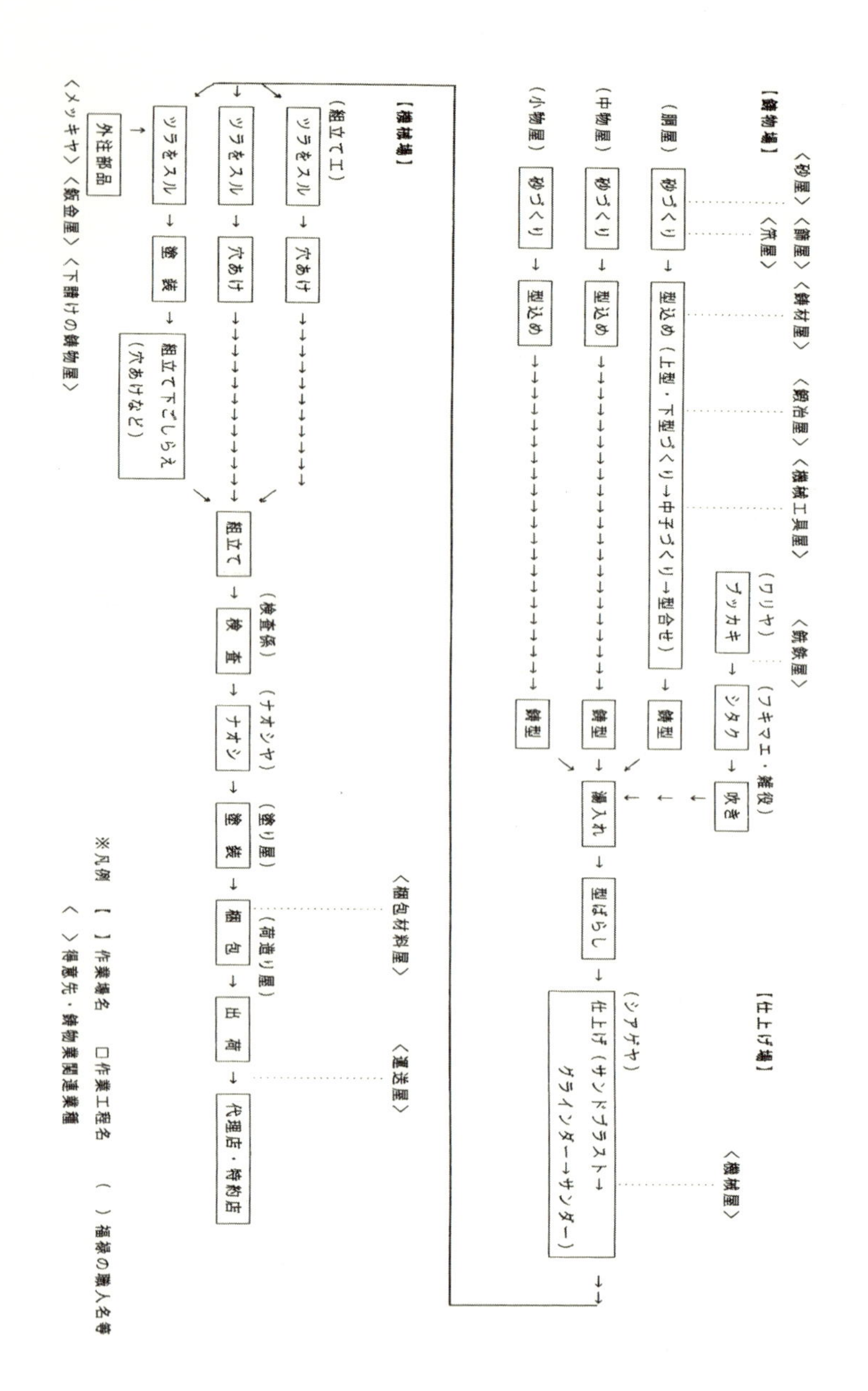


図10. 石炭ストーブ製造工程図（川口市教育委員会『川口のストーブ生産』より）

このように当工場について気づくことは、第一章にて示した戦前の一般的な工場とは異なり、ストーブの各部品の鋳造から完成までの大量生産工場であることから、分業化が進んでおり、また組立て・検査・ナオシ・塗装などの工程が加わっていることである。

また、造型を行う鋳物職人（職工）たちも、部品の大きさによって胴屋・中物屋・小物屋に分かれ、それぞれほぼ決まった場所で型込めを行った。最も腕の良い職工はストーブの胴の部分の鋳型をつくる胴屋と呼ばれる職工であり、二～三人の組仕事で、例えば角型炊事2号の下胴では、親方・中子・テコマイの三人一組であった。この場合、テコマイはコメツケを行い、中子は中子を専門につくり、親方はタネあげ・黒鉛ひき・補修などの微妙な熟練を要する作業を行った。このような組は、最盛期には四組あり、一個いくらの請負仕事であり、親方が職長と交渉して値段を決め、その金額を他の二人に分配した。つまり、当工場では、分業化が進んだ大量生産工場であるにもかかわらず、第一章に指摘した「親方請負制」が機能していたのである。これに対して、釜掛け・上胴・敷き台といった少々コツの必要な部品を中物屋と呼ばれる職工が、また上蓋・ロストル・瓶かけを小物屋と呼ばれる職工が、それぞれ型込めをした[61]。

次に図9によって、昭和三〇年代当時の福禄川口工場という鋳物工場の概要と、職工の配置を見ておく。工場の北側のほぼ中央にキューポラ（溶解炉）が二基設置され、それに隣接してズクダナが組まれ、その下に送風機が設置されている。付近には、材料（銑鉄・屑鉄等）と原料（コークス）が置かれており、ここが吹き前（溶解士）の仕事場である。キューポラの南側の近い場所で胴屋①～④組が型込めをし、その周りで中物屋、またその周りで小物屋、東南の一角で仕上げ屋が作業をした。それぞれ型込めの場所には、砂・金型・型枠・道具が配置されている。これらの作業場を通路とトロッコレールが結んでいる。これに型置き場・事務所・食堂の施設が付いている。

特徴としては、大量生産を志向した工場であり、これだけ広い敷地でありながら、モールディングマシン（造型機）が使用されておらず、型込め・注湯・型ばらしを同じ場所で行っていること、また当時はまだクレーンが設備されておらず、鋳型・湯（溶けた鉄）・製品の移動をトロッコと人力によっていることなどである。例えば、現代のよりオートメーション化した機械部品を大量生産している鋳物工場では、砂をコンベアで送り、鋳型をローラーコンベアで移動させ、湯を注湯クレーンで運び、造型・注湯・型ばらしをライン化させている。[62] これらを考え合わせると、福禄川口工場のこのようなところに職人的職工の熟練が力を発揮する場所があるのではないだろうか。

## 四、ストーブ工場の熟練技術

ここでは、昭和三〇年代頃の石炭ストーブの製造工程を見ながら、そこに機能している職工の熟練技術について述べる。

まず、図10の工程の前に、「設計」と「タネ（金型）づくり」がある。福禄川口工場では、専門の設計屋・木型屋・種屋をかかえていたことから、新しい製品を開発したり、モデルチェンジをはかる場合、「設計」→「木型づくり」→「タネ（金型）づくり」→「タネの仕上げ」→「試作」→「手直し」の工程を行い、タネ（金型）を製作した後、工場で大量生産が行われた。設計屋は、鋳物の縮みや湯の走り（鋳造方案）を考えながら図面を引き、ストーブの模型をつくり、木型屋はタネの木型や木枠などを作成し、タネヤはアルミニウムで金型を製作し、最後に仕上げ屋が鋳肌をきれいにし、肉厚・寸法・抜け勾配などを確認した。

次に、前述したように、福禄川口工場では、三つの工場を「鋳物場」・「仕上げ場」・「機械場」・「倉庫」に分け、「鋳型づくり」（砂づくり・型込め・型合わせ）→「溶解・注湯」（ブッカキ・シタク・吹き・湯入れ・型ばらし）→「仕上げ」→「組立て」→「検査」→「ナオシ」→「塗装」→「梱包」→「出荷」の作業工程を、鋳物屋（胴屋・中物屋・小物屋）・割り屋・吹き前・雑役・組立工・検査係・直し屋・塗り屋・荷造り屋などの職工や労働者が、石炭ストーブを生産してきた。次に、それぞれの工程を具体的に見ていく。

**①砂づくり**　鋳物屋は、まず型込めや中子づくりに必要な砂を用意する。焼砂に新しい生砂と、粘りをだすために、ベントナイト（粘土の粉）をサンドセットで混ぜ合わせる。これを「砂を補強する」という。

できあがった砂の山にジョウロで水をまき湿り気をあたえる。この砂の湿り具合が肝心で、手で固く握り開いた時に二つ三つに割れるくらいの湿り気がちょうど良いとも言われるが、水分が多すぎると湯入れで失敗することもあり、ここに職人の熟練が必要とされる。使用する時間やその日の天候なども考慮に入れ、手触りなどで確かめながら生成する。

また鋳肌用の目の細かい肌砂は、石炭粉を混ぜて三～五厘の篩でふるう。

**②型込め**　胴屋は、生型の手込め作業によって、下型・上型・下中子・上中子の鋳型をつくる。準備・型込め・タネアゲ・型仕上げの順に行う。

まず、タネの表面にパーチングポーター（離型材）、型枠には、砂が落ちないようハチロ（埴汁）を塗る。そして、タネを定盤において型枠をはめ、肌砂を手で押しあてる。ここは、注湯で最初に湯が入り、ガスが発生するので、ガスが抜けるようにやわらかく込める。次に、メダマ（篩）でふるった砂を手できめ、突き棒で枠肌をしっかり固めた後、カタスコで砂を入れ、足・スタンプで固める（写真10参照）。ハバキにあたるところは非常に固く込める。定盤・タネをはずし、ヘラで少々の崩れを補修し、注湯の際に湯道の先が湯にとばされないように水筆でしめてかため、ポーター・タップを塗る。

写真10．ストーブ胴の型込め
（福禄川口工場、川口市教育委員会提供）

中子の型込めは、タネを地面にこすりつけ、タネの内側を塗型し、定盤に水蝋を塗る。タネにメダマでふるった砂を入れ手できめ、芯金をはめて安定させる。砂を入れて手・突き棒・足で固め、カッキリ板でガス抜きの溝をつける。パーチングポーターをふり、定盤をひっくり返し、ハンマーで叩いてタネをはずす。

このように型込めには、湯の走りとガスの発生を想定し、やわらかく込めるところ、固くするところ、細かく微妙なところを、手や足の感覚と道具によって込めていく熟練技術が必要である。

**③型合わせ**　二人で息を合わせ、下型・下中子・上中子・上型の順に、それぞれ別の合わせ目を見ながら型を重ねる。型を重ね合わせる一瞬は、息を止めて型を載せる。この型の合わせ目から湯が漏れないように、マネカイといってマネ（真土）を塗りつける。次にナカゴオサエ・クサビ・カンロクで固定した後、カケゼキを設置する。湯口にセキ棒を立てて砂を盛り、セキ金を置き固め、セキ棒を抜いて水をたらし、親指でラッパ形に整える。

**④ブッカキ**　銑鉄とともに原料となる、鋳物の廃品や屑鉄の破壊作業のことで、五〜六人の割り屋が行った。廃品の大きさや強度によって、ハンマーだけによる叩き割りや、ドリルで穴を開け、ヤを入れてハンマーでかち割る切割りなどがあり、場合によっては二人で行った。これらを効率よく行うところに熟練がある。しかし昭和三八〜三九年になると、材料屋が機械で砕いて持ってくるようになった。

**⑤シタク**　吹きを始める前の段取りのことで、吹き前が、トリべや湯汲みの内側（湯の接する部分）についたカス・ノロ・砂を落とし、耐火粘土を塗る。また、キューポラの中に入って、タガネとハンマーでノロを落とし、耐火煉瓦の減ったところに耐火粘土をはり、補修する。

**⑥吹き**　溶解作業を「吹き」という。当初は二本のキューポラを交互に使って毎日行う「日吹き」で、昭和三〇年代後半に一日置きになった。「吹き前」二人が、銑鉄や屑鉄を入れる役と、湯を出したり止めたりする「栓止め」を交代で行い、雑役二人がこれを手伝った。

ズクダナの上で、雑役がコークス・銑鉄・屑鉄・石灰石を台秤でパイスケに計りとる。次に、吹き前が焚口からキューポラにベットコークス（一ｍ二〇～三〇㎝）を入れるが、この量が湯の温度を決める。ストーブ鋳造の温度は、一四五〇度である。焚き付けといって、松薪を立ててぎっしり入れ、焚口から石油を湿したボロを入れ点火し、種火用送風機で空気を入れながら火をつけ、薪が半分位燃えたらコークスを一ｍ位入れて強い風を送り、キューポラ内の通風をよくする。これを空吹きという。次に本吹きといって、本体の送風機に切り替えた後、銑鉄・屑鉄を交互に入れ、適宜石灰石を入れる。

吹き前は、キューポラの羽口から湯の溜まり具合と温度を見る。吹き前の熟練によると、湯の色で温度がわかるものだといい、湯面に亀甲模様が見えるとちょうど良い湯であるという。吹き前の栓止めが、栓抜き棒を湯出し口にあてて、ハンマーで叩いて湯を出す（写真11参照）。

ハナ湯（一番最初に出た湯）は、温度が上がっていないので、トリベ二杯分位を外へ出す。湯にノロ（不純物）が混じりだしたら、栓止め棒の先に粘土を練ってつけて、湯出し口の穴をふさぎ湯を止める。ノロが溜まってくると、ノロ穴を開いてノロを出す。吹きを終了する時は、送風機を止め、絞り口を抜いて最後の湯をしぼり、キューポラの底を観音開きにしてコークスを落とす。

このように吹き前は、長年の経験によって習得したカンによって、キューポラの温度を調節し、湯のでき具合や量を判断しているのである。

**⑦湯入れ**　鋳型への注湯作業を「湯入れ」という。湯をトリベや湯汲みで運搬する二人と、オバケでガス抜きをする人の三人一組で行うが、その鋳型をつくった職工は、この後すぐに型ばらしを行うので、湯入れは他の組の職工が行う。昔は、湯をとる順番も決まっていた。

写真11. 吹き（溶解作業）の湯だし。右がフキマエ（福禄川口工場、川口市教育委員会提供）

トリベや湯汲みに湯を受け、灰汁とりのために藁灰を入れ、鋳型まで運ぶ。アワカキ棒で藁灰を押さえながら、鋳型へ注湯する。その際、まず鋳型のケツの湯口に少量を注ぎ、オバケでガス抜き穴に火をつけてガスを抜いた後、上部の湯口から一気に注ぐ。緊張の一瞬である。

**⑧型ばらし**　鋳物屋は、注湯後二〜三分程して、鋳型から中子を引き出す。早く中子を抜かないと、鉄が収縮する時に亀裂が生じてしまう。次に、カンロクをはずして鋳型を崩し、軽く砂を落として、台車やモートラにのせて仕上げ場に運ぶ。型をばらした砂には水をまく（ミズウチ）。

**⑨仕上げ**　仕上げ屋が、サンドブラストやショットガラで砂を落とし、グラインダーやサンダーでビリをとり、ゲージをあてて面をする（写真12参照）。

**⑩組立て**　組立工の流れ作業で、面すり・ネジ穴あけ・組立ての順で行う。これも一本いくらの連合請負仕事であった。

ネジ穴あけは、八台程の連結ボール盤で、敷台取付け穴・釜掛胴取付け穴・扉取付け穴等を、穴によってはゲージを使いながら、それぞれ担当の組立工が流れ作業であける。次に組立ては、一定間隔でならべた数十本の製品の端から、敷台の取付け・釜掛けのツバ締め・扉の取付け・上胴の取付けの、それぞれの担当の組立工が、順に移動しながら組み立てていく。

**⑪検査**　検査係が、扉と扉口に隙間がないか、上胴の溝のまわりがきれいに仕上がっているか、釜掛胴の下部ががたつかないか、ひびが入っていないかなどを、紙とハンマーを使って、一台ずつ厳しく検査を行った。不良な製品は、直し屋が直すか、屑鉄にまわされた。

**⑫ナオシ**　検査で引っかかった製品を、二人の直し屋がグラインダーで削

写真12. ストーブの仕上げ

りなおした。

⑬**塗装**　塗り屋と呼ばれる女性が、検査に合格した製品を、船舶塗料をハケで二度塗りした。昭和四〇年代には吹き付けになった。

⑭**梱包**　荷造り屋五～六人が一組となり、木枠を置き、これに製品をはめ、製品をまず油紙でくるみ、次に側面をコモでくるみ、鍍金部分にサンダワラをあてて荒縄でしばった。梱包した製品は、第1工場の端や第3工場に運び積んでおく。

⑮**出荷**　七月が初荷で、通常は、第1工場の南出入口あるいは第3工場から搬出し、日通のトラックで川口駅まで運搬して貨車に積み替えた。トラックに積み込むのは、荷造り屋の仕事で、トラック一台にストーブ五〇本、一日に二百～五百本出荷した。(63)

## 五、結語

以上見てきたように、昭和三〇年代頃の石炭ストーブ製造の鋳物工場には、もともとこれが西欧から移入された製品と技術であるにもかかわらず、また分業化や部分的に機械化が進展したにもかかわらず、砂づくり・型込め・型合わせ・ブッカキ・溶解・湯入れ・型ばらしといった作業などに、まだまだ職人的職工の熟練技術や親方請負などの慣行が残り、重要な機能をはたしていたのである。その後昭和四〇年代以降には、請負仕事から賃仕事になるなど、作業工程の内容が徐々に変化し、熟練や古来の慣行も少なくなっていった。しかし当工場では、平成四年（一九九二）の生産停止まで、生型の手込めによる造型が続いていたのである。

このストーブ生産で発揮されていた職人的職工の熟練技術には、これが西欧から導入された技術なのではあるが、川口に古くから伝えられている薄肉の鋳造技術が活かされているとされていることを考えると、筆者は、例えば砂や湯（溶けた鉄）を職工がその頭脳やイメージ、体の感覚で扱っているところなどには、たとえ元から見れば多少断片的になっているとしても、日本古来から継承されてきた民俗的な技術が活かされているのではないかと考えるのである。

# 第四節　石炭ストーブと日本文化

## 一、目的

新穂栄蔵によれば、ストーブとは、「ある程度据え付け移動が可能で、ある特定な不燃材料で囲まれた空間の中で燃料を燃焼させることによって熱を得る採暖や暖房に供される器具」と定義されている。[64]その世界最古のものとしては、中国で紀元一〇〇年頃まで遡ると言われており、[65]それを表わす名称はオーフェン・カッヘル・ペチカ・ポワール・火炉など国によって様々であり、その形態についても鋳物製・鉄板製・煉瓦製・タイル張りなどがあり、機能の面でも調理ができるなど、若干違いも見られる。[66]また使用する燃料によっても、薪ストーブ・石炭ストーブ・ガスストーブ・石油ストーブ・電気ストーブなど様々な種類がある。そして、わが国ではじめてストーブがつくられたのは安政三年（一八五六）に箱館の武田斐三郎と梨本弥五郎という二人の役人が、入港中のイギリス船で使っていたストーブを見て、スケッチをして箱館の鋳物職人につくらせたのが始まりとされているのである。[67]

一方、日本にはもともと囲炉裏・火鉢・炬燵といった、採暖や暖房に供される装置や器具が存在していた。柳田國男も、昭和一九年（一九四四）刊行の『火の昔』の中で、当時の日本で冬に身を暖める方式で重要であったものはこの三つであり、とくに約半数の割合の家までが火鉢、三分の一以上の家が囲炉裏を使用していたと記している。[68]ここで注意しておきたいことは、例えば建築工学では、室内全体を暖める「暖房」と、「暖を採る」と言われ炎などの発熱源の近くに身を寄せて身体を暖める「採暖」とを区別している。このように見ると囲炉裏や火鉢は、採暖器具（装置）であるとともに大きさによっては暖房器具（装置）にもなるが、炬燵は採暖器具である。しかし、断熱性や気密性の少ない日本民家においては、暖房よりもむしろこれらの採暖の効果が重要なのであった[69]。このような中でストーブは、幕末の北海道開拓の時代に、西洋からもたらされた外来の暖房器具なのである。

そして、このたび本稿が問題とするのは、大正時代から昭和四〇年代にかけて盛んに生産され利用された、石炭を燃料とする鋳物製ストーブである。先に筆者は、明治期以降発展した近代産業において連綿と受け継がれている民俗的事象を研究する重要性を指摘した[70]。これを踏まえ、本稿では、近代鋳物産業における、かつての重要製品であった石炭ストーブを取り上げるのである。

本稿では、西洋からもたらされ、我が国の鋳物工場で大量生産されて人々の生活に普及・定着していった工業製品、石炭ストーブについて、前節にて紹介・指摘した製造技術、また製品開発と普及・利用の大きく見て三つの観点から総括的に研究し、これが日本の生活や文化の歴史において果たした役割を明らかにすることを目的とする。

## 二、石炭ストーブ研究史の概要

かねてより盛んにストーブ研究がなされてきたのは、何と言っても北海道においてである。先に紹介したように、我が国に始めて上陸したのは函館であり、北海道の厳しい寒さと闘うべくその開拓の進展とともに普及していった。北海道の博物館では、必ずと言って良い程ストーブが展示・収蔵されており、それは北海道民の歴史と生活を物語っており、道民にとって、ストーブは、昔から無くてはならない生活具なのである。

矢島睿は、早くから旧北海道開拓記念館にて収集・収蔵した石炭ストーブを中心に調査し、その製造と普及についても研究しており[71]、また、ストーブの人々の生活への浸透状況について分かりやすく解説している[72]。阿部要介は、ストーブの伝来や初期の頃の話を報告し[73]、新穂栄蔵の『ストーブ博物館』は、世界におけるストーブの種類と構造を概略的に紹介したもので、我が国における暖房の歴史と燃焼工学の話をも紹介している[74]。

また氏家等は、ブリキ職人の製作した鉄板製薪ストーブについて報告しており[75]、大久保一良は、安政三年（一八五六）から明治二〇年（一八八七）までの北海道におけるストーブに関する記録を集成している[76]。

これに対して、全国の石炭ストーブの需要の約八割を生産し、石炭ストーブの特産地であったのが、鋳物の町として知られている埼玉県川口市であったことは、あまり知られていない事実である。しかし、かつて貯炭式石炭ストーブの先発メーカーであった株式会社福禄の製造してきた石炭ストーブのコレクションが、川口市指定有形文化財となっている[77]。

石炭ストーブの開発の経緯については、実際に株式会社福禄に勤務していた鈴木寅夫が報告しており重要である[78]。これらを参照し、筆者は、これまで部分的に福禄石炭ストーブの製品開発と製造、普及の歴史を研究してきた[79]。また川口市教育委員会は、福禄石炭ストーブの製造工程を調査報告している[80]。

これらの研究成果を踏まえて、本稿では、石炭ストーブの製品開発の歴史、製造技術、普及・利用の三つの観点から総括的に検討することにより、石炭ストーブが日本の歴史と文化において果たした役割を明らかにするのである。

## 三、北海道開拓とストーブの外来　—薪ストーブと石炭ストーブ—

ここではまず、先に概観した研究成果から、幕末から明治期における我が国へのストーブの移入と普及の状況を概観する。

先に紹介したが、安政三年の国産ストーブ第1号は、箱館奉行に命じられた奉行所の役人武田斐三郎と宗谷詰調役の梨本弥五郎が、入港中のイギリス船で使っていたストーブをスケッチして、鋳物職人目黒源吉につくらせたものとされている。[81]当時は、安政元年に諸外国と和親条約を締結した幕府が、箱館奉行を置き箱館や松前を直轄地として、その警備を東北各藩に命じたが、警備にあたった藩士たちは、寒さと越冬食料の不足から水腫病にかかり、多くの犠牲者を出していた。ストーブは、この時は「カッヘル」と呼ばれ、このような状況の改善策として考えられていたのである。また明治二年（一八六九）に設置された北海道開拓使も、外国人指導者の提言もあって、生活改善の一つとしてストーブの使用を奨励し、官庁や学校、病院などに設置していったのである。[82]

しかし、明治期中期から大正期にかけて、実際に北海道の都市部から農村部の家庭に普及していったストーブは、鉄板製の薪を燃料としたストーブであった（写真13参照）。その切っ掛け等については未だ不明であるが、角幸博によれば、薪ストーブが急速に普及していった理由として、①カマドと燃料が同一であること、②置き火ができ、火鉢や炬燵の種火に使えること、③冬は囲炉裏に蓋をしてストーブを置き、春先にははずして炉に戻せること、④座る位置は囲炉裏を囲む伝統的な様式を変える必要がないこと、⑤鍋・釜・鉄瓶が使えること、⑥ストーブ台の工夫により、畳や板の間に置けるようにしたことの六つがあるという。[83]このように当時の北海道の家屋では、まさに炉からストーブへ転換するように普及していったのである。

薪ストーブは、丸型・小判型・ダルマ型・時計型などがあり、その構造は正面に焚口扉と空気孔、反対側に煙筒口、上部に煮炊きをする穴がついている。農家や漁家では、秋になると薪を共同の山に

写真13．薪ストーブ（ステンレス製、特定非営利法人おおかみこどもの花の家HP、ookamikodomonohananoie. jp/secret. html より）

切り出しに行き、家の周囲に積み重ねておく冬支度が、重要な年中行事であったという[84]。

これらの鉄板製薪ストーブは、本来は農機具類や家庭用品をつくったり、トタン屋根を葺くブリキ職人が、仕事の合間に製造していた。北海道におけるブリキ職人の出現は明らかではないが、明治二〇年代にはすでに文献に見えており、また新潟県出身の銅屋や鍛冶屋の技術を身につけた職人が定住したものと考えられている[85]。

このようにストーブは、幕末に西洋からもたらされたものである。我が国では、北海道開拓事業における防寒対策の必要性から、幕府の施策となり北海道開拓使によっても奨励され、受容されていった。しかし、明治中頃から一般家庭に普及していったものは、ブリキ職人の手作業による鉄板製薪ストーブであり、これは、座順や煮炊き、火の管理、薪（燃料）の確保など囲炉裏の慣習を継承する形で普及していったのである。

## 四、石炭ストーブの開発と普及

次に、幕末に西洋から取り入れられ、官庁や学校、病院など公的施設に設置されていた鋳物製ストーブは、薪を燃料にできるダルマ型や寸胴型の投込式のストーブであった。ここでは、石炭ストーブの普及について概観する。

第一次世界大戦後になると、木材工業や製紙工業の発達などから薪の値段が高騰し、これに対して、炭鉱開発の進展や交通輸送網の整備などから石炭の入手が可能になった。一方、大正八年（一九一九）には、ユンケルストーブが輸入され販売されるようになった（写真14参照）。これは、ドイツの飛行機製造会社ユンケル社（ユンケルス、ユンカース）が製造したもので、当時としてはかなり高価格であったが、内部を三重構造にして通風方向を横向きに変え、給炭頻度を少なくし、煤煙の噴出を少なくし、燃焼効率を高水準にするなどの開発に成功した鋳物製ストーブである[86]。このような状況の中で、各地で石炭ストーブの研究がなされるようになり、すでに製造されていたダルマ型や寸胴型の投込式ストーブの改良と、貯炭式ストーブの開発がなされた。

その中で国産初の本格的な貯炭式石炭ストーブの開発に成功したのが、札幌の鈴木豊三郎で、大正十四年（一九二五）に福禄ストーブの名称で一般家庭向けに販売するようになった。会社名は、鈴木豊三郎商店（後の株式会社福禄）である。また、ほぼ時を同じくして札幌の鎌田政一も貯炭式石炭ストーブの開発に成功し、昭和二年から販売している。これらによって、昭和三〜四年頃には、札幌や都市部の多くの家庭で石炭ストーブが普及していったのである[87]。またその後、福禄ストーブは昭和四年に、カマダストーブは昭和八年頃に、それぞれ量産体制を整えるために、鋳物の産地である埼玉県川口市に工場を移転していったのである[88]。

しかし、北海道における石炭ストーブの普及についての研究は矢島が行っているが、石炭ストーブの農山漁村への普及は、都市部に比べて遅れており、昭和一〇年代頃になっても依然として囲炉裏や薪ストーブの生活が変わらなかったという。実はこの点に、我が国の暖房慣行の大きな変化点があると思われる。それは、日本が古来より、高湿度に対応した風通しのよい和風建物の中で、囲炉裏や火鉢などの放射熱による採暖を行っていたのに対して、西洋で発達した石炭ストーブは、対流熱により部屋全体を暖める暖房器具なのであり、ある程度密閉性が保たれる建物の中でないと効果が得られないのである。つまり石炭ストーブの普及には、防寒文化住宅の普及や家屋構造の変化が伴っているのである[89]。

一方、本州や比較的寒さが厳しくない地域への石炭ストーブの普及は、第二次世界大戦後であり、通称ダルマストーブと言われる投込式ストーブが多く、公共施設を中心に普及していったのである。

写真14. ユンケルストーブ（新穂栄蔵『ストーブ博物館』北海道大学図書刊行会1986年 80頁より）

## 五、鋳物製石炭ストーブの構造と形態

ここでは、石炭ストーブへの理解を深めるために、福禄ストーブを例として、その構造や形態について見ておく。

### ①貯炭式と投込式

福禄ストーブは、一部のストーブを除いて、その構造によって大きく「投込式」と「貯炭式」に分けられる。これらの燃焼構造を示したのが図11である。投込式とは、煙突を上部に付けているために空気が風窓から上へ流れ、それにともなって燃焼部の石炭が一度に燃焼するもので、熱量が高く、比較的人の出入りが激しい広い場所に適する。また、石炭だけでなく薪やコークスなども燃料として使用できるという利点もあるが、短時間で燃焼し終わってしまうため適度に給炭しなければならない。先にも記したが、これは、安政年間以来日本においてつくられてきたストーブの形式の一つであり、ダルマ型や寸胴型はこれに属し、川口市内の鋳物工場においても、明治時代後期にはすでに製造されていたものである。福禄ストーブでは、「円型」や「蛸型」が投込式であり、駅の待合室・工場・学校・山小屋などに販売されたという（図12参照）。

これに対して貯炭式は、ドイツのユンケルストーブを参考にして開発されてきたものである。これは、煙突を胴の脇に付けたことにより空気を横に流し、まず空気が通る部分（燃焼部）の石炭を燃焼させ、その上部（貯炭部）の石炭は、燃焼部の石炭が燃え尽きてから燃焼する。このことから、燃焼時間が長くなり給炭回数も減少し、かつての投込式のように給炭のたびに煤煙や粉塵が噴出することもなくなった。このような貯炭式ストーブは、比較的閉めきった温度を保てる場所、例えば家庭・事務室・病院などに適した。そして株式会社福禄は、カマダストーブやセンターストーブとともに、この貯炭式ストーブの先発メーカーなのであり、「角型」や「角型炊事」、

「宝型（半貯炭式）」（図12参照）、「箱型」、「FH型」などが、川口で製造されて、寒さが厳しく長時間続く北海道や東北、北陸地方にむけて盛んに出荷・販売されたのである。

また、このような石炭ストーブの点火方法は、まず胴（燃焼部）の中で細かい薪をイゲタに積み、これに新聞紙で火をつけて、二十分位かけて石炭に燃え移らせる。そして、空気を風窓から取り入れて煙突へ流すことで石炭を燃焼させ、風窓からの空気量を調節することにより火力を調節しているのであるが、福禄のストーブは、全体的に煙突を太くすることによって燃焼効率をあげており、煙突とのつなぎに設置する鋳物製の煙筒は、通称「フクエン（福煙）」と称し、熱効率をあげるために開発した福禄の特許製品である。このように株式会社福禄は、常により良い製品をめざし、開発や改良を繰り返してきたのである。

**②福禄石炭ストーブの型式と年式**

先に紹介したように、福禄ストーブは、その使用場所や用途によって様々な型のものが開発されてきたし、各型のストーブは、年代ごとにも改良や改造がなされてきた。それは、一部の部品の変更に伴う小さな改良と、大きな改良は「年式」変更する場合があり、「○型○号○年式」と称されてきた。例えば年式

図11．貯炭式と投込式ストーブ断面図（川口市教育委員会『川口のストーブ生産』より）

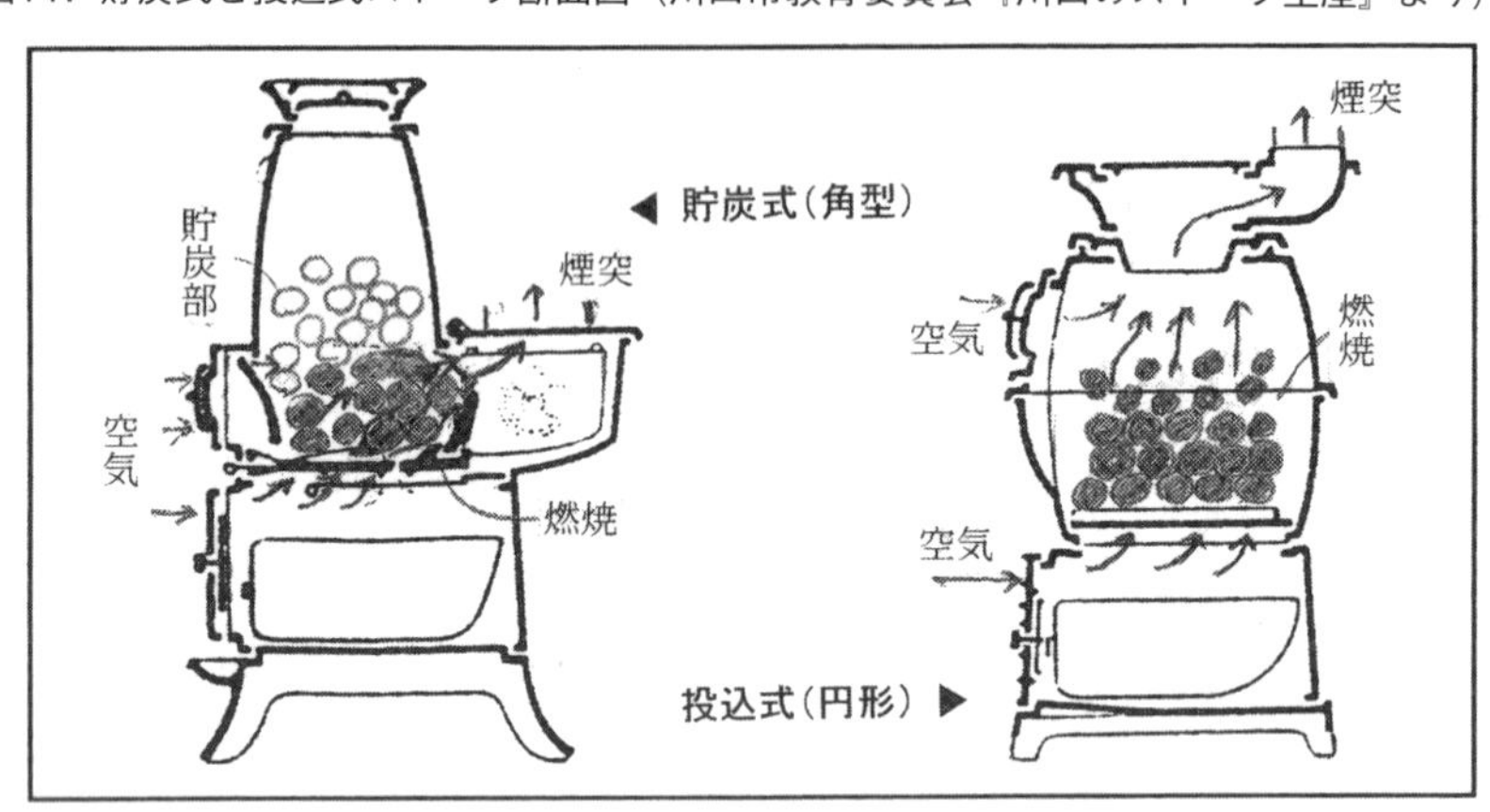

変更の必要性の一つには、ストーブを鋳造する金型の使用期限（製造開始当時は約三年間）によることなどがあった。そして、「〇型〇号」を「型式」、大きく改造されたものを「年式」と見れば、株式会社福禄は、創業から生産停止までの六八年間で、約六三種類もの型式を開発し、それらの年式を数えれば、実に一五七種類ものストーブを製造してきたのである（表36参照）。

しかし、表36から明らかであるように、また先に図12にも示したが、株式会社福禄が生産してきた福禄石炭ストーブの基本パターンは、①角型や箱型などの貯炭式ストーブ、②炊事兼用ストーブ、③宝型や東亜型の半貯炭式ストーブ、④円型や寸胴などの投込式ストーブ、⑤その他の五パターンであり、この一五七種類はそれらのバリエイションと捉えることができるのである。

また、株式会社福禄における製品開発や改造のシステムは、設計屋・木型屋・タネ屋と呼ばれる職人たちによる、「設計」と「タネ（金型）づくり」という工程があったのである。(90)

図12. 福禄石炭ストーブ所要製品（「福禄ストーブカタログ」より）

## 六、福禄石炭ストーブ製品開発の歴史

次にここでは、株式会社福禄の歴史を辿りながら、主要なストーブを紹介し、福禄のストーブ開発と製造の志向性と特色、社会への普及の様相について見ていく。

表36と株式会社福禄の歴史年表（表37）を参照していただきたい。株式会社福禄の歴史を大きく概観すると、「確立期」・「発展期」・「戦時期」・「最盛期」・「衰退期」の五期に分けて捉えることができる。

創業から昭和六年（一九三一）頃までの「確立期」は、貯炭式石炭ストーブの開発とその生産体制確立の時期であり、「角型」と家庭用ストーブ（「0号」・「丸1号」・「炊事兼用」）の時期である。昭和一〇年（一九三五）頃から戦前までの「発展期」は、福禄川口工場が設立され、上流階級へむけた豪華型と、東北や北陸など北海道よりは少し寒さが厳しくない地域にむけた半貯炭式開発の時期である。そして、当時の宣伝用ポスターに掲げられた「国策順応」のスローガンによる「東亜型」がつくられた「戦時期」を経て、昭和二四年（一九四九）頃から昭和四〇年（一九六五）頃までの「最盛期」は、「角型炊事」ストーブの全盛時代と言ってもよいであろう。炊事兼用の型式が頻繁に年式変更や改造がなされ、大量に製造され普及した時代である。またこの頃は、石炭ストーブが本州の一般家庭にも普及していった時期でもあり、本来貯炭式ストーブの先発メーカーである福禄も「円型」の製造にも力を入れたのである。そしてとくに昭和二〇年代は、多くのストーブ・メーカーが所在し発注を受けていた川口鋳物業が全国のストーブ生産の約八〇パーセントを担った時期なのである。最後に「衰退期」は、昭和四〇年頃から石油ストーブの出現により売上げが低迷しはじめ、形のシンプル化と共通部品化が進んでいったと言われている。その後、開発・改造はされなくなり、平成四年（一九九二）に福禄川口工場が閉鎖された。以下は、各時期について具体的に見ていく。

**①確立期**

まず、表37には示されていないが、大正一二年（一九二三）、まだ暖房の燃料に薪が使われていた時に、鈴木豊三郎初代社長が、炭鉱に山積みになっていた石炭をストーブに利用できないものかと考案し、鉄板によって試作を行った。これが日本で最初の貯炭式ストーブである[91]。その後大正一四年にかけて試作を三回繰り返している。株式会社福禄が最初に製品として生産したのは、大正一四年（一九二五）の「1号」・「2号」・「3号」（写真15参照）で、これが後に「角型」に発展していくのである。これらのストーブの適用場所について見ると、「1号」が家庭用、「2号」が事務所・官庁等用、「3号」が教室・待合室・会社用であった。その後、翌年に大広間・ホール用として「特大」（後の「角型4号」）を開発し、昭和三年（一九二八）には、六畳間位の家庭用として「0号」、八畳間位の家庭用として「丸1号」を開発している。

大正一四年、鈴木豊三郎初代社長は、設計図を携えて鋳物産地である「鉄瓶の盛岡」・「日用品鋳物の川口」・「織機鋳物の名古屋」・「梵鐘・鰊釜の高岡」を調査し、薄肉の日用品鋳物量産に適していること、首都東京に近いこと、工場数が最も多いことなどから、ストーブを川口で生産することを決定した[92]。当時の川口は、約二八〇軒の鋳物工場があり、日用品鋳物と機械鋳物を四対六の割合で生産しており、その中で日用品鋳物の主流は、薪焚竈・籾殻竈・ダルマストーブ・ポンプ等であった。そして、北海道の高額所得者の二〇パーセントを対象として、「1号」・「2号」・「3号」約二万台を、㋖小林鋳工場他十数の下請工場に発注した。当時の「1号」ストーブの小売価格は十九円五〇銭であっ

写真15．2号、3号ストーブ
（川口市立文化財センター所蔵）

※　●開発・年式変更、▲部分改造、→名称変更

| 昭17<br>1942 | 昭24<br>1949 | 昭25<br>1950 | 昭26<br>1951 | 昭27<br>1952 | 昭28<br>1953 | 昭29<br>1954 | 昭30<br>1955 | 昭31<br>1956 | 昭32<br>1957 | 昭33<br>1958 | 昭34<br>1959 | 昭35<br>1960 | 昭36<br>1961 | 昭37<br>1962 | 昭38<br>1963 | 昭39<br>1964 | 昭40<br>1965 | 昭41<br>1966 | 昭42<br>1967 | 昭43<br>1968 |
|---|---|---|---|---|---|---|---|---|---|---|---|---|---|---|---|---|---|---|---|---|
| | | | | | | | | | | | | | | | | | | | | |
| | | ● | | | | | ▲ | ● | ● | | | | ● | | | ▲ | ● | ▲ | | |
| | | ● | | ▲ | | ● | ▲ | ● | ▲ | ● | | | | | | ▲ | ● | ● | ▲ | |
| | | ● | ● | | ▲ | | ● | ▲ | ● | ▲ | | | | ▲ | | | ● | | ▲ | |
| | | | | | | | | | | | | | | | | | | | | |
| | | | | | | | | | | | | | | | | | | | | |
| | | | | | | | | | | | | | | | | | | | | |
| | | | | | | | | | | | | | | | | | | | | |
| | | | | | | | | | | | | | | | | | | | | |
| | | | | | | | | | | | | | | | | | | | | |
| | | | | | | | | | | | | | | | | | | | | |
| | | | | | | | | | | | | | | | | | | | | |
| | | | | | | | | | | | | | | | | | | | | |
| | | | | | | | | | | | | | | | | | | | | |
| | | | | | | | | | | | | | | | | | | | | |
| | | | | | | | ● | ▲ | ▲ | | | | ● | | | ▲ | ● | ● | | |
| | | | | ● | ▲ | | ▲ | ●→ | →● | | | | ● | | | ▲ | ● | ▲ | | |
| | | | | | | | | | | | ● | | | ▲ | | ▲ | ▲ | | | |
| | | | | | | | ● | | ● | | | | | | | | | | | |
| | | | | | | ● | ● | ● | | | | | | | | | | | | |
| | | | | | ● | ● | ● | | | | | | | | | | | | | |
| | | | | | | | | | | | | | | | | | | ● | | |
| | | | | | | | | | | | | | | | | ● | ● | | | |
| | | | | | | | | | | | | | | | | ● | ● | | | |
| | | | | | | | | | | | | | | | | | | | | |
| | | | | | | | | | | | | | | | | | | | | |
| | | | | | | | | | | | | | | | | | | | | |
| | | | | | | | | | | | | | | | | | | | | |
| | | | | | | | | | | | | | | | | | | | | |
| | | | | | | | | | | | | | | | | | | | | |
| | | | | | | | | | | | | | | | | | | | | |
| | | ● | ● | ● | ● | ● | ●→ | →● | ● | ● | ● | | ● | | | ▲ | ▲ | ● | | |
| | | | | | | | | ●→ | →● | | ● | | ● | | | ▲ | ▲ | ● | | |
| | | | | | | | | | ● | | | | ● | | | ▲ | ▲ | ● | | |
| | | | | | | | | | | | | | | | | | | | | |
| | | | | | | | | | | | | | | | | | | | | |
| | | | | | | | | | | | | | | | | | | | | |
| | | | | | | | | | | | | | | | | | | | | |
| | | | | | | | | | | | | | | | | | | | | |
| | | | | | | | | ● | ▲ | | | ● | | ▲ | | ▲→ | →● | | ▲ | |
| | ● | | | | | ● | | ▲ | | ▲ | | ● | | ● | | | ● | | | |
| | | | | | | | | | | | | | | | | | | | | |
| | | | | | | | | | | | | | | | | | | | | |
| | | | | | | | | | | | | | | | | | | | | |
| | | | | | | | | | | | | | | | | | | | | |
| | | | | | | | | | | | | | | | | | | | | |
| ● | | | | | | | | | | | | | | | | | | | | |
| | | | | | | | | | | | | | | | | | | | | |
| | | | | | | | | | | | | | | | | | | | | |
| ● | | | | | | | | | | | | | | | | | | | | |
| ● | | | | | | | | | | | | | | | | | | | | |
| | ● | ● | | ▲ | | | | | | | | | | | | | | | | |
| | ● | ● | | ▲ | | | | | | | | | | | | | | | | |
| | | ● | ● | | ● | | | | | | | ● | ● | | | | | | ▲ | ● |
| | | | ● | | ● | | | | | | | ● | ▲ | ▲ | | | | | ● | ▲ |
| | | | ● | | ● | | | | | | | ● | ▲ | ▲ | | | | | ● | |
| | | | ● | | ● | | | | | | | ● | ▲ | ▲ | | | | | | |
| | | | | | | | ● | | | | | ● | ▲ | ▲ | | | | | ● | |
| | | | | | ● | | | | | | | ● | | | | | | | | |
| | | | | | | | | | | | | | | | | | | | | |
| | | | | | | | | | | | | | | | | | | | | |
| | | | | | | | | | | | | | | | | | | ● | | |
| | | | | | | | | | | | | | | | ● | | | | ● | |
| | | | | | | | | | | | | | ● | →→ | ▲ | | | | ● | |

表36. 福禄石炭ストーブ製造年代表（福禄部品図解表・パンフレット・カタログ・ポスター により作成）

| | 大14<br>1925 | 大15<br>1926 | 昭2<br>1927 | 昭3<br>1928 | 昭4<br>1929 | 昭5<br>1930 | 昭6<br>1931 | 昭7<br>1932 | 昭8<br>1933 | 昭9<br>1934 | 昭10<br>1935 | 昭11<br>1936 | 昭12<br>1937 | 昭13<br>1938 | 昭14<br>1939 | 昭15<br>1940 | 昭16<br>1941 |
|---|---|---|---|---|---|---|---|---|---|---|---|---|---|---|---|---|---|
| 【貯炭式】 | | | | | | | | | | | | | | | | | |
| 1号→角型1号 | ● | ● | | →● | | | ● | | | ● | | | | | | | |
| 2号→角型2号 | ● | ● | | →● | | | ● | | | ● | | | | | | | |
| 3号→角型3号 | ● | ● | | →● | | | ● | | | ● | | | | | | | |
| 特大→角型4号 | | ● | | →● | | | ● | | | ● | | | | | | | |
| 零号 | | | | ● | | | ● | | | ● | | | | | | | |
| 丸1号 | | | | ● | | | ● | | | ● | | | | | | | |
| 坐り福禄 | | | | | | ● | | | | | | | | | | | |
| 大衆福禄中型 | | | | | | | ● | | | | | | | | | | |
| 大衆福禄大型 | | | | | | | ● | | | | | | | | | | |
| 福禄一〇一号 | | | | | | | | | | | ● | ● | | ● | | | |
| 福禄一〇二号 | | | | | | | | | | | ● | ● | | ● | | | |
| 福禄一〇三号 | | | | | | | | | | | ● | | | ● | | | |
| 福禄105号・豪華型 | | | | | | | | | | | ● | | | | | | |
| 豆福禄 | | | | | | | | | | | | | ● | | | | |
| 角型0号 | | | | | | | | | | | | | | | | | |
| 角丸型1号→角型01号 | | | | | | | | | | | | | | | | | |
| 箱型0号 | | | | | | | | | | | | | | | | | |
| 箱型1号 | | | | | | | | | | | | | | | | | |
| 箱型3号 | | | | | | | | | | | | | | | | | |
| 箱型5号 | | | | | | | | | | | | | | | | | |
| FH型1号 | | | | | | | | | | | | | | | | | |
| FH型2号 | | | | | | | | | | | | | | | | | |
| FH型3号 | | | | | | | | | | | | | | | | | |
| 【貯炭式炊事兼用】 | | | | | | | | | | | | | | | | | |
| 炊事兼用1号 | | ● | | | | | | | | | | | | | | | |
| 炊事兼用2号 | | ● | | | | | | | | | | | | | | | |
| 茶の間福禄 | | | | | | ● | | | | | | | | | | | |
| 新茶間福禄一号 | | | | | | | | | ● | | | | | | | | |
| 新茶間福禄二号 | | | | | | | | | | | ● | | | | | | |
| 炊事福禄 | | | | | | | | | | | | ● | | | | | |
| 角型炊事→角型炊事2号 | | | | | | | | | | | | | | | | | |
| 角型炊事1号→角型炊事0号 | | | | | | | | | | | | | | | | | |
| 角型炊事一号 | | | | | | | | | | | | | | | | | |
| 【半貯炭式】 | | | | | | | | | | | | | | | | | |
| 宝福禄小型 | | | | | | | | | | | ● | | | | | | |
| 宝福禄大型 | | | | | | | | | | | ● | | | | | | |
| 宝型1号 | | | | | | | | | | | | | | | ● | | |
| 宝型2号 | | | | | | | | | | | | | | | ● | | |
| 新宝2号→宝型2号 | | | | | | | | | | | | | | | | | |
| 宝型3号 | | | | | | | | | | | | | | | ● | | |
| 宝型4号 | | | | | | | | | | | | | | | ● | | |
| 東亜型 | | | | | | | | | | | | | | | | | |
| 東亜型1号 | | | | | | | | | | | | | | | | | ● |
| 東亜型2号 | | | | | | | | | | | | | | | | | ● |
| 東亜型3号 | | | | | | | | | | | | | | | | | ● |
| 東亜型炊事1号 | | | | | | | | | | | | | | | | | ● |
| 東亜型炊事2号 | | | | | | | | | | | | | | | | | ● |
| 【投込式】 | | | | | | | | | | | | | | | | | |
| 寸胴　尺 | | | | | | | | | | | | | | | | | ● |
| 寸胴　九寸 | | | | | | | | | | | | | | | | | ● |
| 円型（大） | | | | | | | | | | | | | | | | | |
| 円型（中） | | | | | | | | | | | | | | | | | |
| 円型炊事 | | | | | | | | | | | | | | | | | |
| 円型1号 | | | | | | | | | | | | | | | | | |
| 円型2号 | | | | | | | | | | | | | | | | | |
| 円型3号 | | | | | | | | | | | | | | | | | |
| 円型5号 | | | | | | | | | | | | | | | | | |
| 蛸型尺五 | | | | | | | | | | | | | | | | | |
| 【その他】 | | | | | | | | | | | | | | | | | |
| 粉炭福禄 | | | | | | | ● | | | | | | | | | | |
| 粉炭ストーブ | | | | | | | | | | | | | | | | | |
| コークス用1号 | | | | | | | | | | | | | | | | | |
| コークス用→コークス用2号 | | | | | | | | | | | | | | | | | |

表37. 福禄川口工場ストーブ関係年表

| 年代 | 事柄 |
|---|---|
| 大正13年（1924） | ○3代目鈴木豊三郎が、わが国最初の貯炭式ストーブの開発に成功。 |
| 大正14年（1925） | ○4月、福禄商会開業。<br>○北海道の高額所得者の20%を対象として、1号・2号・3号併せて20,000台のストーブを、川口の小林鋳工場に発注した。※小林鋳工場は、町内13工場に下請けさせた。<br>○販売については、代理店・特約店を選定し、これを通じ販売した。 |
| 大正15年（1926） | ○胴体中央部に亀裂が生じたとのクレームから、一貫した生産体制を目指し、椎橋宗次郎・永瀬嘉兵衛の二工場を直属とし、加工組立工場を設立した。<br>○損傷を生じた胴体にストライプのリブを鋳出し、強固にした。<br>○炊事兼用型1号・2号を開発した。<br>○樺太島警察展覧会にストーブを出品した。<br>※ストーブ・メーカーが次々創業。 |
| 昭和 3年（1928） | ○鋳造用金型が3年間程の使用で磨耗することから、フルモデルチェンジを実施、零号、丸1号、角型1号・2号・3号・4号とした。 |
| 昭和 5年（1930） | ○日本間用として「坐り福禄」、炊事兼用の改良型として「茶の間福禄」を開発した。 |
| 昭和 6年（1931） | ○角型のモデルチェンジを実施し、消費節約・簡単な機能を目的に「大衆福禄」を開発した。 |
| 昭和 9年（1934） | ○組立工場移転とともに、電気鍍金工場を設立した。 |
| 昭和10年（1935） | ○ストーブ需要増加に伴い、一貫量産体制を整えた世界最先端のストーブ専門鋳造工場を設立した。<br>○上流事務所や料理屋向けの角型の豪華型「福禄一〇一〜一〇五号」、宝型（半貯炭式）を開発。 |
| 昭和13年（1938） | ○職工養成のため、福禄青年学校を設立した。 |
| 昭和14年（1939） | ○軍需生産品管理のため、陸海軍の管理下に入る。<br>○省資材、実質本位の「東亜型」ストーブを開発した。 |
| 昭和16年（1941） | ○資本金30万円で、株式会社福禄に組織変更した。 |
| 昭和17年（1942） | ○商工省告示第1号により、規格ストーブに選定される。 |
| 昭和21年（1946） | ○戦後ただちに本来のストーブ製造に転換し、3月には天皇陛下に工場を行幸・視察される。 |
| 昭和23年（1948） | ○石炭事情好転により、当時の燃料に最適の胴張型円型ストーブを開発・販売した。<br>※この頃から、川口が全国の石炭ストーブ生産の80%をしめる。 |
| 昭和24年（1949） | ○長野県平和博覧会にストーブを出品した。 |
| 昭和26年（1951） | ○高松宮様が工場を視察なさる。 |
| 昭和27年（1952） | ○神奈川県主催第3回東日本優良品交流展示会に出品、金賞受賞。 |
| 昭和29年（1954） | ○資本金を1,500万円に増資。 |
| 昭和31年（1956） | ○資本金を2,000万円に増資。 |
| 昭和32年（1957） | ○角型のデラックス型「箱型」を開発した。<br>○この頃、角型炊事2号を中心に年間4万本のストーブを販売する。 |
| 昭和33年（1958） | ○前社長死去に伴い、4代目鈴木豊三郎社長に就任。 |
| 昭和36年（1961） | ○コークスストーブを開発した。 |
| 昭和37年（1962） | ○鉄道科学大博覧会で表彰される。 |
| 昭和39年（1964） | ○東京オリンピック大会を記念し、FH型ストーブを開発した。 |
| 昭和41年（1966） | ○鋳造工場を鉄骨に改築した。<br>※この頃石油ストーブ登場により、徐々に石炭ストーブ需要が減少。 |
| 昭和44年（1969） | ○川口市教育委員会より、市有形民俗文化財「福禄石炭ストーブのコレクション付ポスター」（44種46台13枚）の指定を受ける。 |
| 平成 4年（1992） | ○3月、福禄川口工場が閉鎖され、福禄ストーブの生産が停止した。 |

（「福禄川口工場関係文書」より作成）

た[93]。このストーブの形態が七福神の福禄寿に似ており、この神が信用を象徴することから、名称を「福禄ストーブ」とし、「暖かい家に福の神」というキャッチフレーズによって宣伝をした[94]。

また注目すべきことは、株式会社福禄は、製造したストーブを、川口市内の鋳物問屋を経由せず、各都市において最も信用があり商売に積極的な石炭商や金物問屋を代理店・特約店として契約し、これを通じて直接販売したことである。これは、昭和七年（一九三二）頃にはすでに各県に及び、平成の頃には全国に三三一軒、そのうち関東地方にも一八九軒を数えるまでになっていた。この福禄の代理店・特約店の制度は、ストーブの構造や使用法を伝達し、部品交換や故障の修繕においても功を奏したことは間違いなく、製品を普及させた大きな要因である。

大正一五年（一九二六）には、ストーブの燃焼中に胴体中央部の両側に亀裂が生じたことから、調査を実施した結果、小林鋳工場の下請けの鋳物屋が再生鉄（粗悪な地金）のみを原料として鋳造していたことが明らかとなった。このことから福禄は、市内の優良鋳物工場である椎橋宗次郎の工場と永瀬嘉兵衛の工場を直属として厳重な検査を実施し、組立ては、機械を設備し工員を雇い入れ直営とした。一方、損傷を生じた胴体については、ストライプのリブを鋳出することによって強固をはかった。

またこの年には、「炊事兼用」1号・2号を開発した。これは、家庭用のストーブとして、従来の暖房装置である囲炉裏に似せて開発されたものであり、後に「茶の間福禄」・「新茶の間福禄」1～2号・「炊事福禄」・「角型炊事」0～2号・「円型炊事」といった多種にわたる主力製品である炊事兼用ストーブの最初のものである。また市場も、北陸・中部・関西・中国・山陰・四国・九州・朝鮮にも及ぶようになったという。しかしこの年には、他のストーブメーカーも創業していった[95]。福禄以外のストーブメーカーとしては、アサヒ・カマダ・キング・アタリヤ・クロンボ・ホクセイ（以上は北海道）、センター（大阪に本社、川口に工場）、トキワ・キョーワ（三重県桑名）、ユタカ（愛知県）、大一・三ツ星・恒六・センオー・サンキョウ・スミレ・日ノ丸・サロン（以上は川口）

などがあった。

昭和三年（一九二八）には、金型が約三年間で磨滅することから、モデルチェンジを行い、名称も「角型」1号・2号・3号・4号として生産し、鉄板製の灰受皿も取り付けた。また、「厳冬の征服者」というキャッチフレーズによって宣伝が行われ(96)、その結果、昭和四年頃にはすでに、札幌市の家庭にフクロクストーブが定着していったという(97)。

昭和五年（一九三〇）には、火鉢に似せた日本間用としての「座り福禄」が開発され、炊事兼用の改良型として「茶の間福禄」が開発された。昭和六年は、「角型」のモデルチェンジを行うとともに、炭入口を二重蓋にし、風窓を円形にして旋盤加工を施すなどの改良をした。また「粉炭福禄」や、消費節約と簡単な機能によって広い階層へ普及を目指した「大衆福禄」の開発を行った。

**②発展期**

昭和一〇年（一九三五）、ストーブの需要は年々増加し、今後は大正一四年（一九二五）の二倍以上の生産数が見込まれることから、福禄川口工場が建設された。これは、モールディングマシン・ローラーコンベア・高級旋盤・モーター直結の堅型ボール盤・メッキ装置などを完備し、一貫量産体制を整えた世界最先端のストーブ専門工場であった。また、後には造型は手込めに戻り、メッキも外注になったが、当時の工場は、川口における鋳物生産のオートメーション化の先駆けでもあった(98)。当時の株式会社福禄は、従業員が四〇〇人位おり、また養年校を設置し後進の育成にも努めていた。

新型ストーブの開発については、「角型」1号・2号・3号の豪華版である「福禄一〇一号」・「福禄一〇二号」・「福禄一〇三号」・「福禄一〇五号（通称・豪華型）」がつくられたことが挙げられる（写真16参照）。これらは、上流階級の事務所や料理屋などに向けてつくられたもので、放熱効果をあげるヒレをつけ、上蓋・上下扉・風窓を機械加工し、独創的なパーツをつけて操作をしやすくし、外装はカラフルな塗料によって重厚美が加えられた。このようなデザイン性を追及した新型によって、福禄は、ストーブ界の王座の位置を不動のものとしたという。[99] また、軍隊の要請により、燃焼部を大きくして貯炭部を小さくした「半貯炭式」ストーブである「宝型」を開発した。このストーブは、貯炭式より長時間暖房することはできないが、火力が強く、事務所・駅・学校・商店などに販売されており、戦後は「宝型」２号が青森県の指定ストーブとなっている。

昭和一五年（一九四〇）頃には、軽量・高熱効率の点から、「東亜型」が陸海軍及び諸官庁の特需ストーブに指定された。そしてこの頃から戦時中は、これらの指定をうけた以外のストーブの生産は禁止され、他のメーカーも福禄からこのストーブの型をもらって生産するしかできなかったという。このような状勢の中で、福禄は、「暖房報国」・「国策順応」をモットーとして、満州や朝鮮にも販売におよんだ。[100] しかし当時は、ストーブ製造の最先端である福禄も、株式会社新潟鉄工の下請けとして軍需品を製造し、鍋・釜・籾殻竃・製粉機・豆擦り機等の生活必需品も製造していたのである。

写真16．「角型一〇五号（豪華型）」（川口市立文化財センター所蔵）

### ③最盛期

戦後は、本州の一般家庭に石炭ストーブが普及し、石炭ストーブの最盛期であるとともに、昭和二二年（一九四七）から昭和四〇年（一九六五）頃までが株式会社福禄の最盛期であった。また昭和二二年から昭和三〇年（一九五五）頃は、川口のストーブメーカー及び鋳物工場が全国のストーブ生産の約八〇パーセントを生産した時期でもあった。当時の福禄は、家庭用の「角型炊事」1号・2号を中心として、また地域的には北海道・東北地方をはじめとして、多い時には年間三五，〇〇〇～四〇，〇〇〇台が売れた（表38参照）。例えば北海道の松崎にある一特約店においては、月間二，〇〇〇台も売れたと言われ、会社の年商額は四億円にも達した。当時の福禄工場では、一日おきに一〇トンの銑鉄を溶解しないと間に合わず、一〇～一二回の「吹き」（溶解作業）によって合計一二〇トンの銑鉄を溶解すると、「御苦労様」と言って、従業員一同が食堂で乾杯したという。

この頃は、最も多く生産された「角型炊事」の年式変更や改造が盛んに行われ、昭和三二年（一九五七）には、「角型炊事」0号・1号・2号の3タイプとなった。また当時は、「角型」のデラックス版である「箱型」も開発されているし、本州に普及していった投込式の通称「ダルマストーブ」と称される「胴張型」に相当する「円型」の開発・製造にも力を入れている。

**④衰退期**

日本全国に普及した石炭ストーブも、昭和四〇年（一九六五）頃を境に石油ストーブに交代されるようになった。とくに昭和四五年（一九七〇）頃には、石油ストーブは改良されて熱量があがり、それに対して石炭ストーブは、点火に時間がかかるなどの理由により売れなくなっていった。福禄ストーブでは、「ＦＨ型」の開発も見られるが、全体的にシンプルにモデルチェンジされ、部品の兼用化がすすんでいったという。例えば、六七年式の「円型」1号・2号・5号と「コークス用」2号には、ともに同じ金型によって造られた上蓋が使用されているといった具合である。

そして、昭和四三年（一九六八）以降はストーブの改造はなされなくなり、平成四年（一九九二）三月には福禄川口工場が閉鎖し、生産が停止された。またこれとほぼ同時期に、かつて全国シェアの約八〇パーセントを生産していた川口の他のストーブメーカーも、その殆どが生産を止めてしまった。福禄において最後まで製造され

表38. 福録ストーブ型別出荷数（『川口のストーブ生産』より）

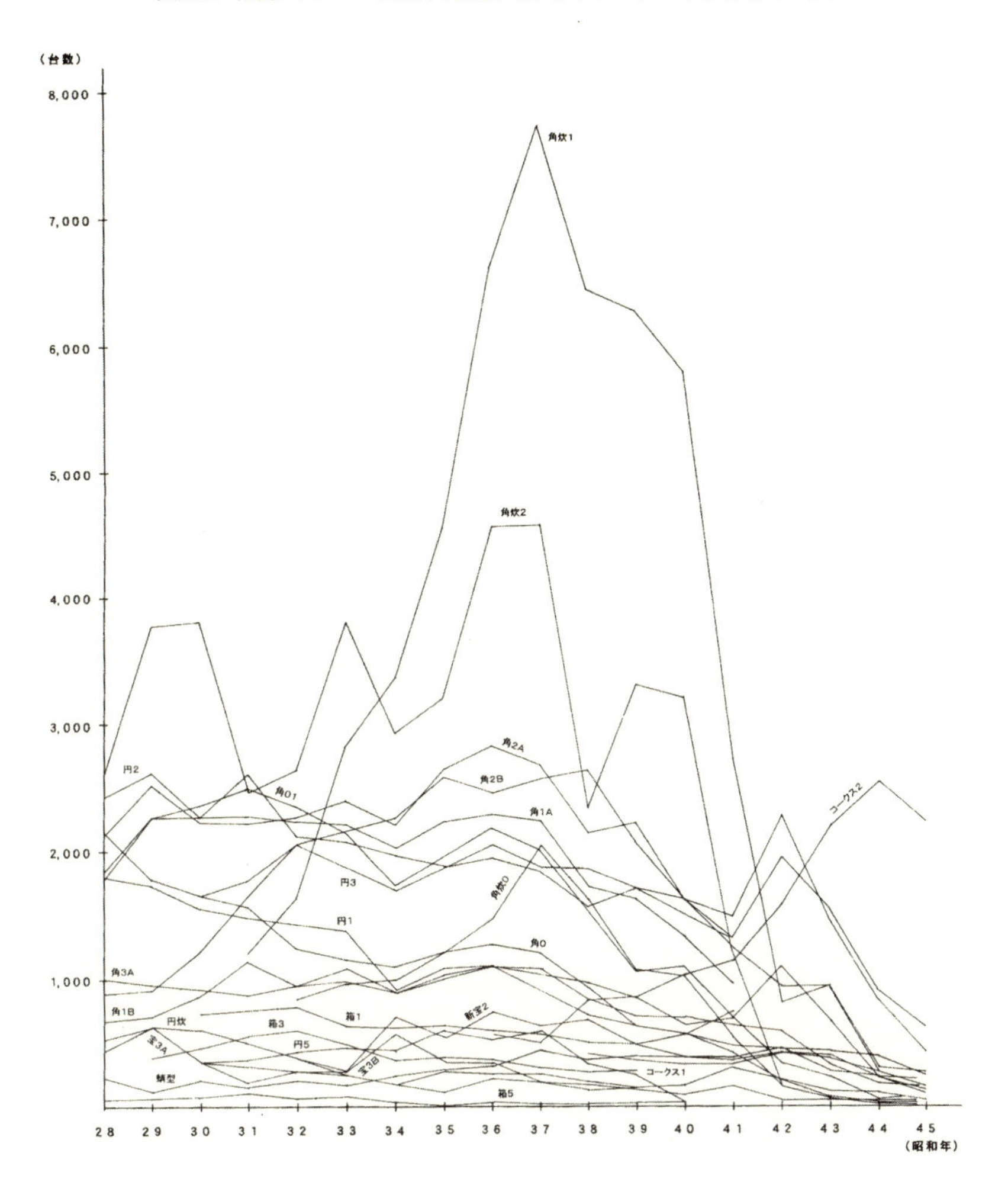

ていたストーブは、「角型」2号（六七年式）・「角型炊事」2号（六六年式）・「新宝」2号（六七年式）・「蛸型尺五」（六〇年式）・「コークス用」2号（六七年式）・「粉炭ストーブ」である。[101]

## 七、石炭ストーブと日本文化

これまで、前節で福禄石炭ストーブ製造の熟練技術、本節ではストーブ普及の歴史と福禄ストーブ製品の開発史について見てきた。ここでは、以上のことを整理検証し、石炭ストーブの重要性と日本文化との関連について論じる。

江戸時代末期には、石炭ストーブは西洋の暖房器具であった。しかし、その製品開発、製造技術、普及・定着の様相を検証すると、そこには明らかに日本の文化が存在するのである。

まず使い手の立場に立って暖房器具の変遷を整理すると、古来からの囲炉裏や火鉢があり、これに幕末に西洋から外来したストーブは、地域によって差異はあるがとくに北海道では、まず鉄板製薪ストーブが普及し、その後に鋳物製石炭ストーブが普及していったのである。そしてストーブは、北海道開拓の歴史をささえたのである。また一般家庭はもちろん、本州などにおいても、近代に新たにつくられていった官庁・駅・病院・学校・工場などの公共的な施設にも設置されていったのである。

その後は、石油ストーブ、電気ストーブ、エアコンディショナーと続き、現代に至っている。このように見ると石炭ストーブは、世の中が近代化していく中で、エネルギー源が薪から石炭へ、そして石油から電気へと推移していく中で、石炭が社会を担った大正時代から昭和四〇年代までの約五〇年間、つまり薪から石油・電気への過渡期に人々の生活を支えた暖房器具なのである。

これらによる我が国における暖房の近代化は、家屋構造の近代化とともに実施されたのであり、暖を採る暖房方法から、対流熱により部屋全体を暖める方法へと変化していったのである。しかし、石炭ストーブは、徐々に便利になりながらも、いまだ火の管理、つまり点火・給炭・消火など、火の扱いへの注意や慣れが必要なのであった。

また、先に見たように、薪ストーブが囲炉裏に蓋をして設置され、その跡を追って石炭ストーブが普及・定着していったのであるが、その際石炭ストーブは、正面が主人・左手が主婦・右手が客といった囲炉裏の座順という社会慣習と、暖房器具で煮炊きを行うという食習慣を継承していったのである。例えば、北海道で昔から囲炉裏でつくられていた「さんぺい汁」がストーブによってつくられるようになったのだという。

次に、石炭ストーブの製品開発について見ても、株式会社福禄が、囲炉裏に似せた「炊事兼用」ストーブを早くから開発し、戦後も「角型炊事」ストーブの開発・改良・大量生産に力を入れ、また販売された。その理由は、囲炉裏の座順と暖房器具での煮炊きという我が国の古くからの習慣を継承していくことにあったのである。福禄は、他にも火鉢に似せた日本間用の「座り福禄」や「豆福禄」という型を開発しているが、積極的に日本の慣習に合わせたストーブを開発していたのである。しかし、石油ストーブが普及すると、決められていた家族の座る位置は自然と消滅したのだという[102]。

次に、製造技術について見ると、まず石炭ストーブは、川口鋳物業が、分業化・協業化・大量生産化を進展させ、明治・大正期に伝統的な日用品鋳物生産から近代的な土木・機械鋳物生産へと転換を果たしていく過程において現れた、代表的日用製品と言うことができる。しかも、ストーブは熱が冷める時に壁面に収縮を起こすことから、均等な薄さによる壁面の鋳造が要求された。つまり、古来より日用品鋳物生産において川口が培ってきた伝統的な薄肉鋳造技術が、ストーブの生型造型技術の中でも活かされているのであり[103]、この点で川口鋳物業の特色を有する製品なのである。

また、例えば最も多く生産された「角型炊事」2号（六一年式）は二十九個の部品から組み立てられており（図

13参照)、先に紹介したように分業化された製作工程を、鋳物屋をはじめとした複数の職工たちが協業しているが、そこには、親方請負制をはじめ、職人的職工が長年にわたって培い継承してきたカンや熟練技術が随所に生きていたのである。

　最後に、岩井宏實によれば、「民具」としての成立条件は、作り手と使い手や社会における意匠・構造についての「共通の理解」があることと、社会の中で「伝統的に共有」され、「慣行的に伝承」されることであるという[104]。これを踏まえて筆者は、先に近代の工業製品に見られる特徴として「協

図13. 角型炊事2号61年式部品構成図（川口市教育委員会『川口のストーブ生産』より）

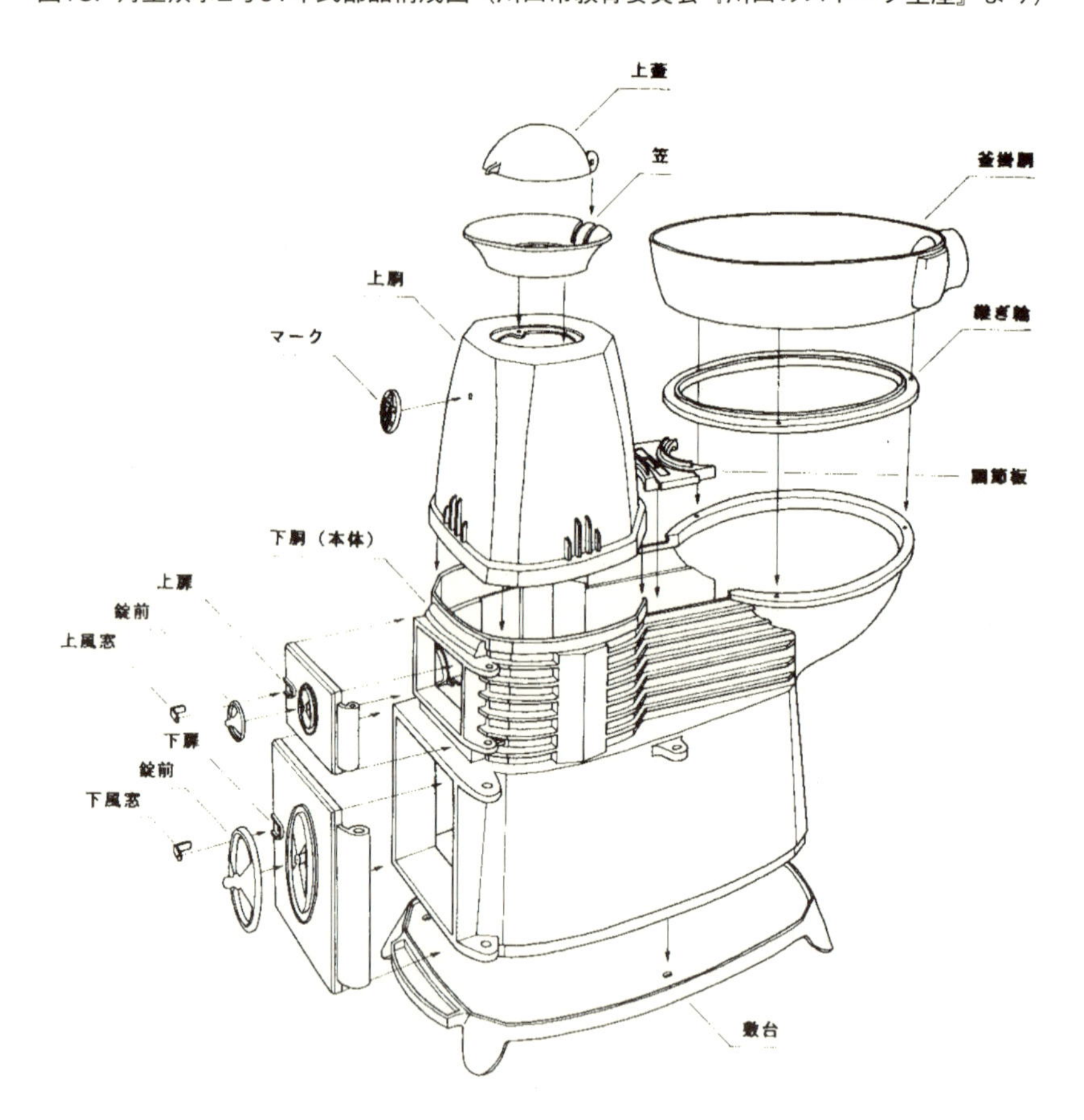

同・分業製造の民具」なる視点を提示し、作り手と使い手それぞれの立場における調査研究の必要性を説いたのであるが[105]、岩井のこの定義の「伝統的」や「慣行的」という表現にはある種の曖昧性が存在するものの、これを石炭ストーブの製品開発や普及・定着の様相において検証すると、石炭ストーブは、明らかにこの「民具」の定義に該当するものと思われるのである。

また、作り手と使い手の「共通の理解」を得るということは、職人や専門生産者がつくった民具や道具はその構造や使用法を一般消費者に対してどのように説明され理解されたのかという問題であり、とくに石炭ストーブの場合は、使用にあたって煙突と敷台を使用して各家に据え付けなければならず、点火・給炭・清掃などを行わなければならない。株式会社福禄では、構造や使用法を伝達し、また部品交換や修繕までも行う役割を担ったのが、全国的に契約し配置されたその代理店や特約店である。他社製のストーブでも、付随した説明書とともに、これを販売する商店や小売店がこれを行っていたのである[106]。

以上のように、石炭ストーブについて、製品開発、製造技術、人々の利用の三つの観点から分析してきた。その結果、石炭ストーブは、西洋から外来した工業製品であり、日本の暖房生活を採暖から空間の暖房へと変化させてきたのではあるが、三つのいずれの分野においても、それまでの日本の社会的慣習や伝統技術といった民俗的な日本文化を継承した暖房器具なのである。つまり石炭ストーブは、西洋から取り入れられた後に、日本的に改良し開発され生産されて、またある部分において日本的に利用されていった暖房器具なのである。

そして、石炭ストーブの歴史から我が国の暖房生活の変革つまり近代化について考えると、つまり日本の近代化は、幕末から昭和にかけて、単に西洋からの新設備や新技術を取り入れただけではなく、またそれによって従来からあった囲炉裏や火鉢といった暖房具にかかわる文化やそれまでの鋳造技術を全く切り捨ててしまうのではなく、むしろ新文化と併せてそれまで行われてきた伝統的文化を継承していくことによって推進されてきたのだと言うことができるのではないか。

以上のことから筆者は、石炭ストーブを、日本文化とその歴史や近代化の様相を窺い知るうえで、極めて重要な「近代の民具」であると考えるのである。

## 八、結語

ストーブは幕末に西洋からもたらされた。このことからストーブの普及は、当然ながら日本生活様式の西洋化であるという見方がある。

しかし以上のように、とくに石炭ストーブについて、製品開発、製造技術、普及・利用の三つの観点から分析・検証した結果、これは、幕末に西洋からもたらされた工業製品として我が国の暖房法に変化をもたらしながらも、日本的に改良され、日本的に生産され、ある部分日本的に利用されることによって、我が国の大正・昭和の暖房生活をささえてきたのである。つまり、石炭ストーブは、我が国の産業や生活の近代化の中にあって、なおも日本文化の特色を極めて良く継承し表現してきたのであり、日本文化とその近代化の様相と特色を語るうえで極めて重要な暖房器具なのである。

言い換えれば、石炭ストーブから日本の近代化を見れば、日本の近代化は、西洋新文化を日本的に受容し、これを日本的に生産し、日本的に利用し、やがて産業と生活を変化させていったのである。このように考えると日本の近代化は、西洋文化を受容しながらも、日本文化をも継承していこうとすることによって成し遂げられたと言うこともできるのではないか。

# 註

（1）佐藤雅也　二〇〇七「近代と民具」『民具研究』特別号　八三～九二頁
（2）加藤隆志・石垣悟・岡本信也・小島孝夫・印南敏秀・鈴木通大　二〇〇九「〔特集〕第33回民具学会大会公開シンポジウム・いま、なぜ『民具』研究か」『民具研究』第一四〇号　一～二三頁
（3）三田村佳子　一九九八『川口鋳物の技術と伝承』聖学院大学出版会　一七八～二一五頁
（4）川口鋳物同業組合　一九二六『川口営業案内誌』
（5）川口市　一九五二『川口市特産品綜合カタログ』
（6）十方庵敬順・朝倉治彦校訂　一九八九『遊歴雑記初篇2』平凡社（東洋文庫）一三八頁
（7）前掲（4）
（8）小野文雄編　一九九二『図説埼玉県の歴史』河出書房　一八六・一八七頁
（9）前掲（3）一九四頁
（10）前掲（3）一八八～一八九頁
（11）岩井宏實・工藤員功・中林啓次　二〇〇八『絵引・民具の事典』河出書房
（12）前掲（5）
（13）宇田哲雄　二〇〇〇「ストーブの生産と普及」『民具研究』第一二二号
（14）宇田哲雄　二〇〇八「町工場」『日本の民俗十一　物づくりと技』所収　二四四～二六〇頁
　宇田哲雄　二〇〇八「福禄石炭ストーブの製品開発について」独立行政法人国立科学博物館『第4回国際シンポジウム・日本の技術革新　―理工系における技術史研究―　講演集・研究論文発表会論文集』一二三～一二五頁
（15）平野利友　一九二八『川口商工便覧』関東商工新聞社　二二九頁
（16）岩田孝司・平野利友　一九三四『川口市勢要覧』関東商工新聞社　三八六～三八七頁
（17）前掲（16）四〇五頁

(18) 宇田哲雄　二〇〇九「鋳物工場の屋号と家印について」『風俗史学』第三八号
(19) 松井一郎　一九九八『地域百年企業　―企業永続の研究―』公人の友社　二八四～二八七頁
(20) 前掲（16）四四一頁
(21) 前掲（16）四〇一頁
(22) 川口大百科事典刊行会　一九九九『川口大百科事典』三四八～三四九頁
(23) 前掲（22）三五〇～三五一頁
(24) 前掲（22）一七二～一七四頁
(25) 松井一郎・永瀬雅記　一九八七『埼玉の地場産業』埼玉新聞社　一四九～一七〇頁
(26) 中岡一郎　一九七一『工場の哲学　―組織と人間―』平凡社　三一～三二頁
(27) 尾高煌之助　一九九三『職人の世界・工場の世界』リブロ・ポート　二二六～二三〇頁
(28) 前掲（14）
(29) 北村敏は、現代の町工場において、経験に基づいた、道具を巧みに使いこなす技能と、問題解決のため創意工夫する技術の二つの重要な熟練技術が生き続けていると指摘している。
北村敏　二〇〇三「ものづくりのまちの技能」『技能文化』第一三号
北村敏　二〇〇五「熟練技術と現代産業　―町工場から世界へ―」『日本民俗学』第二四二号
(30) 岩井宏實　二〇〇〇「民具」『日本民俗大辞典』下巻　吉川弘文館　六三四～六三六頁
(31) これは理工系学会における技術革新の研究と接点を共有すると思われる。例えば、独立行政法人国立科学博物館　二〇〇四～二〇〇五『日本の技術革新　―理工系における技術史研究―』
(32) 前掲（1）八三～九二頁
(33) 宇田哲雄　二〇一一「カタログに見る鋳物関連製品の変遷と地域産業史　―単独製作から協同・分業製造へ―」『民具研究』第一四三号
(34) 前掲（27）一七頁
(35) 鈴木　淳　一九九九『日本の近代13　新技術の社会誌』中央公論社　一二五～一二六頁

(36) 中岡哲郎　二〇〇六『日本近代技術の形成―〈伝統〉と〈近代〉のダイナミックス―』朝日新聞社　四頁
(37) 田村　均　二〇〇四『ファションの社会経済史―在来織物業の技術革新と流行市場―』日本経済表論社　三一～三三、七一～一一五頁
(38) 川口市　一九八八『川口市史・通史編』下巻　一七七～一七九頁
(39) 前掲（3）一九頁
(40) 前掲（38）一七五～一七九頁
　前掲（3）一七～一九・二一三頁
(41) 前掲（38）一八〇～一八一頁
(42) 前掲（3）二一～二三頁
(43) 朝岡康二・田辺律子　一九八二『暮らしの中の鉄と鋳物』ぎょうせい　一二〇頁
(44) 前掲（3）三〇～三二頁
(45) 川口市教育委員会　二〇〇〇『川口市民俗文化財調査報告書第五集―川口のストーブ生産―』二六～二七頁
(46) 川口市教育委員会　一九九四『川口市民俗文化財調査報告書第三集「鋳物の街金山町の民俗Ⅰ―大正末期から昭和初期の様子―」』六頁
(47) 千々岩健児　一九八〇『鋳物の現場技術』日刊工業新聞社　六九～九四頁
(48) ここで詳細に記述する余裕はないが、例えば同じ鋳造業において溶解炉を扱う焚屋が、江戸時代からの甑炉を前日に耐火煉瓦や耐火性粘土などを用いて補修・準備（シタク）し、当日に銑鉄の溶解と湯出しを行っていたところ、明治時代に西洋からキューポラが導入されると、その構造に併せて変更しながらも同様にシタクと溶解を担当したことについて、やはり鉄の溶解に関する民俗技術の活用と発展を見ることができると考えている。
　また、先に紹介した田村均の織物業の技術革新における高機技術の発展についても同様に捉えることができるのではないかとも考えている。

(49)宇田哲雄　二〇一二　「近代鋳物職人の生き方に関する一考察」『民具マンスリー』第四五巻四号
(50)森　清　一九八一　『町工場　―もうひとつの近代―』　朝日新聞社　三三〇頁
(51)前掲（26）九七〜九九、三四〜三六頁
(52)小関智弘　二〇〇二　『町工場巡礼の旅』　現代書館　二〇四頁
(53)宇田哲雄　二〇一三　「鋳造業の近代化と民俗技術　―伝統的焼型法と西洋式生型法―」『民具マンスリー』第四六巻二号
(54)前掲（3）二二頁
(55)前掲（38）一七四〜一七五頁
(56)前掲（27）二六二〜二六九頁
(57)阿部要介　一九八二　『ストーブ物語』　北海道テレビ放送　六〜九頁
(58)矢島　睿　一九八〇　「ストーブ」『北海道開拓記念館研究報告第五号　―北海道の伝統的生産技術―』
(59)鈴木寅夫　一九七九　「民俗資料川口市指定文化財フクロクストーブコレクション叙説」『川口史林』第二一・二二合併号
(60)前掲（59）
(61)前掲（45）一九頁
(62)前掲（47）二八一〜二八四頁
(63)前掲（45）一九〜三三頁
(64)新穂栄蔵　一九八六　『ストーブ博物館』　北海道大学図書刊行会　五四頁
(65)前掲（64）八頁
(66)前掲（64）五二〜六七頁
(67)前掲（57）六〜九頁
(68)柳田國男　一九四四　『火の昔』　定本柳田國男集第二一巻　二三七頁　筑摩書房
(69)前掲（64）二〜二八頁

（70）宇田哲雄　二〇一四「民俗学における産業研究の沿革と重要性について　―産業民俗論序説―」『日本民俗学』第二七八号
（71）前掲（58）
矢島睿　一九七八「北海道における石炭ストーブの製造と普及　―貯炭式ストーブを中心として―」『北海道開拓記念館調査報告第一六号』
（72）札幌市教育委員会　一九九七『北の生活具』北海道新聞社
（73）前掲（57）
（74）前掲（64）
（75）関秀志・紺谷憲夫・氏家等・出利葉浩司　一九九六『北海道の民具と職人』北海道新聞社　八二～九八頁
（76）大久保一良　二〇〇〇『北海道のストーブに関する記録　―安政3年から明治20年まで―』旭図書刊行センター
（77）川口市教育委員会　二〇〇四「福禄石炭ストーブの追加指定について」埼玉県文化財保護協会『埼玉の文化財』第四五号所収
（78）前掲（59）
鈴木寅夫　一九六九「福禄ストーブの歩み」『川口史林』第三号
鈴木寅夫　一九八〇「川口市有形民俗文化財フクロクストーブのポスターに就いて」『川口史林』二三・二四合併号
（79）筆者はこれまで、株式会社福禄と当社の石炭ストーブ製造の歴史を辿り、石炭ストーブの普及、福禄石炭ストーブの製品開発、石炭ストーブの製造工程と熟練技術について、それぞれ別稿にて報告してきた。
前掲（13）
前掲（14）
宇田哲雄　一九九九「福禄石炭ストーブ研究序説」『民具研究』第一一九号
（80）前掲（45）

(81) 前掲(57) 六〜九頁
(82) 前掲(75) 八四頁
(83) 前掲(72) 一二八頁
(84) 前掲(75) 八七〜八九頁
前掲(72) 一九九〜二〇〇頁
(85) 前掲(75) 九二〜九八頁
前掲(58)
(86) 前掲(64) 七八〜八〇頁
(87) 前掲(72) 二七四〜二七六頁
(88) 前掲(75) 九〇〜九二頁
(89) 前掲(58)
(90) 前掲(45) 一九頁
(91) 前掲(59)
(92) 前掲(59)
(93) 前掲(78) 鈴木寅夫　一九六九
(94) 前掲(78) 鈴木寅夫　一九八〇
(95) 前掲(59)
(96) 前掲(94)
(97) 札幌市　一九九五『昭和の話』北海道新聞社　三三頁
(98) 前掲(59)
(99) 前掲(59)
(100) 前掲(59)
(101) 株式会社福禄　一九九一「平成三年度フクロクストーブ暫定定価表」

(102) 前掲(75) 八七頁
(103) 前掲(53)
(104) 前掲(30) 六三四〜六三六頁
(105) 前掲(33)
(106) このことは、商業が発達するにつれて、民具生産者が直接消費者一人ひとりに説明する機会は少なくなること、またとくに近代の工業製品を研究対象とする場合には、留意しなくてはならない問題であると考える。

# 終章　近代鋳物産業の民俗と今後の課題

## 一、近代鋳物産業の民俗

### 鋳物工場社会と民俗

ここでは、これまでの総括を行い、今後近代産業を研究していくうえでの課題を指摘する。

まず、鋳物工場という社会は、親方（社長）・職長・職人（職工）・徒弟（見習い工）・事務員などにより構成され、協業によって鋳物製品や部品を製造し、資本をもとに経営がなされ、地域の産業を構成し、技術が開発・継承され、儀礼が行われる社会単位である。工場社会において行われてきた社会的行為や慣行の中には、世代を超えて伝えられたり、古来から継承された考え方を基盤として行われてきたものが少なからず存在するのである。

第一章では、まず第一に、鋳物工場の開業過程を分析すると、「家」を興し永続を志向する考え方、職人の技術力を尊重し優位とする考え方、外部からの経済力や資本力を容認し受容しようとする近代的な考え方などが存在していたのである。とくに明治の企業勃興を支えた多くの工場開業は、徒弟や買湯の慣行を経験した職人たちであったが、大正中頃以降の開業には、内容的に変化が見られる。

第二に、古来よりムラ社会等で見られた家印や屋号の慣行も、従来の民俗の一部形を変えた新しいタイプのものを創出させながら、工場社会において継承・創造され、称号や商標、社標として発展し、近代法のもと産業社会の秩序維持に貢献しているのである。

第三に、技術を持った鋳物職人が資本を蓄積し工場開業を支援する制度とされ、川口鋳物業特有の慣行とされてきた買湯慣行も、近代的に変遷を辿りながら行われてきたのである。それは、西洋新技術である西洋式生型法の導入にともない柔軟に変化し、湯を買う工場の一隅を借り、職人一人によるものではなく、職人や雑役を雇って組仕事（協業）を行い、工場名（称号）を持ち看板を掲げる、近代の買湯屋とも言うべき形態が現れた。またこの買湯慣行は、結果的には西洋の外来新技術の受け皿ともなっている。

このように工場社会では、徒弟制や買湯制、屋号や家印、技術を尊重する考え方や家の永続を願う考え方が継承され、それぞれ近代産業を支えその発展に貢献しているのであるが、その形や機能を近代的に変化させて存在しているのである。それは、単に過渡的な現象ではなく、予め発展様式が内在された特有な民俗文化としても捉えることができる[1]。

**近代鋳物職人と産業地域社会**

次に、産業をささえまた産業によりささえられた地域社会、つまり産業地域社会の特質について見ると、第一に、例えば農村地域などで見られるような家の歴史の古さを優位とする考え方よりも、経済力を持つ者を社会的に優位に位置づけようする考え方があり、たとえ新参者でも、「金ばなれのいい人」などと言われ、寄付金等により地域の発展に貢献することによって、その地域における政治権力を獲得することもできたのである。これは、産業の発展がその地域社会の発展に寄与しているという現実に由来しているのであろう。

第二に、中小工場に熟練的職工が活躍していた高度経済成長期は、川口鋳物産業の最盛期でもあった。戦後は文芸や社会教育の普及が見られ、職工たちがつくった短歌も、近代を扱う場合は貴重な資料である。短歌集には、不景気や後継者不足、職業病等の辛さを乗り越えて、モノをつくる悦びや誇り、工場主への夢、町への愛着、近代化への憧れなど、キューポラを象徴とする近代鋳物産業地域社会の精神文化が詠われている。

第三に、そのような志向性や行動は、鋳物職人や職工たちの人生にも表れており、技術向上を追求し、工場主をめざし、地域発展に貢献したり、川口の外での活躍も確認できた。また職人たちの経歴からも、西洋の新技術が、徒弟制や渡り職人といった慣行によって、修得・普及したことが分かるのである。

このように鋳物産業地域社会の特質として指摘できることは、産業が地域の政治権力や社会秩序を形成させていること、また職人社会から技術を尊重する考え方が受け継がれ、職人や職工たちにとって「労働」とは、単に賃金を得るためのものではなく、技術向上を望むことであり、モノヅクリを悦び誇ることであり、工場主を夢見ることであり、また地域発展に貢献することであったのである。

## 近代鋳物産業の民俗技術

第三章では、第一に、近代の川口鋳物産業と鋳物製品の変化を概観して、これまでの伝統的民具に対する、近現代の民具を捉える「協同分業製造の民具」と言う視点を抽出し、作り手と使い手のそれぞれの立場に立った調査研究の必要性を指摘した。

第二に、鋳造業の明治時代の近代化の一つである西洋式生型造型法の導入について、在来の伝統技法との比較から分析し、この近代化について、西洋新技術の接触と受容を通じての、在来伝統技術の変容および発展として捉える視点を提示した。

第三に、鋳物製石炭ストーブの製造状況を見ると、分業化の進展した製造工程における職工たちの作業の中に、先人たちが培ってきた民俗技術を継承した熟練技術が活かされているのである。

第四に、これを踏まえたうえで、鋳物製石炭ストーブは、西洋から外来した工業製品であるにもかかわらず、その受容過程において、日本の社会的慣習や薄肉鋳物などの伝統技術を継承することによって、日本的に造り変えられ、日本的に生産・普及・定着した、日本の民俗文化を窺い知るうえで重要な「近代の民具」なのである。

このように近代鋳物産業における民俗技術についても、確実に民俗文化は存在し、伝統を継承しながらも、ある部分変化・発展させている様相を見ることができるのである。そして日本の近代化は、西洋文化を受容しながらも、それまでの日本文化をも継承しようとすることによって成し遂げられたと言うこともできるのではないか。

## 二、川口鋳物産業研究の課題

川口鋳物産業研究における今後の課題を指摘する。

まず、機械業や木型業、製罐業や熔接業などの鋳物産業体系を構成する関連業種について、そこに存在してきた民俗的事象や熟練技術を、調査研究しなければならない。

とくにおそらく鋳物業などよりも多くを西洋から移入しているであろう、機械に取り付けた金属刃物によって金属を加工する機械業においても、何故これほどまでに職人的世界を花開かせたのであろうか。そこには、長年にわたって鋼と鋳鉄など金属の性質と関わり続けてきた、鍛冶屋をはじめとする職人層の業種を超えた対応と展開が想定されるのである。[2]

また鋳造技術においても、在来の溶解炉である甑炉に対するキューポラの移入の問題がある。西洋からもたらされ、製罐工場が製造するキューポラの導入は、火力と溶解量の向上による大量生産をもたらしたが、その構造は甑炉とほぼ同様であり、そこには確実に、鋳鉄をその溶解状況の性質を見ながら扱う、焚き屋職人の熟練技術が継承されている。

今後これらの調査研究を進展させることによって、職工たちに「川口気質」や「一城の主」への夢、先に指摘したような労働観が定着するにいたった理由を検証していきたい。[3]

## 三、近代産業研究におけるいくつかの課題

次に、今後民俗学が近代産業を調査研究していくうえで、いくつかの課題を指摘する。

まず第一に、今後は、例えば鉱工業や造船業など、他業種あるいは他地域の産業とその産業地域社会について、大きく見てもそれぞれの産業に特有なものと各産業に共通するものという少なくとも二つの視点を持ちながら、工場社会や企業社会、産業地域社会、人々の労働観や人生観などについて、調査・研究をしていかなければならない。

当然のことながら、業種が異なれば、その地域の産業構造は異なるし、[4] 例えば企業城下町などはその企業の政治権力が一層強い社会秩序を形成していること、[5] 逆に多業種の中小工場が集積している町工場地帯などはまた違った様相を呈するであろう。しかしそれぞれの中に、必ずや形を変えながらも前代から継承したり、日本人的な民俗文化があるはずである。

第二に、川口鋳物産業における課題においても指摘したが、産業地域社会において、その構成員たちが共有しているところの価値観がどのように形成されていったかという問題である。一つは、徒弟制度を背景とした職人社会の慣習から継承してきた面があり、もう一つは、工場社会における日本古来の家的な事象に代表されるムラ的な、または農民的と言ってもよいと思われる面がある。このことは、以前にも森清が東京の町工場においても指摘しているが、[6] 多くの農家の次・三男が都市に出て奉公後に職人（職工）となっていることもあり、我が国の近代産業社会においては、「職人」と「農民」の少なくとも大きく二つの文化的な流れによって形成されているのではないか。

このように改めて近代社会を構成している文化的な構成要素として、「職人」と「農民」とを考えると、一方で、柳田國男による兼ねてからの指摘である商人や職人の起源が農村であったこと、[7] また梅棹忠夫も「文明史から見た日本の商業と工業」において、日本の農業と工業の類似性、つまり農民と職工における性質の共通点を説いていることは注目される。[8] この問題は、現代に何故「技術大国日本」と言われるのかに関わる重要な課題であると考える。

第三に、民俗学が幕末以降の日本の近代化をどのように捉えるかという問題である。これは、やはり近代産業の業種によってその産業構造や過程、様相が異なると予想されるが、西洋技術や機械の移入によって大きな発展を遂げた諸産業において、在来の民俗技術がどのように関わり活かされていったのか、また在来技術がない場合はどうであったのかという問題と、これによる社会変革によって日本人の民俗や生活、生き方などがどのような変化を辿ったのかという二つの問題である。

先に紹介したように、近年、導入した西洋新技術に対して、日本の職人や在来技術の重要性が説かれているが、この方向性を考えると、梅棹忠夫が説いているところの、日本近代文明を西欧近代文明に対して一種の平行的な進化を遂げた過程であると捉える日本文明論の視点は、今後大いに参考とすべきであると考える。(9) そして改めて、日本的なるものを確認していきたいと考えるのである。

最後に第四として、川口鋳物産業の研究においても、買湯慣行とともにその重要性を指摘したところであるが、工場社会の一つの重要な要素として「協業」があるとすれば、工場内部において、協業の労働体制であり、個人仕事ではない「組仕事」が存在し、一定の役割を果たしてきた。「組仕事」とは何であるか。これは、「親方請負」とも呼ばれ、また建設業や土建業などの他業種にも存在するし、歴史的にも古くから行われてきた。組仕事という労働形態の歴史と民俗的意義を、調査研究する必要があるのではないか。

このような近代産業研究における課題は、現段階での筆者の考えるところではあるが、今後の研究の進展にともなって、必ずや現出してゆくことになるであろう。

## 四、結語

以上みてきたように、埼玉県の川口鋳物産業における調査研究によれば、近代産業においても確実に民俗は存在してきた。民俗学は、将来の社会のために、近代産業を研究していく必要があるのである。

工場社会、地域社会、民俗技術の面からともに言えることは、徒弟制や買湯制、屋号や家印、技術尊重の考え方や家永続を願う考え方、薄肉鋳造技術などが継承され、それぞれが産業を支えその発展に貢献しているのであるが、その形を近代的に変化させて存在していることである。また西洋外来のストーブも、日本的に改良・生産・普及されたのである。

そもそも大方の日本人は、賃金を得るためだけに「労働」してきたのではない。変動する産業社会の中で、先人達から継承したものを近代的に変化させながら、モノヅクリ、技術の修得や向上、工場の開業や存続、地域社会への貢献などのために、働いてきたのである。そこには、間違いなく、日本人的な考え方や行動、そして生き方があり、まぎれもなくそれは文化なのである。

それには、まず我が国における産業が、第一次産業から第二次産業、そして第三次産業へと産業構造が変化していった過程を観察していかなければならないのではないか。つまり、民俗学が農村の民俗学から都市の民俗学に発展し、そして将来の現代的課題に答えていく民俗学を模索するためにも、農村と都市を歴史的に結び、農業から工業・商業への産業変化過程を捉える民俗学が必要なのである。

最後に、民俗学による近代産業研究が、ますます進展していくことを切に願うものである。

## 註

（1）斎藤修は、明治大正期の町工場について、大工場とは異質で、伝統に根ざしながらも伝統技能を維持するだけでもない混成型（ハイブリット）の職人職工的な世界であり、単に過渡的な世界ではなく、独自の発展様式を内在し、独特の仕事文化を創出していたと捉えている。

斎藤修　二〇〇六「町工場世界の起源　―技能形成と起業志向―」『経済志林』第七三号

（2）森清も、鍛冶屋から町工場への継承と断絶を指摘している。

森　清　一九八一『町工場　―もうひとつの近代―』朝日新聞社　四六～五〇頁

（3）斎藤修は、農村出身者が徒弟や見習を経験し、技能を修得後工場を開業した例が多いことから、町工場の労働観・技能観の農家起源説を指摘している。

前掲（1）

（4）中野　卓　一九七八『下請工業の同族と親方子方』お茶の水書房

（5）色川大吉　一九九六「「企業城下町」水俣の民俗」佐高信編『現代の世相2　会社の民俗』所収　小学館九五～一一四頁

（6）前掲（1）三一一～三一五頁

（7）柳田國男　一九二九『都市と農村』定本第十六巻　筑摩書房三〇四～三〇七頁

（8）梅棹忠夫　一九九〇『梅棹忠夫著作集』第七巻（日本研究）中央公論社四一六～四一七頁

（9）梅棹忠夫　一九七四『文明の生態史観』中央公論社　一〇二～一一六頁

# 参考文献


朝岡康二　一九八四『鍛冶の民俗技術』慶友社
朝岡康二　一九九三『鍋・釜』法政大学出版局
朝岡康二　一九九四「民俗学と民具研究」『日本民俗学』第二〇〇号
朝岡康二・田辺律子　一九八二『暮らしの中の鉄と鋳物』ぎょうせい
阿部要介　一九八二『ストーブ物語』北海道テレビ放送
網野善彦　一九八四『日本中世の非農業民と天皇』岩波書店
荒井貢次郎　一九五九「制裁」『日本民俗学大系』第四巻　平凡社
有末　賢　二〇一二『生活史宣言　―ライフヒストリーの社会学―』慶応義塾大学出版会
有末　賢・内田忠賢・倉石忠彦・小林忠雄編　二〇〇三『都市民俗生活誌第二巻　都市の活力』明石書店
飯島友治　一九六一「家主と店子」『日本生活風俗史・江戸風俗3（町人の生活）』雄山閣
板橋区　一九九七『板橋区史（資料編5民俗）』
板橋区　一九九九『板橋区史（通史編）』上巻
犬丸義一校訂　一九九八『職工事情（中）』岩波書店
井上こみち　一九九〇『風とキューポラの町から』くもん出版
猪瀬直樹　一九八六『ミカドの肖像』日本の近代・猪瀬直樹著作集第五巻所収　小学館
猪瀬直樹　一九八八『土地の神話』日本の近代・猪瀬直樹著作集第六巻所収　小学館
猪瀬直樹　一九九〇『唱歌誕生　―ふるさとを創った男―』日本の近代・猪瀬直樹著作集第九巻所収　小学館
色川大吉　一九九四『昭和史　世相篇』小学館
岩井宏實　一九八五「民具の概念」『民具研究ハンドブック』雄山閣
岩井宏實　二〇〇〇「民具」『日本民俗大辞典』下巻　吉川弘文館

岩井宏實・工藤員功・中林啓次　二〇〇八　『絵引・民具の事典』　河出書房
岩井宏實　二〇一二　「宮本常一先生を偲ぶ」『民具研究』　第一四六号
岩田孝司・平野利友　一九三四　『川口市勢要覧』　関東商工新聞社
岩間英夫　二〇〇九　『日本の産業地域社会形成』　古今書院
岩本通弥　一九九八　「『民俗』を対象とするから民俗学なのか　―なぜ民俗学は『近代』を対象としなくなったのか―」『日本民俗学』　第二一五号
岩本通弥編　二〇〇三　『現代民俗誌の地平3　記憶』　所収　朝倉書店
岩本通弥・菅豊・中村淳編　二〇一二　『民俗学の可能性を拓く　―「野の学問」とアカデミズム―』　青弓社
印南敏秀　一九九七　「流通民具についてのいくつかの視点」『民具研究』　第一一五号
宇田哲雄　一九九二　「家例としての禁忌習俗の発生」『日本民俗学』　第一九一号
宇田哲雄　一九九五　「福禄ストーブ」『民具マンスリー』　第二八巻四号
宇田哲雄　一九九七　「村落政治の民俗」『講座日本の民俗学3〈社会の民俗〉』　雄山閣
宇田哲雄　一九九七　「福禄ストーブの形式について」『民具研究』　第一一四号
宇田哲雄　一九九八　「鋳物工場名と商標について　―『川口鋳物同業組合員案内名簿』よりみた昭和5年頃の川口鋳物業―」『民俗』　第一六六号
宇田哲雄　一九九九　「川口鋳物業研究の視点　―産業の近代化と民俗学―」『日本民俗学』　第二一九号
宇田哲雄　一九九九　「福禄石炭ストーブ研究序説」『民具研究』　第一一九号
宇田哲雄　二〇〇〇　「ストーブの生産と普及」『民具研究』　第一二二号
宇田哲雄　二〇〇〇　「平成ダルマストーブ事情」『民具マンスリー』　第三三巻一五号
宇田哲雄　二〇〇〇　「平成ダルマストーブ事情　―函館編―」『民具マンスリー』　第三三巻四号
宇田哲雄　二〇〇一　「鋳物の町の精神史一端　―歌集『キューポラの下にて』から―」『風俗史学』　第一四号
宇田哲雄　二〇〇二　「短歌に見る鋳物の街の生活史　―歌集『鋳物の街』から―・その一」『まるはとだより』　第一五二号

宇田哲雄　二〇〇二「短歌に見る鋳物の街の生活史　―歌集『鋳物の街』から―・その二」『まるはとだより』第一五三号
宇田哲雄　二〇〇二「川口鋳物工業と文化財」『日本民俗学』第二二九号
宇田哲雄　二〇〇五「川口鋳物工業における工場の創設について」『風俗史学』第三一号
宇田哲雄　二〇〇八「福禄石炭ストーブの製品開発について」独立行政法人国立科学博物館『第四回国際シンポジウム・日本の技術革新　―理工系における技術史研究―　講演集・研究論文発表会論文集』
宇田哲雄　二〇〇九「鋳物工場の屋号と家印について」『風俗史学』第三八号
宇田哲雄　二〇一〇「鋳物工場の展開　―川口鋳物工業を例として―」田中宣一先生古希記念論文集編纂委員会編『神・人・自然　―民俗的世界の相貌―』所収　慶友社
宇田哲雄　二〇一一「カタログに見る鋳物関連製品の変遷と地域産業史　―単独製作から協同・分業製造へ―」『民具研究』第一四三号
宇田哲雄　二〇一二「鋳物業における買湯慣行の変遷と協業」『民具マンスリー』第四四巻一〇号
宇田哲雄　二〇一二「まるはと叢書第十集『青年詩集　工都川口日録抄』」『民具マンスリー』第四四巻一一号
宇田哲雄　二〇一二「産業と地域社会秩序　―川口市を例として―」『民俗学論叢』第二七号
宇田哲雄　二〇一二「近代鋳物職人の生き方に関する一考察」『民具マンスリー』第四五巻四号
宇田哲雄　二〇一二「産業をささえる住生活　―川口鋳物産業を中心に―」『風俗史学』第四九号
宇田哲雄　二〇一三「鋳造業の近代化と民俗技術　―伝統的焼型法と西洋式生型法―」『民具マンスリー』第四六巻二号
宇田哲雄　二〇一四「民俗学における産業研究の沿革と重要性について　―産業民俗論序説―」『日本民俗学』第二七八号
宇田哲雄　二〇一四「川口機械工業の歴史と慣行」『風俗史学』第五七号
宇田哲雄　二〇一四「成田山新勝寺石段横張奉納費　―産業地域社会の遺産―」『民具マンスリー』第四七巻八号
宇田哲雄　二〇一六「石炭ストーブと日本文化」『民具研究』第一五四号

宇田哲雄　二〇一七「鋳物工場の開業に見る民俗的思考」『日本民俗学』第二九一号
宇田哲雄　二〇一八「鋳物の町の精神史再考」『民俗学論叢』第三三号
内田三郎　一九七九『鋳物師』埼玉新聞社
内田忠賢・村上忠喜・鵜飼正樹　二〇〇九『日本の民俗第一〇巻　都市の民俗』吉川弘文館
梅棹忠夫　一九七四『文明の生態史観』中央公論社
梅棹忠夫　一九八六『日本とは何か　―近代日本文明の形成と発展―』日本放送出版協会
梅棹忠夫　一九九〇『梅棹忠夫著作集』第七巻（日本研究）中央公論社
遠藤元男　一九八五『日本職人史序説』雄山閣
大門正克　二〇〇〇『民衆の教育経験　―農村と都市の子ども―』青木書店
大久保一良　二〇〇〇『北海道のストーブに関する記録　―安政3年から明治20年まで―』旭図書刊行センター
太田一郎　一九九一『地方産業の形成と地域形成　―その思想と運動―』法政大学出版局
大田区立郷土博物館　一九九四『工場まちの探検ガイド　―大田区工業のあゆみ―』
大森元吉編　一九八七『法と政治の人類学』朝倉書店
岡田　博　一九九三『鋳物の街』鳩ヶ谷市民短歌会叢書第一集
岡田　博　一九九六『岡田博自選集　―鳩ヶ谷の人物抄―』鳩ヶ谷郷土史会叢書第二集
岡田　博　一九九七『キューポラの下にて』鳩ヶ谷市民短歌会叢書第八集
岡田　博　二〇〇四『歌集　現幽融通抄　―わが心の自叙伝―』鳩ヶ谷市民短歌会叢書第十四集
岡田　博　二〇〇八『鋳物の街川口の申し子「川口鋳物師鈴木文吾評伝集成」―好誼二十年の思い出と重ねて―』
岡田　博　二〇一〇『岡田博自選集Ⅱ　―鳩ヶ谷居住恩礼探訪抄―』鳩ヶ谷郷土史会叢書第六集
岡田　博　二〇一一『青年詩集　工都川口日録抄』
尾高邦雄編　一九五六『鋳物の町　―産業社会学的研究―』有斐閣
尾高煌之助　一九九三『職人の世界・工場の世界』リブロ・ポート
小野文雄編　一九九二『図説埼玉県の歴史』河出書房

小原昭二　一九七五　「近世における川口鋳物師職仲間の動向　―その組織と推移―」『埼玉地方史』創刊号
川田　稔　一九八五　『柳田國男の思想史的研究』　未来社
柏木亨介　二〇〇八　「寄合における総意形成の仕組み　―個人的思考から社会集団的発想へ―」『日本民俗学』第二五四号
加藤隆志・石垣悟・岡本信也・小島孝夫・印南敏秀・鈴木通大　二〇〇九　「〈特集〉第三十三回民具学会大会公開シンポジウム・いま、なぜ『民具』研究か」『民具研究』第一四〇号
株式会社福禄　一九九一　「平成三年度フクロクストーブ暫定定価表」
川口鋳物工業組合　一九四一　『川口鋳物工業組合員名簿』
川口鋳物工業協同組合　一九六七　『組合六十年の歩み』
川口鋳物工業協同組合　一九九五　『川口鋳物ニュース』第四四〇号
川口鋳物工業協同組合　二〇一〇　『川口鋳物の歴史　―七人の語り部が検証する近・現代史―』　財団法人川口工業会館
川口鋳物同業組合　一九一七　『大正六年十二月十日現在・川口鋳物同業組合員一覧表』
川口鋳物同業組合　一九二三　『大正十二年四月現在・川口鋳物同業組合員一覧表』
川口鋳物同業組合　一九二六　『川口営業案内誌』
川口鋳物同業組合　一九三〇　『川口鋳物同業組合員案内名簿』
川口鋳物同業組合　一九三二　『川口イモノ製品型録』
川口機械工業協同組合　一九八四　『五十年の歩み　―21世紀をめざす川口機械工業―』
川口市　一九五二　『川口市特産品綜合カタログ』
川口市　一九八〇　『川口市史（民俗編）』
川口市　一九八〇　『川口近現代史年表』
川口市　一九八三　『川口の歩み　―川口市制五〇周年記念誌―』
川口市　一九八八　『川口市史（通史編）』上・下巻

川口市　一九八八『川口市史（近代資料編Ⅱ）』

川口市教育委員会　一九八二『川口市文化財調査報告書第一五集』

川口市教育委員会　一九八五『川口市文化財調査報告書第二二集　―古老に産業の話をきく会―』

川口市教育委員会　一九八八『川口市文化財調査報告書第二六集　―川口ことば（鋳物師用語）―』

川口市教育委員会　一九九一『川口市民俗文化財調査報告書第一集　―生き方のフォークロア（一）小山巳之助（上）―』

川口市教育委員会　一九九二『川口市民俗文化財調査報告書第二集　―生き方のフォークロア（一）小山巳之助（下）―』

川口市教育委員会　一九九四『川口市民俗文化財調査報告書第三集「鋳物の街金山町の民俗Ⅰ　―大正末期から昭和初期の様子―」』

川口市教育委員会　一九九八『川口市民俗文化財調査報告書第四集』

川口市教育委員会　二〇〇〇『川口市民俗文化財調査報告書第五集　―川口のストーブ生産―』

川口市教育委員会　二〇〇四「福禄石炭ストーブの追加指定について」　埼玉県文化財保護協会『埼玉の文化財』第四五号所収

川口市物産協会　一九六三『川口商工名鑑（一九六三年版）』

川口商工会議所　一九四〇『昭和十五年版・川口商工人名録』

川口商工会議所　一九五〇『１９５０版・川口商工名鑑』

川口商工会議所　二〇〇六『挑戦するものづくり企業in川口』　日刊工業新聞社

川口大百科事典刊行会　一九九九『川口大百科事典』　ぎょうせい

北村　敏　二〇〇三「ものづくりのまちの技能」『技能文化』　第一三号

北村　敏　二〇〇五「熟練技術と現代産業　―町工場から世界へ―」『日本民俗学』　二四二

倉石忠彦　一九九〇『都市民俗論序説』　雄山閣出版

倉吉市教育委員会　一九八〇『倉吉の鋳物師』

倉田一郎　一九四八　『経済と民間伝承』　東海書房
監物なおみ　一九八六　「市川の家印」『市川市立歴史博物館年報』　一
監物なおみ　一九九〇　「民具資料と家印　―千葉県市川市の場合―」『民具マンスリー』　第二三巻五号
小関智弘　一九九四　『おんなたちの町工場』　現代書館
小関智弘　一九九九　『ものづくりに生きる』　岩波書店
小関智弘　二〇〇〇　『粋な旋盤工』　岩波書店
小関智弘　二〇〇二　『大森界隈職人往来』　岩波書店
小関智弘　二〇〇二　『町工場巡礼の旅』　現代書館
小関智弘　二〇〇二　「職工たちの世界　―ニギリやバイトにみる―」『講座日本の民俗学9〈民具と民俗〉』　雄山閣
小関智弘　二〇〇六　『職人ことばの「技と粋」』　東京書籍
小関智弘　二〇一二　『職人学』　日本経済新聞出版社
小林忠雄　一九九〇　『都市民俗学　―都市のフォークソサエティー―』　名著出版
小林恭彦　一九九六　『むかし道具の考現学』　風媒社
小松和彦　一九八八　「村はちぶ」『日本民俗研究大系』　第八巻　國學院大學
埼玉県教育委員会　一九九六　『埼玉県の近代化遺産　―近代化遺産総合調査報告書―』
埼玉県立民俗文化センター　一九八九　『埼玉県民俗工芸報告書第七集「埼玉の木型」』
斎藤　修　二〇〇六　「町工場世界の起源　―技能形成と起業志向―」『経済志林』　第七三号
桜田勝徳　一九七六　「近代化と民俗学」『日本民俗学講座』　第五巻　朝倉書店
佐高　信編　一九九六　『会社の民俗』　小学館　現代の世相2
佐藤雅也　二〇〇七　「近代と民具」『民具研究』　特別号
札幌市　一九九五　『昭和の話』　北海道新聞社
札幌市教育委員会　一九九七　『北の生活具』　北海道新聞社
社団法人鋳造工学会鋳物の科学技術史研究部会編　一九九七　『鋳物の技術史』

社団法人日本鋳物工業会　二〇〇〇　『鋳鉄鋳物工場名簿』
十方庵敬順・浅倉治彦校訂　一九八九　『遊歴雑記初篇２』　平凡社（東洋文庫）
篠崎尚夫　二〇〇〇　「『キューポラのある街』再考」『埼玉県史研究』　第三五号
新穂栄蔵　一九八六　『ストーブ博物館』　北海道大学図書刊行会
新村出編　二〇〇八　『広辞苑第六版』　岩波書店
杉本　仁　二〇〇七　『選挙の民俗誌―日本的政治風土の基層』　新泉社
鈴木　淳　一九九九　『新技術の社会誌』　中央公論社　日本の近代15
鈴木寅夫　一九六九　「福禄ストーブの歩み」『川口史林』　第三号
鈴木寅夫　一九七九　「民俗資料川口市指定文化財フクロクストーブコレクション叙説」『川口史林』　二一・二二合併号
鈴木寅夫　一九八〇　「川口市有形民俗文化財フクロクストーブのポスターに就いて」『川口史林』　二三・二四合併号
鈴木正興　二〇〇一　『キューポランド・チルドレン』　文芸社
関秀志・紺谷憲夫・氏家等・出利葉浩司　一九九六　『北海道の民具と職人』　北海道新聞社
台東区立下町風俗資料館　一九八五　『下谷根岸』
高畠通敏・関寛治編　一九七八　『政治学』　有斐閣
高橋寛司　一九九五　「川口鋳物の今と昔（八）」『埼玉新聞（八月二九日）』
高橋寛司・玉井幹司・三田村佳子　一九九九　「川口鋳物師磯貝義美の世界展記念パンフレット」
高村直助　一九九六　『会社の誕生』　吉川弘文館
竹内淳彦　一九七六　「鋳物の町川口」『地理』　第二一巻一一号
竹内淳彦　一九八三　『技術集団と産業地域社会』　大明堂
竹内淳彦　一九八八　『技術革新と工業地域』　大明堂
竹内利美　一九七六　『信州の村落生活』　中巻　名著出版

武田晴人　一九九五　『財閥の時代　―日本型企業の源流をさぐる―』　新曜社
田中宣一　一九八三　「村規約と休み日の規定」『日本常民文化紀要』　第九号
谷　富夫編　二〇〇八　『新版ライフヒストリーを学ぶ人のために』　世界思想社
谷口　貢　一九九八　「シンポジウム『近代』と民俗について」『日本民俗学』　第二一五号
田村　均　二〇〇四　『ファションの社会経済史　―在来織物業の技術革新と流行市場―』　日本経済表論社
千々岩健児　一九八〇　『鋳物の現場技術』　日刊工業新聞社
千葉徳爾　一九七六　「地域研究と民俗学　―いわゆる「柳田民俗学」を超えるために―」『日本民俗学講座』　第五巻　朝倉書店
千葉徳爾　一九七八　『民俗学のこころ』　弘文堂
千葉徳爾　一九八八　『民俗学方法論の諸問題』　千葉徳爾著作選集第一巻　東京堂出版
千葉徳爾　一九八九　「「人の生き方」について」『日本民俗学』　第一七七号
千葉徳爾　一九九三　「柳田國男の最終公開講演『日本民俗学の退廃を悲しむ』について」『日本民俗学』　第一九四号
地方史研究協議会編　『日本産業史体系』　全八巻　東京大学出版会
坪井洋文　一九八二　『稲を選んだ日本人　―民俗的思考の世界―』　未来社
坪井洋文　一九八四　「ムラの論理　―多元論への視点―」『日本民俗文化大系』　第八巻　小学館
寺島萬里子　一九九七　『寺島万里子写真集「キューポラの火は消えず　―鋳物の町・川口―」』　光陽出版社
寺島萬里子　二〇〇四　『川口鋳物師・鈴木文吾』
東京書院編　『日本登録商標大全』　第七類
独立行政法人国立科学博物館　二〇〇四〜二〇〇五　『日本の技術革新　―理工系における技術史研究―』
特許局　『商標広報』7
富丘三郎遺作集発行委員会　二〇〇〇　『富丘三郎画集』
中岡哲郎　一九七一　『工場の哲学　―組織と人間―』　平凡社

中岡哲郎　二〇〇六　『日本近代技術の形成　―〈伝統〉と〈近代〉のダイナミックス―』朝日新聞社
中島順子　二〇一七　「手縫い製靴業の製造工程と職人社会の関係　―近代産業の研究にむけて―」『日本民俗学』第二九一号
永瀬正邦　二〇〇六　『川口の鋳物師永瀬庄吉の記録』
中野　卓　一九七八　『下請工業の同族と親方子方』　お茶の水書房
鳴海邦碩　一九九四　「家屋」『歴史学事典』　第二巻所収　弘文堂　一一五頁
西山夘三　一九八九『すまいの考今学―現代日本住宅史』　彰国社
日本鋳物協会北海道支部　一九八〇　『第一一六回全国大会記念誌』
日本民具学会　一九九七　『日本民具辞典』
日本民具学会　二〇一二　「宮本常一没後三〇周年記念シンポジウム　宮本常一　写真による生活文化研究」『民具研究』　第一四六号
萩原晋太郎　一九八二　『町工場から　―職工の語るその歴史―』　マルジュ社
橋本久義・岡野雅行　二〇〇五　『町工場こそ日本の宝』　ＰＨＰ研究所
初田　亨　一九九七　『職人たちの西洋建築』　講談社選書
早川孝太郎　一九三一　「家名のこと」『民俗学』　三―十一
早船ちよ　一九九一　『キューポラのある街』　第一～六巻　けやき書房
枚方市教育委員会　一九九七　『枚方市立旧田中家鋳物民俗資料館』
平野利友　一九二八　『川口商工便覧』　関東商工新聞社
平山和彦　一九九一　『伝承と慣習の論理』　吉川弘文館
ＢｅｒｅｔｔａＰ‐０８　二〇一二　『東京町工場散歩』　中経出版
福田アジオ　一九八二　『日本村落の民俗的構造』　弘文堂
福田アジオ　一九八八　「政治と民俗　―民俗学の反省―」　桜井徳太郎編　『日本民俗の伝統と創造』　弘文堂
福田アジオ　二〇一二　『日本の民俗学　―「野」の学問の二〇〇年―』　吉川弘文館

福田アジオ　二〇一四『現代日本の民俗学　―ポスト柳田の五〇年―』吉川弘文館
福田アジオ・菅豊・塚原伸治　二〇一二『「二〇世紀民俗学」を乗り越える　―私たちは福田アジオとの討論から何を学ぶか？―』岩田書院
増田明弘・井上こみち　一九九六『フォト&エッセー集「キューポラ」』岩淵書店
松井一郎・永瀬雅記　一九八八『埼玉の地場産業　―歴史・課題・展望―』埼玉新聞社
松井一郎　一九九三『地域経済と地場産業　―川口鋳物工業の研究―』公人の友社
松井一郎　一九九八『地域百年企業　―企業永続の研究―』公人の友社
宮田　登　一九八二『都市民俗論の課題』未来社
毎日新聞浦和支局　一九七九『キューポラの街』毎日新聞社
三重県鋳物工業協同組合　一九七八『桑名の鋳物　―城田甚三稿―』
三田村佳子　一九九八『川口鋳物の技術と伝承』聖学院大学出版会
三田村佳子・宮本八惠子・宇田哲雄　二〇〇八『日本の民俗第十一巻　物づくりと技』吉川弘文館
三戸　公　一九九四『家としての日本社会』有斐閣
宮本常一　一九七五『海の民』宮本常一著作集第二〇巻　未来社
宮本常一　一九七六『産業史三篇』所収　宮本常一著作集第二二巻　未来社
村内政雄　一九七一「由緒鋳物師人名録」『東京国立博物館紀要』七号
室井康成　二〇〇九「「親類主義」の打破　―きだみのるの市議選出馬とその意義をめぐって―」『京都民俗』第二六号
室井康成　二〇一〇「「ガバナンス」の現在と民俗学研究の方向」『日本民俗学』第二六二号
室井康成　二〇一〇『柳田国男の民俗学構想』森話社
最上孝敬　一九三七「家号と木印」柳田國男編『山村生活の研究』所収　岩波書店
森　清　一九八一『町工場　―もうひとつの近代―』朝日新聞社
守　随一　一九三七「家号と木印」柳田國男編『山村生活の研究』所収　岩波書店

紋谷暢男　二〇〇六『知的財産権法概論』有斐閣
矢島　睿　一九七八「北海道における石炭ストーブの製造と普及　―貯炭式ストーブを中心として―」『北海道開拓記念館調査報告第一六号』
矢島　睿　一九八〇「ストーブ」『北海道開拓記念館研究報告第五号　―北海道の伝統的生産技術―』
柳沢　遊　二〇〇三「新興工業都市川口の社会経済的基盤」大石嘉一郎・金澤史男編『近代日本都市史研究　―地方都市からの再構成―』所収　日本経済評論社
安丸良夫　一九九九『日本の近代化と民衆思想』平凡社
柳田國男　一九一〇『時代ト農政』定本柳田國男集第十六巻　筑摩書房
柳田國男　一九二〇『秋風帖』定本柳田國男集第二巻　筑摩書房
柳田國男　一九二九『都市と農村』定本柳田國男集第十六巻　筑摩書房
柳田國男　一九三一『明治大正史・世相篇』定本柳田國男集第二四巻　筑摩書房
柳田國男　一九三九『木綿以前の事』定本柳田國男集一四巻　筑摩書房
柳田國男　一九四四『火の昔』定本柳田國男集二一巻　筑摩書房
柳田國男　一九四六『先祖の話』定本柳田國男集第十巻　筑摩書房
柳田國男　一九四六『家閑談』定本柳田國男集第一五巻　筑摩書房
柳田國男　一九四九『北小浦民俗誌』定本柳田國男集二五巻　筑摩書房
柳田國男　一九七九『木綿以前の事』岩波書店
横山源之助　一九四九『日本の下層社会』岩波書店
米山俊直　一九八六「都市化と民俗」『日本民俗文化体系』第一二巻（現代と民俗）小学館
和歌森太郎　一九八一『和歌森太郎著作集』第一〇巻　弘文堂

# 初出一覧

序章　民俗学における近代産業研究の重要性
第一節　民俗学における産業研究の沿革と近代産業研究（「民俗学における産業研究の沿革と重要性について　―産業民俗論序説―」『日本民俗学』第二七八号、二〇一四年　に加筆修正）
第二節　工場社会研究の意義（書き下ろし）
第三節　川口鋳物産業史と近代産業研究の視点（「川口鋳物業研究の視点　―産業の近代化と民俗学―」『日本民俗学』第二一九号、一九九九年　に加筆修正）

第一章　鋳物工場社会の研究
第一節　鋳物工場の開業に見る民俗的思考（「鋳物工場の開業に見る民俗的思考」『日本民俗学』第二九一号、二〇一七年　に加筆修正）
第二節　鋳物工場の屋号と家印（「鋳物工場の屋号と家印について」『風俗史学』第三八号、二〇〇九年）
第三節　買湯慣行の近代的変遷と組仕事（「鋳物業における買湯慣行の変遷と協業」『民具マンスリー』第四四巻一〇号、二〇一二年　に加筆修正）

第二章　近代鋳物職人と産業地域社会
第一節　鋳物産業と地域社会秩序（「産業と地域社会秩序　―川口市を例として―」『民俗学論叢』第二七号、二〇一二年　に加筆修正）
第二節　短歌にみる鋳物の町の精神史（「鋳物の町の精神史再考」『民俗学論叢』第三三号、二〇一八年　に加筆修正）
第三節　近代鋳物職人の生き方について　―慣習の変化と外来新技術―（「近代鋳物職人の生き方に関する一考

察」『民具マンスリー』第四五巻四号、二〇一二年　に加筆修正）

第三章　近代鋳物産業の民俗技術

第一節　鋳物関連製品の変遷と地域産業史（「カタログに見る鋳物関連製品の変遷と地域産業史　―単独製作から協同・分業製造へ―」『民具研究』第一四三号、二〇一一年）

第二節　鋳造業の近代化と民俗技術　―伝統的焼型法と西洋式生型法―（「鋳造業の近代化と民俗技術　―伝統的焼型法と西洋式生型法―」『民具マンスリー』第四六巻二号、二〇一三年）

第三節　石炭ストーブの生産工程と民俗技術（「皿町工場」のうち第4節　三田村佳子・宮本八恵子と共著『日本の民俗11・物づくりと技』所収　吉川弘文館、二〇〇八年　に加筆修正）

第四節　石炭ストーブと日本文化（「石炭ストーブと日本文化」『民具研究』第一五四号、二〇一六年　を修正）

終　章　近代鋳物産業の民俗と今後の課題（書き下ろし）

# あとがき

筆者が、埼玉県川口市の鋳物業と出会ったのは平成三年の頃である。当時は、まだ街のあちこちで鋳物工場が活発に稼働しており、「吹き」の日は、送風機とキューポラの激しい音と熱気、キューポラから出るオレンジ色をした湯（溶けた鉄）、「命がけ」とも言われる湯入れに真剣な職人や職工たちの迫力に、ただただ圧倒されていた。しかしこの頃は、鋳物業の専門用語も難しく、このような工場や産業が、歴史学的や民俗学的に、また文化財の観点からどのように捉えていったらよいか全くわからなかった。ただし、早船ちよ『キューポラのある街』、内田三郎『鋳物師』、尾高邦雄編『鋳物の町』など、これまで数多くの先学の研究や作品から、そこにある強い魅力を感じていたのである。

近代産業の研究をテーマとしながらも、ほとんど調査研究の対象を川口鋳物産業に終始してしまったことは、今後の研究の大きな課題である。しかし、鋳物業に関わり、鋳物とともに生きてきた様々な人に出会えば出会うほど、鋳物の町川口という町が持ち伝えている魅力に魅せられてしまったこともまた事実である。中でも教育委員会の文化財調査員としてともに調査を行った高橋寛司氏、「筆者は鋳物屋の娘として生を受けた」と言う『川口鋳物の技術と伝承』の著者、川口市文化財保護審議委員でもある三田村佳子氏、鋳物の町を短歌で詠む機械旋盤工であり郷土史家の岡田博氏には、大変多くのご教示を賜った。そしてまた、鋳物業に携わる皆さまが一生懸命に生き、川口の町を愛していることが、心にひしひしと伝わってきた。

本書は、まだまだ未熟ではありますが、川口鋳物業を通じて出会い、ご教示いただいた様々な方々のご好意の賜物であります。これまで多くのご教示をいただきました、先生方、先輩方、教育委員会の方々、そして鋳物工場に勤務する社長や職人、職工の方々など多くの皆様に、厚く御礼を申し上げます。

**著者紹介**

宇田哲雄（うだ・てつお）
一九六四年、埼玉県さいたま市生まれ。
成城大学大学院文学研究科日本常民文化専攻博士前期課程修了。
現在　川口市教育委員会文化財課課長補佐兼学芸員
著書に『日本の民俗11　物づくりと技』（共著）吉川弘文館など

キューポラの町の民俗学
―近代鋳物産業と民俗―

二〇一九年二月十日　初版第一刷発行

著　者　宇田哲雄
発行者　谷村勇輔
発行所　ブイツーソリューション
〒四六六・〇八四八
名古屋市昭和区長戸町四・四〇
電　話　〇五二・七九九・七三九一
FAX　〇五二・七九九・七九八四
発売元　星雲社
〒一一二・〇〇〇五
東京都文京区水道一・三・三〇
電　話　〇三・三八六八・三二七五
FAX　〇三・三八六八・六五八八
印刷所　モリモト印刷


ISBN978-4-434-24924-2